浙江省医院细菌耐药检测年鉴(2017)

主　　编　　谢鑫友　俞云松　张　嵘
副 主 编　　曹俊敏　杨　青　陈　轼
　　　　　　吕火烊　张　钧

浙江大学出版社
ZHEJIANG UNIVERSITY PRESS

前　　言

　　抗生素是 20 世纪人类最伟大的发现,拯救了数以亿计的生命。被誉为抗生素的黄金时代的 20 世纪,见证了一代又一代新的抗生素的诞生,从最早的青霉素到后来的四环素、红霉素、甲氧西林、庆大霉素、万古霉素、亚胺培南、头孢他啶、左氧氟沙星,再到后来的利奈唑胺、头孢唑林。然而,道高一尺,魔高一丈,在人类与细菌对抗的持久战中,随着抗生素的广泛使用,细菌抗生素耐药问题日益凸显,耐药菌株的不断出现和广泛扩散使得临床抗感染治疗面临严重挑战,人类健康遭遇重大威胁。2014 年,世界卫生组织(WHO)发布了全球首份《抗生素耐药:全球检测报告》,报告指出 2013 年全球直接死于耐药细菌感染的人数超过 100 万。据统计,目前全球每年因为耐药微生物感染死亡的人数为 70 万。按照这个趋势发展,到 2050 年死亡人数将超过 1000 万,甚至超过癌症的死亡人数。

　　面对细菌耐药问题的严峻挑战,各个国家和地区开始采取积极行动,遏制细菌耐药,促进有限的抗菌药物的合理应用。WHO 于 2015 年提出了"抗微生物药物耐药的全球行动计划"。中国作为抗生素生产大国同时也是消耗大国,细菌耐药问题的解决更是刻不容缓。早在 2012 年,卫生部就出台了史上最严的"限抗令";2016 年 G20 峰会期间,国家卫生计生委、发展改革委等 14 个部门联合印发了《遏制细菌耐药国家行动计划(2016—2020 年)》;2018 年 5 月 10 号,国家卫生健康委员会颁布了国卫发医〔2018〕9 号文件《关于持续做好抗菌药物临床应用管理有关工作的通知》。所有的计划与文件都指明了临床合理用药的重要性与紧迫性。作为临床微生物实验室的一线工作者,我们一方面要不断推进微生物检验新技术在临床的应用,为临床抗感染治疗提供更为及时有效的信息;另一方面,严密监测细菌耐药情况,掌握耐药趋势变迁,为临床提供可靠的流行病学数据和切实可行的感控措施,而这正是我们编撰《浙江省医院细菌耐药检测年鉴》的初衷。

　　《浙江省医院细菌耐药检测年鉴》至今已走过十个年头,这连续十年的监测数据准确客观地反映了浙江省细菌耐药现状和变化趋势,为临床医生合理使用抗菌药物、制定相应的使用政策提供了重要的依据,受到了省内各个医院的一致认可。

　　编写年鉴工作量巨大,谨向十年来不计报酬、不辞辛劳参与编写的浙江省检验学分会各位专家、同道表示由衷的感谢,同时也对提供数据的单位、参与年鉴数据收集和编写的所有人员表示诚挚的敬意!

谢鑫友

2018 年 8 月

目　录

第一部分　浙江省临床细菌分离及耐药总论

第二部分　浙江省各参与单位的细菌分离及临床常见菌的耐药性分析

第一部分

浙江省临床细菌分离及耐药总论

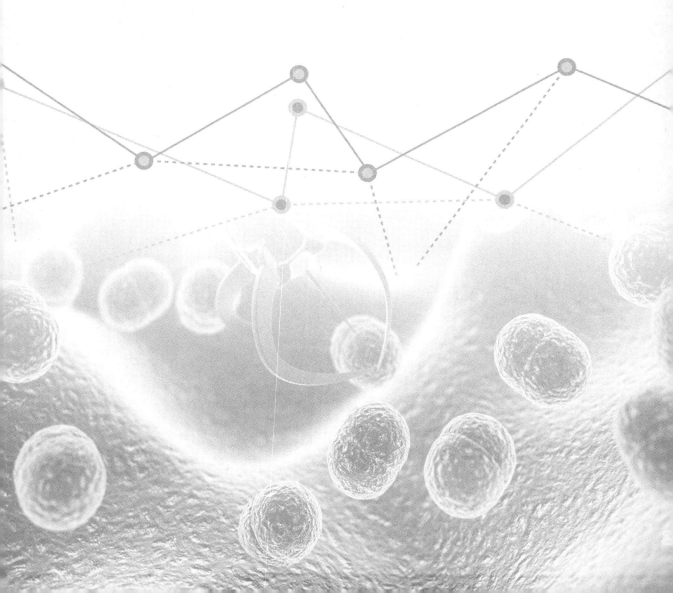

第一章　2017 年浙江省临床分离菌株的分布情况

纳入 2017 年浙江省细菌耐药监测的医院共 80 家,剔除重复菌株后,共分离革兰阳性菌 110604 株,革兰阴性菌 208892 株,真菌 26736 株(剔除呼吸道念珠菌)(见表 1.1)。

临床常见分离细菌依次为大肠埃希菌、肺炎克雷伯菌、金黄色葡萄球菌、铜绿假单胞菌、鲍曼不动杆菌,与往年排名前 5 位一致(见表 1.2)。

真菌中以念珠菌属为主,常见菌种依次为白色念珠菌、光滑念珠菌、热带念珠菌、近平滑念珠菌(见表 1.3),临床常见苛养菌分离仍以肺炎链球菌、卡他莫拉菌和流感嗜血杆菌为主(见表 1.4)。

血液中最常见细菌排名依次为大肠埃希菌、表皮葡萄球菌、人葡萄球菌、肺炎克雷伯菌、金黄色葡萄球菌;痰液中以肺炎克雷伯菌、铜绿假单胞菌、鲍曼不动杆菌、金黄色葡萄球菌和嗜麦芽窄食单胞菌最为常见;尿液中以大肠埃希菌、屎肠球菌、粪肠球菌、肺炎克雷伯菌为主;脑脊液中以表皮葡萄球菌、白色念珠菌、肺炎克雷伯菌、鲍曼不动杆菌、新型隐球菌为主;胸腹水中以大肠埃希菌、肺炎克雷伯菌、铜绿假单胞菌、金黄色葡萄球菌和屎肠球菌为主,白色念珠菌检出率明显增加;胆汁中以大肠埃希菌、肺炎克雷伯菌、屎肠球菌和粪肠球菌最为常见,静脉置管中除了表皮葡萄球菌、金黄色葡萄球菌为主外,鲍曼不动杆菌和肺炎克雷伯菌也不容忽视(见表 1.5)。

ICU 与非 ICU 病区临床分离菌分布不同,ICU 中以鲍曼不动杆菌、嗜麦芽窄食单胞菌、洋葱伯克霍尔德菌较为常见(见表 1.6～1.13)。

表 1.1　2017 年浙江省临床分离菌株的分布情况

名称	菌株数量(株)	百分比(%)
革兰阳性菌	110604	31.44
革兰阴性菌	208892	59.38
真菌	26736	7.61
其他	5532	1.57
合计	351764	100.00

表 1.2　2017 年浙江省临床常见细菌排名

排名	菌名	菌株数量(株)	百分比(%)
1	大肠埃希菌	55783	15.86
2	肺炎克雷伯菌	39505	11.23
3	金黄色葡萄球菌	30839	8.77
4	铜绿假单胞菌	25113	7.14
5	鲍曼不动杆菌	20969	5.96
6	粪肠球菌	12042	3.42
7	表皮葡萄球菌	11500	3.27
8	屎肠球菌	10514	2.99
9	无乳链球菌	9969	2.83
10	嗜麦芽窄食单胞菌	8218	2.34
11	阴沟肠杆菌	7235	2.06
12	奇异变形杆菌	6944	1.97
13	流感嗜血杆菌	5708	1.62
14	肺炎链球菌	5485	1.56
15	溶血葡萄球菌	5398	1.53
16	黏质沙雷菌	4804	1.37
17	人葡萄球菌	4215	1.20
18	产气肠杆菌	3854	1.10

备注：已剔除重复菌株，每个患者只分析第一株。

表 1.3　2017 年浙江省临床分离真菌排名

排名	真菌名称	菌株数量（株）	百分比（%）
1	白色念珠菌	14299	53.48
2	光滑念珠菌	4347	16.26
3	热带念珠菌	3220	12.04
4	近平滑念珠菌	1270	4.75
5	曲霉属	958	3.58
6	酵母属	448	1.68
7	克柔念珠菌	430	1.61
8	烟曲霉	299	1.12
9	其他念珠菌属	200	0.75

备注：已剔除重复菌株，每个患者只分析第一株。

表 1.4　2017 年浙江省临床常见苛养菌分离情况

菌名	菌株数量（株）	总菌株数量（株）	占总菌株的百分比（%）
肺炎链球菌	5485	351764	1.56
卡他莫拉菌	2310	351764	0.66
流感嗜血杆菌	5708	351764	1.62
化脓性链球菌（A 群）	1507	351764	0.43

备注：已剔除重复菌株，每个患者只分析第一株。

表 1.5　不同标本来源菌株的分布情况

排名	血液		痰液		尿液	
	菌名	菌株数（株）	菌名	菌株数（株）	菌名	菌株数（株）
1	大肠埃希菌	5548	肺炎克雷伯菌	22432	大肠埃希菌	24422
2	表皮葡萄球菌	4253	铜绿假单胞菌	16798	屎肠球菌	6218
3	人葡萄球菌	3308	鲍曼不动杆菌	16193	粪肠球菌	5603
4	肺炎克雷伯菌	2712	金黄色葡萄球菌	11674	肺炎克雷伯菌	5214
5	金黄色葡萄球菌	1420	嗜麦芽窄食单胞菌	6865	奇异变形杆菌	2711
6	头状葡萄球菌	1361	大肠埃希菌	5639	白色念珠菌	2538
7	溶血葡萄球菌	1051	流感嗜血杆菌	4695	热带念珠菌	2116
8	屎肠球菌	931	肺炎链球菌	4488	铜绿假单胞菌	1939
9	粪肠球菌	727	黏质沙雷菌	3373	无乳链球菌	1483
10	铜绿假单胞菌	560	洋葱伯克霍尔德菌	3053	光滑念珠菌	1302

续表

排名	脑脊液		胸腹水		胆汁	
	菌名	菌株数（株）	菌名	菌株数（株）	菌名	菌株数（株）
1	表皮葡萄球菌	223	白色念珠菌	1173	大肠埃希菌	1493
2	白色念珠菌	196	大肠埃希菌	1032	肺炎克雷伯菌	770
3	头状葡萄球菌	104	肺炎克雷伯菌	822	屎肠球菌	685
4	肺炎克雷伯菌	102	铜绿假单胞菌	512	粪肠球菌	655
5	新型隐球菌	98	金黄色葡萄球菌	419	铜绿假单胞菌	302
6	鲍曼不动杆菌	93	屎肠球菌	413	阴沟肠杆菌	292
7	溶血葡萄球菌	85	粪肠球菌	386	铅黄肠球菌	212
8	金黄色葡萄球菌	82	鲍曼不动杆菌	383	鹑鸡肠球菌	165
9	人葡萄球菌	74	表皮葡萄球菌	379	鲍曼不动杆菌	139
10	铜绿假单胞菌	45	溶血葡萄球菌	227	嗜水气单胞菌	139

排名	分泌物		粪便		静脉置管	
	菌名	菌株数（株）	菌名	菌株数（株）	菌名	菌株数（株）
1	金黄色葡萄球菌	3978	白色念珠菌	1213	表皮葡萄球菌	590
2	大肠埃希菌	3198	副溶血弧菌	551	溶血葡萄球菌	188
3	无乳链球菌	2002	鼠伤寒沙门菌	477	金黄色葡萄球菌	148
4	白色念珠菌	1439	沙门菌属	415	肺炎克雷伯菌	108
5	粪肠球菌	1407	光滑念珠菌	378	大肠埃希菌	98
6	表皮葡萄球菌	1273	肺炎克雷伯菌	329	鲍曼不动杆菌	91
7	肺炎克雷伯菌	1122	难辨梭菌	270	粪肠球菌	89
8	铜绿假单胞菌	1082	热带念珠菌	212	头状葡萄球菌	82
9	溶血葡萄球菌	833	金黄色葡萄球菌	177	白色念珠菌	75
10	淋病奈瑟菌	694			屎肠球菌	70

表 1.6　ICU 和非 ICU 分离菌株比较

排名	ICU（23932 株）			非 ICU（327832 株）		
	菌名	菌株数（株）	百分比（%）	菌名	菌株数（株）	百分比（%）
1	鲍曼不动杆菌	3563	14.89	大肠埃希菌	54572	16.65
2	肺炎克雷伯菌	3375	14.10	肺炎克雷伯菌	36130	11.02
3	铜绿假单胞菌	2509	10.48	金黄色葡萄球菌	29665	9.05
4	嗜麦芽窄食单胞菌	1393	5.82	铜绿假单胞菌	22604	6.89
5	洋葱伯克霍尔德菌	1221	5.10	鲍曼不动杆菌	17406	5.31
6	大肠埃希菌	1211	5.06	白色念珠菌	13798	4.21
7	金黄色葡萄球菌	1174	4.91	粪肠球菌	11643	3.55
8	屎肠球菌	852	3.56	表皮葡萄球菌	10943	3.34
9	黏质沙雷菌	637	2.66	无乳链球菌	9937	3.03
10	奇异变形杆菌	632	2.64	屎肠球菌	9662	2.95
11	表皮葡萄球菌	557	2.33	阴沟肠杆菌	6892	2.10
12	白色念珠菌	551	2.30	嗜麦芽窄食单胞菌	6825	2.08
13	热带念珠菌	496	2.07	奇异变形杆菌	6312	1.93
14	粪肠球菌	399	1.67	流感嗜血杆菌	5570	1.70
15	阴沟肠杆菌	343	1.43	肺炎链球菌	5310	1.62

表 1.7　ICU 和非 ICU 血液标本细菌分离菌株比较

排名	ICU 血液标本			非 ICU 血液标本		
	菌名	菌株数量（株）	百分比（%）	菌名	菌株数量（株）	百分比（%）
1	表皮葡萄球菌	951	17.15	大肠埃希菌	5250	20.89
2	人葡萄球菌	604	10.89	表皮葡萄球菌	3302	13.14
3	头状葡萄球菌	592	10.68	人葡萄球菌	2704	10.76
4	溶血葡萄球菌	424	7.65	肺炎克雷伯菌	2338	9.30
5	肺炎克雷伯菌	374	6.75	金黄色葡萄球菌	1255	4.99
6	大肠埃希菌	298	5.38	头状葡萄球菌	769	3.06
7	屎肠球菌	284	5.12	屎肠球菌	647	2.57
8	鲍曼不动杆菌	184	3.32	溶血葡萄球菌	627	2.49
9	金黄色葡萄球菌	165	2.98	粪肠球菌	563	2.24
10	粪肠球菌	164	2.96	铜绿假单胞菌	471	1.87

表 1.8　ICU 和非 ICU 痰标本细菌分离菌株比较

排名	ICU 痰标本			非 ICU 痰标本		
	菌名	菌株数量（株）	百分比（%）	菌名	菌株数量（株）	百分比（%）
1	鲍曼不动杆菌	6954	21.06	肺炎克雷伯菌	16842	20.03
2	肺炎克雷伯菌	5590	16.93	铜绿假单胞菌	11967	14.23
3	铜绿假单胞菌	4831	14.63	金黄色葡萄球菌	9322	11.08
4	嗜麦芽窄食单胞菌	2481	7.51	鲍曼不动杆菌	9239	10.99
5	金黄色葡萄球菌	2352	7.12	大肠埃希菌	4705	5.59
6	洋葱伯克霍尔德菌	2241	6.79	嗜麦芽窄食单胞菌	4384	5.21
7	黏质沙雷菌	1356	4.11	流感嗜血杆菌	4381	5.21
8	大肠埃希菌	934	2.83	肺炎链球菌	4090	4.86
9	奇异变形杆菌	832	2.52	阴沟肠杆菌	2385	2.84
10	阴沟肠杆菌	581	1.76	黏质沙雷菌	2017	2.40

表 1.9　ICU 和非 ICU 尿标本细菌分离菌株比较

排名	ICU 尿标本			非 ICU 尿标本		
	菌名	菌株数量（株）	百分比（%）	菌名	菌株数量（株）	百分比（%）
1	大肠埃希菌	1056	16.52	大肠埃希菌	23366	37.86
2	屎肠球菌	992	15.52	粪肠球菌	5250	8.51
3	热带念珠菌	864	13.52	屎肠球菌	5226	8.47
4	白色念珠菌	570	8.92	肺炎克雷伯菌	4668	7.56
5	肺炎克雷伯菌	546	8.54	奇异变形杆菌	2290	3.71
6	奇异变形杆菌	421	6.59	白色念珠菌	1968	3.19
7	粪肠球菌	353	5.52	铜绿假单胞菌	1781	2.89
8	光滑念珠菌	315	4.93	无乳链球菌	1471	2.38
9	铜绿假单胞菌	158	2.47	热带念珠菌	1252	2.03
10	近平滑念珠菌	127	1.99	表皮葡萄球菌	1218	1.97

表 1.10 ICU 和非 ICU 脑脊液标本细菌分离菌株比较

排名	ICU 脑脊液标本			非 ICU 脑脊液标本		
	菌名	菌株数量（株）	百分比（%）	菌名	菌株数量（株）	百分比（%）
1	白色念珠菌	42	11.60	表皮葡萄球菌	183	13.74
2	表皮葡萄球菌	40	11.05	白色念珠菌	154	11.56
3	肺炎克雷伯菌	34	9.39	新生隐球菌	88	6.61
4	鲍曼不动杆菌	33	9.12	头状葡萄球菌	84	6.31
5	头状葡萄球菌	20	5.52	肺炎克雷伯菌	68	5.11
6	溶血葡萄球菌	18	4.97	溶血葡萄球菌	67	5.03
7	金黄色葡萄球菌	18	4.97	金黄色葡萄球菌	64	4.80
8	人葡萄球菌	18	4.97	鲍曼不动杆菌	60	4.50
9	粪肠球菌	10	2.76	人葡萄球菌	56	4.20
10	新生隐球菌	10	2.76	铜绿假单胞菌	36	2.70

表 1.11 ICU 和非 ICU 胸腹水标本细菌分离菌株比较

排名	ICU 胸腹水标本			非 ICU 胸腹水标本		
	菌名	菌株数量（株）	百分比（%）	菌名	菌株数量（株）	百分比（%）
1	白色念珠菌	208	13.21	白色念珠菌	965	14.32
2	肺炎克雷伯菌	199	12.64	大肠埃希菌	883	13.10
3	大肠埃希菌	149	9.47	肺炎克雷伯菌	623	9.24
4	铜绿假单胞菌	130	8.26	铜绿假单胞菌	382	5.67
5	鲍曼不动杆菌	126	8.01	表皮葡萄球菌	355	5.27
6	屎肠球菌	98	6.23	粪肠球菌	333	4.94
7	金黄色葡萄球菌	89	5.65	金黄色葡萄球菌	330	4.90
8	粪肠球菌	53	3.37	屎肠球菌	315	4.67
9	光滑念珠菌	48	3.05	鲍曼不动杆菌	257	3.81
10	热带念珠菌	47	2.99	溶血葡萄球菌	204	3.03

表 1.12 ICU 和非 ICU 胆汁标本细菌分离菌株比较

排名	ICU 胆汁标本			非 ICU 胆汁标本		
	菌名	菌株数量(株)	百分比(%)	菌名	菌株数量(株)	百分比(%)
1	大肠埃希菌	57	22.62	大肠埃希菌	1436	22.23
2	屎肠球菌	43	17.06	肺炎克雷伯菌	746	11.55
3	肺炎克雷伯菌	24	9.52	屎肠球菌	642	9.94
4	粪肠球菌	22	8.73	粪肠球菌	633	9.80
5	铜绿假单胞菌	12	4.76	铜绿假单胞菌	290	4.49
6	白色念珠菌	11	4.37	阴沟肠杆菌	288	4.46
7	鲍曼不动杆菌	9	3.57	铅黄肠球菌	205	3.17
8	鸟肠球菌	7	2.78	鹑鸡肠球菌	165	2.55
9	铅黄肠球菌	7	2.78	嗜水气单胞菌	133	2.06
10	嗜水气单胞菌	6	2.38	鲍曼不动杆菌	130	2.01

表 1.13 ICU 和非 ICU 分泌物标本细菌分离菌株比较

排名	ICU 分泌物标本			非 ICU 分泌物标本		
	菌名	菌株数量(株)	百分比(%)	菌名	菌株数量(株)	百分比(%)
1	大肠埃希菌	68	13.66	金黄色葡萄球菌	3925	17.82
2	肺炎克雷伯菌	59	10.13	大肠埃希菌	3130	14.21
3	金黄色葡萄球菌	53	9.69	无乳链球菌	2001	9.09
4	铜绿假单胞菌	40	7.49	白色念珠菌	1416	6.43
5	表皮葡萄球菌	37	7.05	粪肠球菌	1380	6.27
6	鲍曼不动杆菌	37	6.17	表皮葡萄球菌	1236	5.61
7	屎肠球菌	32	5.29	肺炎克雷伯菌	1063	4.83
8	粪肠球菌	27	4.41	铜绿假单胞菌	1042	4.73
9	奇异变形杆菌	24	4.41	溶血葡萄球菌	813	3.69
10	白色念珠菌	23	3.52	淋病奈瑟菌	690	3.13

(统计编辑:汪　强)

第二章 2017 年浙江省临床常见分离菌药敏情况

一、葡萄球菌

1. 葡萄球菌对临床常用抗生素耐药情况

2017 年全省分离葡萄球菌对临床常用抗生素的药敏情况见表 2.1。金黄色葡萄球菌中，MRSA（耐甲氧西林金黄色葡萄球菌）检出率为 35.6％；未发现对万古霉素、替加环素耐药菌株；有极少量菌株对利奈唑胺耐药；对利福平、呋喃妥因保持了非常好的敏感性，耐药率 <2％；对复方新诺明耐药率为 15.7％；对氟喹诺酮类抗生素耐药率约为 20％。凝固酶阴性葡萄球菌中，甲氧西林耐药菌株检出率为 68.4％，未检出万古霉素、替加环素耐药株，利奈唑胺耐药株主要集中在头状葡萄球菌。

表 2.1 2017 年全省分离葡萄球菌对临床常用抗生素的药敏情况

抗生素名称	金黄色葡萄球菌				凝固酶阴性葡萄球菌			
	菌株数（株）	％R	％I	％S	菌株数（株）	％R	％I	％S
青霉素 G	29785	92.5	0	7.5	25538	90.1	0	9.9
苯唑西林	29339	35.6	0	64.4	25153	68.4	0	31.6
庆大霉素	30122	8.9	2.5	88.6	26085	18.5	5.3	76.2
利福平	29649	1.3	1.6	97.1	25469	5.9	0.7	93.4
环丙沙星	29266	20.4	3.9	75.7	25286	42.3	4	53.7
左氧氟沙星	26853	20	0.9	79.1	23625	44.2	1.8	54
莫西沙星	24724	18.3	1.8	79.9	22253	24.3	22	53.7
复方新诺明	30226	15.7	0	84.3	25669	40.9	0.1	59
克林霉素	27947	26	1	73	23716	24.6	2.7	72.7
红霉素	29563	56.2	1.2	42.6	25272	71.2	1.9	26.9
呋喃妥因	22231	0.4	0.3	99.3	20627	1.4	0.7	97.9
利奈唑胺	29442	0.1	0	99.9	24935	0.6	0	99.4
万古霉素	30109	0	0	100.0	25959	0	0	100.0
四环素	28502	19.5	0.8	79.7	24395	20.8	0.9	78.3
替加环素	23108	0	0	100.0	20971	0	0	100.0

常见凝固酶阴性葡萄球菌对临床常用抗生素的药敏情况见表2.2所示。

表 2.2 常见凝固酶阴性葡萄球菌对临床常用抗生素的药敏情况

抗生素名称	表皮葡萄球菌				溶血葡萄球菌			
	菌株数(株)	%R	%I	%S	菌株数(株)	%R	%I	%S
青霉素 G	10733	93	0	7	5109	95.1	0	4.9
苯唑西林	10763	74.3	0	25.7	5061	82.9	0	17.1
庆大霉素	10965	12.3	6.8	80.9	5201	49.9	3.2	46.9
利福平	10864	5.4	0.8	93.8	5168	12.9	0.3	86.8
环丙沙星	10528	38.7	5.9	55.4	5069	76	2.1	21.9
左氧氟沙星	9994	43	2.3	54.7	4729	76.4	0.9	22.7
莫西沙星	9393	14.4	30.4	55.2	4500	50.8	25.8	23.4
复方新诺明	10779	51	0	49	5138	40.2	0	59.8
克林霉素	9979	21.9	2	76.1	4756	33.6	1.2	65.2
红霉素	10681	69.9	1.1	29	4993	88.2	0.7	11.1
呋喃妥因	8601	1.2	0.4	98.4	4242	0.7	0.7	98.6
利奈唑胺	10746	0.3	0	99.7	5102	0.3	0	99.7
万古霉素	10939	0	0	100.0	5187	0	0	100.0
四环素	10188	17.3	0.7	82	4897	31.1	0.8	68.1
替加环素	8945	0	0	100.0	4038	0	0	100.0

抗生素名称	人葡萄球菌				头状葡萄球菌			
	菌株数(株)	%R	%I	%S	菌株数(株)	%R	%I	%S
青霉素 G	3855	87.2	0	12.8	2174	83.9	0	16.1
苯唑西林	3832	55.7	0.1	44.2	2144	61.6	0	38.4
庆大霉素	3916	4.1	4.1	91.8	2203	19	10.5	70.5
利福平	3882	2.9	1.2	95.9	2175	1.8	0.6	97.6
环丙沙星	3863	29.1	4.3	66.6	2141	45	1.1	53.9
左氧氟沙星	3713	31.6	1.9	66.5	1982	43.8	0.9	55.3
莫西沙星	3532	25.7	7.7	66.6	1892	28.8	15.9	55.3
复方新诺明	3899	49.9	0.1	50	2120	10.3	0	89.7
克林霉素	3607	22.8	1.5	75.7	1971	22.3	2.9	74.8
红霉素	3826	81.9	0.6	17.5	2133	44.9	5.5	49.6
呋喃妥因	3214	1.1	1.2	97.7	1828	1.1	0.3	98.6
利奈唑胺	3782	0.7	0	99.3	2003	2.8	0	97.2
万古霉素	3906	0	0	100.0	2188	0	0	100.0
四环素	3797	31	1.3	67.7	2115	4.3	1.7	94
替加环素	3413	0	0	100.0	1790	0	0	100.0

续表

抗生素名称	沃氏葡萄球菌			
	菌株数（株）	％R	％I	％S
青霉素 G	869	83.1	0	16.9
苯唑西林	867	42.9	0	57.1
庆大霉素	887	4.2	2.1	93.7
利福平	882	1.4	0.8	97.8
环丙沙星	868	13	1.6	85.4
左氧氟沙星	863	12.7	1.2	86.1
莫西沙星	811	4.4	9	86.6
复方新诺明	877	14.9	0	85.1
克林霉素	791	10.1	1.5	88.4
红霉素	865	64.7	1.4	33.9
呋喃妥因	703	0.6	1	98.4
利奈唑胺	856	0	0	100.0
万古霉素	884	0	0	100.0
四环素	849	15.4	0.4	84.2
替加环素	792	0	0	100.0

2. ICU 和非 ICU 来源的金黄色葡萄球菌对临床常用抗生素的药敏情况比较

ICU 来源甲氧西林耐药金黄色葡萄球菌和凝固酶阴性葡萄球菌检出率分别为 47.7％、79.7％，均高于非 ICU 分离菌 34.4％、66.5％，均未发现对万古霉素耐药的葡萄球菌（见表 2.3 和 2.4）。

表 2.3　ICU 和非 ICU 来源的金黄色葡萄球菌对临床常用抗生素的药敏情况比较

抗生素名称	ICU				非 ICU			
	菌株数（株）	％R	％I	％S	菌株数（株）	％R	％I	％S
青霉素 G	2874	93.5	0	6.5	26911	92.4	0	7.6
苯唑西林	2795	47.7	0	52.3	26544	34.4	0	65.6
庆大霉素	2921	12.6	6	81.4	27201	8.5	2.1	89.4
利福平	2864	2	0.8	97.2	26785	1.2	1.7	97.1
环丙沙星	2907	34.9	2.8	62.3	26359	18.9	4	77.1
左氧氟沙星	2642	35.4	0.5	64.1	24211	18.3	0.9	80.8
莫西沙星	2438	33.4	1.3	65.3	22286	16.7	1.9	81.4
复方新诺明	2987	10.9	0	89.1	27239	16.2	0	83.8
克林霉素	2646	22	1.1	76.9	25301	26.3	1	72.6
红霉素	2852	57.4	1.2	41.4	26711	56.1	1.1	42.8
呋喃妥因	2118	0.5	0.4	99.1	20113	0.4	0.3	99.3
利奈唑胺	2878	0.2	0	99.8	26564	0.1	0	99.9
万古霉素	2920	0	01	100.0	27189	0	0	100.0
四环素	2735	26.8	0.5	72.7	25767	18.8	0.8	80.4
替加环素	2274	0	0	100.0	20834	0	0	100.0

表 2.4　ICU 和非 ICU 来源的凝固酶阴性葡萄球菌对临床常用抗生素的药敏情况比较

抗生素名称	ICU				非 ICU			
	菌株数（株）	%R	%I	%S	菌株数（株）	%R	%I	%S
青霉素 G	3596	94.4	0	5.6	21942	89.4	0	10.6
苯唑西林	3550	79.7	0	20.3	21603	66.5	0	33.5
庆大霉素	3681	29.2	6.5	64.3	22404	16.7	5.1	78.2
利福平	3602	9.7	0.6	89.7	21867	5.2	0.8	94
环丙沙星	3629	57.1	3.6	39.3	21657	39.7	4.1	56.2
左氧氟沙星	3371	59.8	1.4	38.8	20254	41.6	1.9	56.5
莫西沙星	3203	36.3	24.6	39.1	19050	22.2	21.6	56.2
复方新诺明	3675	44.3	0.1	55.6	21994	40.3	0.1	59.6
克林霉素	3381	29.6	2.6	67.8	20335	23.8	2.7	73.5
红霉素	3575	72.5	2.4	25.1	21697	71	1.8	27.2
呋喃妥因	2881	1	0.7	98.3	17746	1.5	0.7	97.8
利奈唑胺	3431	1.6	0	98.4	21504	0.5	0	99.5
万古霉素	3653	0	0	100.0	22306	0	0	100.0
四环素	3465	17.6	1.7	80.7	20930	21.3	0.8	77.9
替加环素	3021	0	0	100.0	17950	0	0	100.0

3. 耐甲氧西林葡萄球菌检测情况

2017 年 MRSA 检出率比 2016 年（37.1%）进一步降低，凝固酶阴性葡萄球菌耐甲氧西林检出率也比 2016 年（70.4%）有所降低（见表 2.5），浙江省耐甲氧西林葡萄球菌年度变化趋势图见图 2.1。

表 2.5　耐甲氧西林葡萄球菌检测情况

菌名	阳性菌株数（株）	总菌株数（株）	阳性率（%）
金黄色葡萄球菌	10445	29339	35.6
凝固酶阴性葡萄球菌	17205	25153	68.4

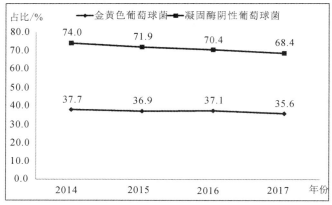

图 2.1　浙江省耐甲氧西林葡萄球菌年度变化趋势

（统计编辑：丁仕标）

二、肠球菌

1. 肠球菌对临床常用抗生素耐药情况

肠球菌对替加环素、万古霉素、利奈唑胺依然保持高度敏感,粪肠球菌 VRE(万古霉素耐药肠球菌)检出率为0.4%,对利奈唑胺耐药率为 2.7%,对青霉素 G、氨苄西林耐药率分别为8.2%、3.1%,对高浓度庆大霉素耐药率为 16.4%;屎肠球菌 VRE 检出率为0.9%,对利奈唑胺耐药率为 0.7%,对青霉素 G、氨苄西林耐药率分别为90.3%、89.1%,对高浓度庆大霉素耐药率为 18.4%(见表 2.6)。

表 2.6 2017 年全省分离肠球菌对临床常用抗生素的药敏情况

抗生素名称	粪肠球菌				屎肠球菌			
	菌株数(株)	%R	%I	%S	菌株数(株)	%R	%I	%S
青霉素 G	11093	8.2	0	91.8	9614	90.3	0	8.7
氨苄西林	11639	3.1	0	96.9	10046	89.1	0	10.9
高浓度庆大霉素	9266	16.4	0	83.6	7880	18.4	0	81.7
高浓度链霉素	8230	9.9	0	90.1	6968	18.4	0	81.6
利奈唑胺	11165	2.7	4.1	93.2	9747	0.7	2	97.4
万古霉素	11611	0.4	0.2	99.4	10049	0.9	0.2	98.9

2. ICU 和非 ICU 来源的肠球菌药敏情况比较

ICU 来源的粪肠球菌对万古霉素和利奈唑胺的耐药率分别为 1.5% 和 1.8%,而非 ICU 来源的则为 0.3% 和 2.8%(见表 2.7 和表 2.8)。

表 2.7 ICU 和非 ICU 来源的粪肠球菌对临床常用抗生素的药敏情况比较

抗生素名称	ICU				非 ICU			
	菌株数(株)	%R	%I	%S	菌株数(株)	%R	%I	%S
青霉素 G	801	15	0	85	10292	7.7	0	92.3
氨苄西林	873	5.7	0	94.3	10766	2.9	0	97.1
高浓度庆大霉素	712	15	0	85	8554	16.5	0	83.5
高浓度链霉素	566	9.5	0	90.5	7664	9.9	0	90.1
利奈唑胺	841	1.8	7.3	91	10324	2.8	3.9	93.3
万古霉素	869	1.5	0.1	98.4	10742	0.3	0.2	99.5

表 2.8　ICU 和非 ICU 来源的屎肠球菌对临床常用抗生素的药敏情况比较

抗生素名称	ICU				非 ICU			
	菌株数（株）	%R	%I	%S	菌株数（株）	%R	%I	%S
青霉素 G	1699	96.8	0	3.2	7915	90.1	0	9.9
氨苄西林	1781	95.8	0	4.2	8265	87.6	0	12.3
高浓度庆大霉素	1404	22	0	78	6476	17.6	0	82.4
高浓度链霉素	1176	20.4	0	79.6	5792	18	0	82
利奈唑胺	1744	0.7	2.2	97.1	8003	0.7	1.9	97.4
万古霉素	1786	1.8	0.2	97.9	8263	0.7	0.2	99.1

（统计编辑：胡庆丰）

三、苛养菌

1.链球菌属细菌对临床常用抗生素耐药情况

肺炎链球菌对青霉素耐药率为 28.2%（按口服给药折点），红霉素、克林霉素耐药率分别为 95.4%、86.9%，对三代头孢菌素耐药率约为 20%，对莫西沙星、左氧氟沙星耐药率<2%，尚未出现对万古霉素、利奈唑胺耐药的菌株（见表 2.9）。

β-溶血链球菌对万古霉素、利奈唑胺、青霉素、头孢菌素高度敏感，未发现有耐药株；除无乳链球菌对左氧氟沙星耐药率较高，为 41.9%，其余均高度敏感；对红霉素、克林霉素高度耐药（见表 2.10、2.11）。

流感嗜血杆菌对氨苄西林耐药率为 55.4%，对氟喹诺酮类、三代头孢菌素、碳青霉烯类抗生素高度敏感（见表 2.12）。

表 2.9　肺炎链球菌对临床常用抗生素的药敏情况

抗生素名称	菌株数（株）	%R	%I	%S
青霉素 G	4004	28.2	4.2	67.6
阿莫西林	3249	20.3	8.5	71.2
头孢噻肟	3828	19.2	19.8	61.0
头孢吡肟	217	20.7	21.7	57.6
头孢曲松	3394	19.8	17.5	62.7
左氧氟沙星	4996	1.5	0.5	98.0
复方新诺明	5033	66.5	12.1	21.4
莫西沙星	3796	0.5	0.3	99.2
克林霉素	1494	86.9	0.9	12.2
红霉素	4819	95.4	0.3	4.3
利奈唑胺	4529	0	0	100.0
万古霉素	5071	0	0	100.0
氯霉素	4807	7.4	0	92.6
四环素	4927	90.3	2.4	7.3

表 2.10　无乳链球菌对临床常用抗生素的药敏情况

抗生素名称	菌株数（株）	%R	%I	%S
青霉素 G	7775	0	0	100.0
氨苄西林	6591	0	0	100.0
头孢噻肟	1697	0	0	100.0
头孢吡肟	328	0	0	100.0
左氧氟沙星	8882	41.9	1.0	57.1
克林霉素	7650	51.0	1.8	47.2
红霉素	3752	66.7	8.3	25.0
利奈唑胺	7300	0	0	100.0
万古霉素	8221	0	0	100.0
氯霉素	1694	5.9	2.2	91.9
四环素	7136	72.5	0.6	26.9
替加环素	6060	0	0	100.0

表 2.11　化脓性链球菌对临床常用抗生素的药敏情况

抗生素名称	菌株数（株）	%R	%I	%S
青霉素 G	1321	0	0	100.0
头孢噻肟	138	0	0	100.0
头孢曲松	371	0	0	100.0
头孢吡肟	1135	0	0	100.0
左氧氟沙星	181	0	0	100.0
克林霉素	1200	89.6	1.1	9.3
红霉素	1279	92.0	2.2	5.8
利奈唑胺	387	0	0	100.0
万古霉素	1375	0	0	100.0
氯霉素	1203	3.4	3.0	93.6
四环素	785	86.0	2.5	11.5
替加环素	12	0	0	100.0

表 2.12 流感嗜血杆菌对临床常用抗生素的药敏情况

抗生素名称	菌株数(株)	%R	%I	%S
氨苄西林	3577	55.4	7.3	37.3
阿莫西林/克拉维酸	1543	65.0	0	35.0
氨苄西林/舒巴坦	1590	66.1	0	33.9
头孢呋辛	1544	68.1	0.6	31.3
头孢噻肟	3025	0.3	0	99.7
亚胺培南	433	0	0	100.0
美罗培南	1727	0.5	0	99.5
环丙沙星	718	0.1	0	99.9
左氧氟沙星	1603	0.1	0	99.9
氧氟沙星	1603	0.1	0	99.9
复方新诺明	3391	60.9	1.3	37.8
氯霉素	2782	5.5	3.4	91.1
四环素	2712	17.3	6.7	76.0
利福平	1710	3.5	2.1	94.4

(统计编辑:赵晓飞)

四、肠杆菌科细菌

1. 肠杆菌科细菌对临床常用抗生素耐药情况

肠杆菌科细菌对临床常用抗生素的药敏情况见表 2.13,肠肝菌科 ESBLs(超广谱 β-内酰胺酶)检测情况见表 2.14。浙江省肠肝菌科细菌 ESBLs 变化超势图见图 2.2。

大肠埃希菌总体药敏情况与往年基本持平,ESBLs 发生率略有下降为 47.5%,对替加环素耐药率最低<1%,其次为碳青霉烯类抗生素耐药率<2%,对哌拉西林/他唑巴坦、头孢哌酮/舒巴坦耐药率分别为 2.8%、5.6%,对头霉素类抗生素头孢替坦、头孢西丁耐药率分别为 2.1%、11.2%,对头孢他啶、头孢吡肟耐药率分别为 23.5%、20.9%,对头孢噻肟、头孢曲松、环丙沙星、左氧氟沙星耐药率为 40%~50%,对氨基糖苷类抗生素耐药性不一,对庆大霉素耐药率最高为 34.8%,对阿米卡星、妥布霉素耐药率分别为 2.1%、12.6%。

肺炎克雷伯菌 ESBLs 发生率为 20.5%,但碳青霉烯类耐药肺炎克雷伯菌 ESBLs 表型确证试验通常为假阴性,其实际阳性率应接近 36%。对亚胺培南、美罗培南耐药率分别为 15.1%、17.4%,比 2015 年(10.7%和 11.6%)、2016 年(13.6%和 15.0%)又明显增加;对多黏菌素 B、替加环素耐药率最低分别为 1.1%、3.5%,对哌拉西林/他唑巴坦、头孢哌酮/舒巴坦耐药率分别为 15.5%、18.7%,对头霉素类抗生素头孢替坦、头孢西丁耐药率分别为 11.1%、20.9%,对头孢他啶、头孢吡肟耐药率分别为 25.2%、20.6%,对头孢噻肟、头孢曲松、环丙沙星耐药率分别为 45.3%、31.4%、22.3%,对阿米卡星、妥布霉素和庆大霉素耐药率分别为 9.4%、12.8%、19.1%。

产气肠杆菌和阴沟肠杆菌对亚胺培南和美罗培南耐药率分别为 10.3%和 4.8%、5.9%和 7.1%,对替加环素、头孢吡肟、哌拉西林/他唑巴坦、头孢哌酮/舒巴坦、氟喹诺酮类、氨基糖苷类耐药率<10%。

奇异变形杆菌 ESBLs 检出率为 25.5%,对亚胺培南耐药率为 15.4%,明显高于厄他培南(4.1%)、美罗培南(3.2%),可能机制是非产碳青霉烯酶原因导致奇异变形杆菌对亚胺培南耐药,还应注意自动化仪器对亚胺培南产生假耐药,摩氏摩根菌也存在同样的问题,建议采用其他药敏方法复核。

黏质沙雷菌对厄他培南、亚胺培南、美罗培南耐药率较高,分别为8.7%、16%和17.4%,对阿米卡星、替加环素耐药率<3%,对哌拉西林/他唑巴坦、头孢哌酮/舒巴坦、头孢他啶、头孢吡肟耐药率<20%。

表2.13　肠杆菌科细菌对临床常用抗生素的药敏情况

抗生素名称	大肠埃希菌				肺炎克雷伯菌			
	菌株数(株)	%R	%I	%S	菌株数(株)	%R	%I	%S
阿米卡星	53045	2.1	0.4	97.5	36940	9.4	0.1	90.5
阿莫西林/克拉维酸	34509	8.6	16.1	75.3	24953	22.7	7	70.3
氨苄西林	53841	80	1.1	18.9	30859		天然耐药	
氨苄西林/舒巴坦	27462	40.1	21.3	38.6	17767	33.4	5.3	61.3
氨曲南	53161	32.7	1.3	66	37363	26.2	0.5	73.3
多黏菌素B	917	2.7	0	97.3	1137	1.1	0	98.9
厄他培南	41033	1.4	0.2	98.4	28835	10.6	0.2	89.2
呋喃妥因	39813	2.2	6.8	91	25976	28.9	45.2	25.9
复方新诺明	54481	49.9	0	50.1	38461	28.8	0	71.2
环丙沙星	53827	45.3	2.7	52	38047	22.3	2.7	75
氯霉素	8288	24	5.1	70.9	5214	30.8	3.8	65.4
美罗培南	22377	1.9	0.4	97.7	15052	17.4	1	81.6
哌拉西林	11120	71.8	3.6	24.6	6437	40.8	6.4	52.8
哌拉西林/他唑巴坦	53603	2.8	2.3	94.9	37723	15.5	2.4	82.1
庆大霉素	53876	34.8	0.6	64.6	37908	19.1	0.4	80.5
四环素	8930	61	0.4	38.6	5118	32.1	2.6	65.3
替加环素	26854	0.1	0.3	99.6	20236	3.5	3.8	92.7
头孢吡肟	54700	20.9	7.7	71.4	38610	20.6	2.7	76.7
头孢呋辛	7703	51.4	4.3	44.3	4613	31.6	4.4	64
头孢哌酮/舒巴坦	20265	5.6	13.9	80.5	15244	18.7	7.3	74
头孢曲松	46798	49.7	0.3	50	33676	31.4	0.2	68.4
头孢噻肟	11485	48.1	0.6	51.3	6837	45.3	1	53.7
头孢他啶	38267	23.5	4.6	71.9	25789	25.2	2.8	72
头孢替坦	17490	2.1	0.7	97.2	11734	11.1	0.9	88
头孢西丁	28668	11.2	8.1	80.7	21365	20.9	2	77.1
头孢唑啉	47199	58.3	0.1	41.6	31019	42.3	0	57.7
妥布霉素	46476	12.6	23.7	63.7	33495	12.8	8.5	78.7
亚胺培南	54745	1.7	0.7	97.6	38470	15.1	1.8	93.1
左氧氟沙星	53494	42.4	2.5	55.1	37517	19.1	1.8	79.1

续表

抗生素名称	产气肠杆菌				阴沟肠杆菌			
	菌株数（株）	%R	%I	%S	菌株数（株）	%R	%I	%S
阿米卡星	3617	1	0.1	98.9	6877	1.7	0.3	98
阿莫西林/克拉维酸	1878	天然耐药			3685	天然耐药		
氨苄西林	1125	天然耐药			2180	天然耐药		
氨苄西林/舒巴坦	662	天然耐药			1299	天然耐药		
氨曲南	3657	29.9	2.2	67.9	6803	25.4	1.1	73.5
多黏菌素 B	117	7.7	0	92.3	151	1.3	0	98.7
厄他培南	2699	4.8	0.2	95	5191	7	0.9	92.1
呋喃妥因	2404	25.8	62.7	11.5	4569	6.6	39.5	53.9
复方新诺明	3736	15.3	0	84.7	7048	19	0	81
环丙沙星	3711	6.8	4.1	89.1	6972	10.1	2.5	87.4
氯霉素	604	23.7	4.1	72.2	1096	17.2	5.3	77.5
美罗培南	1594	4.8	1.8	93.4	2883	7.1	1.4	91.5
哌拉西林	789	30.8	10.5	58.7	1428	29.6	6.1	64.3
哌拉西林/他唑巴坦	3696	7	17.8	75.2	6938	9.2	8.2	82.6
庆大霉素	3692	5.2	0.4	94.4	6933	7.4	3.1	89.5
四环素	610	19	2.3	78.7	1105	16	2.4	81.6
替加环素	1857	2.3	1.4	96.3	3547	1.7	1.5	96.8
头孢吡肟	3757	9.6	2.7	87.7	7056	9.9	5.2	84.9
头孢呋辛	449	天然耐药			889	天然耐药		
头孢哌酮/舒巴坦	1534	6.5	11.7	81.8	2864	10.7	10	79.3
头孢曲松	3165	37	1.2	61.8	6056	33.5	1.4	65.1
头孢噻肟	843	46.8	2.7	50.5	1484	44.2	2	53.8
头孢他啶	2479	30.9	4.1	65	4641	25.5	2.3	72.2
头孢替坦	948	天然耐药			1657	天然耐药		
头孢西丁	1442	天然耐药			3042	天然耐药		
头孢唑啉	2740	天然耐药			5236	天然耐药		
妥布霉素	3202	3.1	3.5	93.4	6029	6.6	7	86.4
亚胺培南	3653	10.3	18.2	71.5	7021	5.9	3.8	90.3
左氧氟沙星	3667	4.5	2.4	93.1	6902	8	1.7	90.3

续表

抗生素名称	奇异变形杆菌				黏质沙雷菌			
	菌株数（株）	%R	%I	%S	菌株数（株）	%R	%I	%S
阿米卡星	6486	3.4	1.2	95.4	4520	2.3	0.6	97.1
阿莫西林/克拉维酸	3544	10.2	10.6	79.2	2293	天然耐药		
氨苄西林	6538	59.2	0.8	40	1519	天然耐药		
氨苄西林/舒巴坦	3504	35.2	8.1	56.7	925	天然耐药		
氨曲南	6311	8.9	1.5	89.6	4542	26.4	1.5	72.1
多黏菌素 B	572	天然耐药			469	天然耐药		
厄他培南	4678	4.1	4.8	91.1	3272	8.7	0.4	90.9
呋喃妥因	3913	天然耐药			2463	天然耐药		
复方新诺明	6665	56.3	0.1	43.6	4641	12.2	0	87.8
环丙沙星	6638	43	6.7	50.3	4615	20.5	5.1	74.4
氯霉素	1164	61.9	2.9	35.2	964	28.2	59.9	11.9
美罗培南	2857	3.2	1	95.8	2051	17.4	1	81.6
哌拉西林	1436	32.2	8.6	59.2	1094	41	4.2	54.8
哌拉西林/他唑巴坦	6482	2.3	2.1	95.6	4418	10.1	6.1	83.8
庆大霉素	6634	32.3	7.8	59.9	4627	15	0.4	84.6
四环素	868	天然耐药			902	41.8	14.3	43.9
替加环素	2148	天然耐药			2217	0.5	2.9	96.6
头孢吡肟	6537	10.9	15	74.1	4687	17.7	8.2	74.1
头孢呋辛	761	36.8	1.7	61.5	486	天然耐药		
头孢哌酮/舒巴坦	2444	1.8	3.2	95	1726	15.9	9.8	74.3
头孢曲松	5419	30.5	3	66.5	3737	30	1.5	68.5
头孢噻肟	1670	38.8	4.7	56.5	1212	53.9	5	41.1
头孢他啶	4966	10.5	1.4	88.1	3249	13	5.5	81.5
头孢替坦	2030	1.1	0.3	98.6	936	天然耐药		
头孢西丁	3595	6	8.4	85.6	1808	天然耐药		
头孢唑啉	5979	46.3	0.4	53.3	3435	天然耐药		
妥布霉素	5435	15.3	24.3	60.4	3799	13.9	21.5	64.6
亚胺培南	3568	15.4	9.4	75.2	4556	16	14.2	69.8
左氧氟沙星	6318	27.2	9.3	63.5	4528	13.7	6.2	80.1

续表

抗生素名称	弗劳地枸橼酸杆菌				摩氏摩根菌			
	菌株数（株）	%R	%I	%S	菌株数（株）	%R	%I	%S
阿米卡星	1388	7.9	0.2	91.9	1726	2.4	0.4	97.2
阿莫西林/克拉维酸	701	天然耐药			830	天然耐药		
氨苄西林	440	天然耐药			1392	天然耐药		
氨苄西林/舒巴坦	268	天然耐药			834	65.4	17.9	16.7
氨曲南	1392	31.6	2	66.4	1718	13	2.7	84.3
多黏菌素B	29	6.9	0	93.1	97	天然耐药		
厄他培南	1035	10.5	0.4	89.1	1344	1.3	0.2	98.5
呋喃妥因	1009	2.4	5.1	92.5	1098	天然耐药		
复方新诺明	1440	38.9	0	61.1	1753	37.1	0.1	62.8
环丙沙星	1434	26	6.8	67.2	1729	22	11.3	66.7
氯霉素	228	19.7	8.8	71.5	258	45.4	5	49.6
美罗培南	656	10.7	1.2	88.1	755	2.4	0.9	96.7
哌拉西林	292	40.4	8.9	50.7	369	21.1	16.5	62.4
哌拉西林/他唑巴坦	783	13.5	7.4	79.1	1712	4.7	3.1	92.2
庆大霉素	1429	20.6	0.6	78.8	1746	22.9	2.6	74.5
替加环素	785	1	1.8	97.2	612	天然耐药		
头孢吡肟	1452	16.3	3.7	80	1755	8.6	6.4	85
头孢呋辛	175	天然耐药			257	天然耐药		
头孢哌酮/舒巴坦	577	19.1	12.7	68.2	674	3	5.5	91.5
头孢曲松	1244	44.6	1.1	54.3	1522	20.3	5.3	74.4
头孢噻肟	310	49.3	4.2	46.5	390	40.2	3.1	56.7
头孢他啶	999	36.1	4	59.9	1201	15.4	4.4	80.2
头孢替坦	367	天然耐药			553	1.8	0.9	97.3
头孢西丁	564	天然耐药			979	15.6	41.6	42.8
头孢唑啉	1089	天然耐药			1409	天然耐药		
妥布霉素	1235	16.1	12.7	71.2	1517	10.6	12.9	76.5
亚胺培南	1432	12.4	4.5	83.1	866	21.6	20.9	57.5
左氧氟沙星	1409	18.6	6.7	74.7	1722	11.2	5.6	83.2

表 2.14　肠杆菌科 ESBLs 检测情况

菌株名称	阳性菌菌株数	总菌株数	阳性率（%）
大肠埃希菌	19906	41881	47.5
肺炎克雷伯菌	5832	28449	20.5
奇异变形杆菌	198	777	25.5

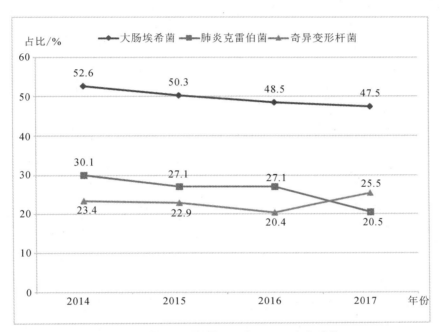

图 2.2　浙江省肠杆菌科细菌 ESBLs 变化趋势

2. ICU 和非 ICU 来源的肠杆菌科细菌药敏情况对比

ICU 分离到的大肠埃希菌和肺炎克雷伯菌的耐药性高于非 ICU 分离株,特别是对碳青霉烯类耐药率,ICU 来源的大肠埃希菌对亚胺培南、美罗培南耐药率分别为 7.2%、7.1%,肺炎克雷伯菌对亚胺培南、美罗培南耐药率更是高达 31.3%(见表 2.15 和 2.16)。

ICU 和非 ICU 来源的产气肠杆菌对临床常用抗生素的药敏情况比较见表 2.17 所示。ICU 和非 ICU 来源的阴沟肠杆菌对临床常用抗生素的药敏情况比较见表 2.18 所示。ICU 和非 ICU 来源的奇异变形杆菌对临床常用抗生素的药敏情况比较见表 2.19 所示。ICU 和非 ICU 来源的黏质沙雷菌对临床常用抗生素的药敏情况比较见表 2.20 所示。ICU 和非 ICU 来源的弗劳地枸橼酸杆菌对临床常用抗生素的药敏情况比较见表 2.21 所示。ICU 和非 ICU 来源的摩氏摩根菌对临床常用抗生素的药敏情况比较见表 2.22 所示。

表 2.15　ICU 和非 ICU 来源的大肠埃希菌对临床常用抗生素的药敏情况比较

抗生素名称	ICU 大肠埃希菌				非 ICU 大肠埃希菌			
	菌株数（株）	%R	%I	%S	菌株数（株）	%R	%I	%S
阿米卡星	3040	4.3	0.5	95.2	14897	1.9	0.3	97.8
阿莫西林/克拉维酸	2097	18.7	18	63.3	8637	8	16.3	75.7
氨苄西林	3066	84.2	1	14.8	14673	80.8	1.1	18.1
氨苄西林/舒巴坦	1503	51.8	18.6	29.6	7632	39.9	20.6	39.5
氨曲南	3011	40.5	1.4	58.1	14139	33.8	0.9	65.3
多黏菌素 B	36	5.6	0	94.4	311	3.5	0	96.5
厄他培南	2339	6	0.3	93.7	12897	1	0.1	98.9
呋喃妥因	2138	3.5	8.1	88.4	12306	2.6	7	90.4
复方新诺明	3158	49.8	0	50.2	14971	48.5	0	51.5
环丙沙星	3119	51.4	2.9	45.7	14696	45.7	3.1	51.2
氯霉素	493	29.4	2.4	68.2	1743	25.4	5.7	68.9
美罗培南	1350	7.1	0.8	92.1	3822	1.8	0.4	97.8
哌拉西林	571	79	3.7	17.3	1805	77.6	2.1	20.3
哌拉西林/他唑巴坦	3100	8.5	3.7	87.8	13938	2.5	2.6	94.9
庆大霉素	3065	36.3	0.6	63.1	14689	35.4	0.7	63.9
四环素	502	66.5	0.6	32.9	1557	62.1	0.5	37.4
替加环素	1680	0.3	0.4	99.3	8751	0.1	0.4	99.5
头孢吡肟	3148	28.5	9.4	62.1	14663	19.7	8.2	72.1
头孢哌酮/舒巴坦	1496	10.6	15.6	73.8	5369	5.1	13.9	81
头孢曲松	2663	59	0.4	40.6	13681	50.8	0.3	48.9
头孢噻肟	622	61.1	0.5	38.4	1833	51	0.3	48.7
头孢他啶	2176	31.4	6.8	61.8	8919	20.3	4.6	75.1
头孢替坦	850	5.2	1.3	93.5	5114	2.4	0.9	96.7
头孢西丁	1733	17.6	8.3	74.1	8517	10.3	8.4	81.3
头孢唑啉	2772	68.7	0.1	31.2	12674	60.6	0.1	39.3
妥布霉素	2663	15.8	22.6	61.6	13349	12.3	24.7	63
亚胺培南	3095	7.2	1.3	91.5	14993	1.4	0.6	98
左氧氟沙星	2976	48.3	2.5	49.2	14958	42.9	2.6	54.5

表 2.16　ICU 和非 ICU 来源的肺炎克雷伯菌对临床常用抗生素的药敏情况比较

抗生素名称	ICU 肺炎克雷伯菌				非 ICU 肺炎克雷伯菌			
	菌株数（株）	%R	%I	%S	菌株数（株）	%R	%I	%S
阿米卡星	6926	18.4	0.2	81.4	9241	5.9	0.1	94
阿莫西林/克拉维酸	4818	39.5	6.2	54.3	5207	14.3	8.2	77.5
氨苄西林	5708		天然耐药		8213		天然耐药	
氨苄西林/舒巴坦	3083	46.4	4.5	49.1	4481	29.4	5.5	65.1
氨曲南	6977	42.1	0.3	57.6	8689	21.1	0.6	78.3
多黏菌素 B	172	0.6	0	99.4	246	1.2	0	98.8
厄他培南	5209	23.2	0.2	76.6	7833	5.4	0.2	94.4
呋喃妥因	4948	42.7	37.4	19.9	7681	24	48.5	27.5
复方新诺明	7316	38.7	0	61.3	9232	24.4	0	75.6
环丙沙星	7176	36.2	2.6	61.2	9104	17.2	3.1	79.7
氯霉素	751	34.9	7.2	57.9	1085	28.8	3.2	68
美罗培南	2848	31.3	1.2	67.5	2265	9.8	1.1	89.1
哌拉西林	899	50.2	5.1	44.7	1173	45.6	8.2	46.2
哌拉西林/他唑巴坦	7103	31.3	2.8	65.9	8568	9.2	2.5	88.3
庆大霉素	7114	28.4	0.3	71.3	9097	16.2	0.3	83.5
四环素	709	34.7	2.4	62.9	965	28.5	1.2	70.3
替加环素	3967	6	6.4	87.6	5580	3.2	4.5	92.3
头孢吡肟	7274	35.7	3.2	61.1	9060	17.8	2.8	79.4
头孢哌酮/舒巴坦	3483	32.2	6.8	61	3195	15.6	8.1	76.3
头孢曲松	6519	47.2	0.2	52.6	8495	27.8	0.3	71.9
头孢噻肟	1066	47.1	1	51.9	1189	35.2	0.7	64.1
头孢他啶	4940	40.4	2.8	56.8	5291	18.2	2.9	78.9
头孢替坦	2114	26.7	1.3	72	3189	10	1	89
头孢西丁	4277	35.8	2.8	61.4	5392	14.2	1.8	84
头孢唑啉	6117	56.7	0	43.3	7141	39.2	0	60.8
妥布霉素	6534	22.2	8.7	69.1	8400	9.6	8.7	81.7
亚胺培南	7226	31.3	1.5	67.2	9238	8.9	1.9	89.2
左氧氟沙星	7077	32.8	2.2	65	9226	14.3	1.8	83.9

表 2.17　ICU 和非 ICU 来源的产气肠杆菌对临床常用抗生素的药敏情况比较

抗生素名称	ICU 产气肠杆菌				非 ICU 产气肠杆菌			
	菌株数（株）	%R	%I	%S	菌株数（株）	%R	%I	%S
阿米卡星	637	2	0	98	820	1	0	99
阿莫西林/克拉维酸	329	天然耐药			379	天然耐药		
氨苄西林	190	天然耐药			241	天然耐药		
氨苄西林/舒巴坦	98	天然耐药			176	天然耐药		
氨曲南	646	32.5	2	65.5	785	34.5	2.4	63.1
多黏菌素 B	11	27.3	0	72.7	37	10.8	0	89.2
厄他培南	489	5.5	0.2	94.3	698	4.4	0	95.6
呋喃妥因	427	24.6	67	8.4	674	27.9	59.6	12.5
复方新诺明	676	21.3	0	78.7	822	14.6	0	85.4
环丙沙星	663	5.7	4.1	90.2	814	6.3	3.3	90.4
氯霉素	95	20	3.2	76.8	104	28.9	6.7	64.4
美罗培南	279	7.9	0.7	91.4	232	5.2	2.2	92.6
哌拉西林	122	24.6	8.2	67.2	130	30.8	13.9	55.3
哌拉西林/他唑巴坦	665	8.7	20.5	70.8	776	4.3	18.4	77.3
庆大霉素	654	5.7	1.2	93.1	810	3.8	0	96.2
四环素	92	14.2	5.4	80.4	98	12.2	1	86.8
替加环素	362	3	2.5	94.5	434	2.3	2.3	95.4
头孢吡肟	670	13.2	1.3	85.5	805	12.6	3.4	84
头孢哌酮/舒巴坦	352	8.5	11.9	79.6	279	7.9	7.2	84.9
头孢曲松	567	41.4	1.1	57.5	752	44.7	0.4	54.9
头孢噻肟	142	39.4	2.8	57.8	132	40.2	0.8	59
头孢他啶	444	32	3.4	64.6	463	26.1	3.9	70
头孢替坦	162	天然耐药			252	天然耐药		
头孢西丁	257	天然耐药			391	天然耐药		
头孢唑啉	493	天然耐药			693	天然耐药		
妥布霉素	583	4	2.9	93.1	757	1.9	2	96.1
亚胺培南	652	11.4	16	72.6	808	7.7	20.5	71.8
左氧氟沙星	657	3.7	2.6	93.7	820	3.2	2.4	94.4

表 2.18　ICU 和非 ICU 来源的阴沟肠杆菌对临床常用抗生素的药敏情况比较

抗生素名称	ICU 阴沟肠杆菌				非 ICU 阴沟肠杆菌			
	菌株数（株）	%R	%I	%S	菌株数（株）	%R	%I	%S
阿米卡星	786	2.5	0.5	97	2006	1.5	0.3	98.2
阿莫西林/克拉维酸	388	天然耐药			1084	天然耐药		
氨苄西林	240	天然耐药			656	天然耐药		
氨苄西林/舒巴坦	129	天然耐药			447	天然耐药		
氨曲南	775	30.5	1.2	68.3	1871	24.4	0.9	74.7
多黏菌素 B	6	0	0	100.0	68	2.9	0	97.1
厄他培南	608	10.5	0.8	88.7	1731	5.2	0.6	94.2
呋喃妥因	539	6.1	38.2	55.7	1682	6.7	42.2	51.1
复方新诺明	818	24.1	0	75.9	2009	17.7	0	82.3
环丙沙星	802	9.6	2.4	88	1979	10.3	3	86.7
氯霉素	102	11.8	2.9	85.3	259	20.9	5.8	73.3
美罗培南	343	9.3	2	88.7	482	6.6	1.7	91.7
哌拉西林	121	21.5	3.3	75.2	291	35.7	7.2	57.1
哌拉西林/他唑巴坦	800	13.4	8.8	77.8	1884	7.1	8.1	84.8
庆大霉素	794	9.8	4	86.2	1979	7	3.4	89.6
四环素	101	11.9	0	88.1	221	14	4.1	81.9
替加环素	428	1.4	0.9	97.7	1108	2.4	2.9	94.7
头孢吡肟	813	13.1	5.2	81.7	1966	9.7	4.8	85.5
头孢哌酮/舒巴坦	416	11.8	12.7	75.5	620	9.4	13.1	77.5
头孢曲松	713	38.6	1.1	60.3	1835	29.3	1.7	69
头孢噻肟	143	31.5	0.7	67.8	298	40.9	0.3	58.8
头孢他啶	563	28.1	2.8	69.1	1064	24.1	2	73.9
头孢替坦	203	天然耐药			585	天然耐药		
头孢西丁	316	天然耐药			1149	天然耐药		
头孢唑啉	592	天然耐药			1770	天然耐药		
妥布霉素	712	10.1	8.4	81.5	1819	6.5	6.4	87.1
亚胺培南	806	8.2	2.9	88.9	2004	4.2	4	91.8
左氧氟沙星	802	7.6	1.4	91	2001	8.2	1.9	89.9

表 2.19　ICU 和非 ICU 来源的奇异变形杆菌对临床常用抗生素的药敏情况比较

抗生素名称	ICU 奇异变形杆菌				非 ICU 奇异变形杆菌			
	菌株数（株）	%R	%I	%S	菌株数（株）	%R	%I	%S
阿米卡星	1411	5.1	1.6	93.3	1415	2.2	0.8	97
阿莫西林/克拉维酸	796	18.2	18.5	63.3	553	9.4	11.4	79.2
氨苄西林	1397	74.8	0.8	24.4	1352	55.8	1	43.2
氨苄西林/舒巴坦	657	49.6	10.2	40.2	867	27.7	8.2	64.1
氨曲南	1349	9.9	2.2	87.9	1177	9.8	1.2	89
多黏菌素 B	145	天然耐药			107	天然耐药		
厄他培南	994	12	4.8	83.2	1021	1.7	1.3	97
呋喃妥因	882	天然耐药			968	天然耐药		
复方新诺明	1450	68.9	0.1	31	1402	52.1	0	47.9
环丙沙星	1410	61.4	7.2	31.4	1401	37.8	6.9	55.3
氯霉素	228	74.1	3.1	22.8	214	54.7	3.7	41.6
美罗培南	582	6.4	0.9	92.7	398	2.5	0.5	97
哌拉西林	275	42.2	12.7	45.1	254	33.1	8.3	58.6
哌拉西林/他唑巴坦	1411	5	5.1	89.9	1228	2.5	1.5	96
庆大霉素	1405	47.5	7	45.5	1402	26.6	9.1	64.3
四环素	173	天然耐药			160	天然耐药		
替加环素	577	天然耐药			397	天然耐药		
头孢吡肟	1410	15.2	22.3	62.5	1241	11.2	14.3	74.5
头孢哌酮/舒巴坦	511	2.9	6.3	90.8	567	1.1	1.9	97
头孢曲松	1196	41	7.8	51.2	1115	28.3	2.4	69.3
头孢噻肟	297	44.1	4.4	51.5	350	31.7	2	66.3
头孢他啶	961	12.2	1.9	85.9	958	3.6	2	94.4
头孢替坦	388	1.8	0.8	97.4	517	1.2	0.2	98.6
头孢西丁	836	9.2	15.7	75.1	806	6.6	7.4	86
头孢唑啉	1294	59	0.2	40.8	1196	47.3	1.3	51.4
妥布霉素	1179	21.7	31	47.3	1146	13.3	23.7	63
亚胺培南	681	22.8	5.3	71.9	722	7.6	9.4	83
左氧氟沙星	1366	41.6	10.7	47.7	1270	22.6	8.4	69

表 2.20　ICU 和非 ICU 来源的黏质沙雷菌对临床常用抗生素的药敏情况比较

抗生素名称	ICU 黏质沙雷菌				非 ICU 黏质沙雷菌			
	菌株数（株）	%R	%I	%S	菌株数（株）	%R	%I	%S
阿米卡星	1444	2.6	1	96.4	987	3.4	0.4	96.2
阿莫西林/克拉维酸	728	天然耐药			492	天然耐药		
氨苄西林	464	天然耐药			399	天然耐药		
氨苄西林/舒巴坦	242	天然耐药			296	天然耐药		
氨曲南	1468	40.9	1.4	57.7	930	18.7	0.9	80.4
多黏菌素 B	139	天然耐药			115	天然耐药		
厄他培南	1084	15.7	0.1	84.2	800	2.6	0.6	96.8
呋喃妥因	778	天然耐药			722	天然耐药		
复方新诺明	1539	13.8	0.1	86.1	980	7.3	0	92.7
环丙沙星	1491	30.5	8.6	60.9	980	13.3	3.7	83
氯霉素	247	28.3	61.9	9.8	222	34.2	38.3	27.5
美罗培南	637	21.5	0.8	77.7	347	14.7	1.2	84.1
哌拉西林	267	43.1	2.6	54.3	251	42.2	3.2	54.6
哌拉西林/他唑巴坦	1460	13.8	8	78.2	879	5.6	4	90.4
庆大霉素	1507	26.1	0.3	73.6	977	11.3	0.3	88.4
四环素	219	43.4	14.6	42	179	57.5	22.4	20.1
替加环素	807	0.9	3.8	95.3	467	0	4.7	95.3
头孢吡肟	1535	26.1	13.7	60.2	965	13.6	5.6	80.8
头孢哌酮/舒巴坦	617	25.2	13.5	61.3	341	7.9	9.4	82.7
头孢曲松	1240	50.9	1.4	47.7	851	19.4	1.4	79.2
头孢噻肟	320	51.3	5.6	43.1	250	41.2	2.4	56.4
头孢他啶	1060	18.6	7.8	73.6	624	7.7	2.2	90.1
头孢替坦	282	天然耐药			282	天然耐药		
头孢西丁	603	天然耐药			485	天然耐药		
头孢唑啉	1054	天然耐药			913	天然耐药		
妥布霉素	1286	22.5	25.3	52.2	831	8.4	18.9	72.7
亚胺培南	1482	23.1	17.3	59.6	961	9.7	13.7	76.6
左氧氟沙星	1486	18.4	10.6	71	989	9.3	3.4	87.3

表 2.21　ICU 和非 ICU 来源的弗劳地枸橼酸杆菌对临床常用抗生素的药敏情况比较

抗生素名称	ICU 弗劳地枸橼酸杆菌				非 ICU 弗劳地枸橼酸杆菌			
	菌株数（株）	%R	%I	%S	菌株数（株）	%R	%I	%S
阿米卡星	118	20.3	0.9	78.8	373	7	0.3	92.7
阿莫西林/克拉维酸	66	天然耐药			165	天然耐药		
氨苄西林	44	天然耐药			128	天然耐药		
氨苄西林/舒巴坦	14	天然耐药			96	天然耐药		
氨曲南	115	37.4	0.9	61.7	343	30.9	1.2	67.9
呋喃妥因	87	1.2	6.9	91.9	297	3.7	6.1	90.2
复方新诺明	123	39	0	61	372	35.2	0	64.8
环丙沙星	120	33.3	8.3	58.4	373	26	6.7	67.3
氯霉素	10	10	10	80	55	18.2	16.4	65.4
美罗培南	40	25	0	75	125	8	0	92
哌拉西林	10	50	0	50	52	48.1	3.9	48
哌拉西林/他唑巴坦	55	38.2	7.3	54.5	144	10.4	9.7	79.9
庆大霉素	120	26.7	0.8	72.5	374	24.1	0.3	75.6
替加环素	80	5	3.8	91.2	222	0.5	3.2	96.3
头孢吡肟	121	32.3	0.8	66.9	371	15.6	3.8	80.6
头孢哌酮/舒巴坦	51	31.4	9.8	58.8	152	14.5	14.5	71
头孢曲松	114	53.5	0	46.5	345	45.2	0.6	54.2
头孢噻肟	15	60	6.7	33.3	54	44.4	0	55.6
头孢他啶	63	49.2	1.6	49.2	230	35.7	3	61.3
头孢替坦	24	天然耐药			112	天然耐药		
头孢西丁	61	天然耐药			182	天然耐药		
头孢唑啉	98	天然耐药			319	天然耐药		
妥布霉素	111	26.1	8.1	65.8	335	18.5	15.2	66.3
亚胺培南	121	24.8	1.7	73.5	372	11.8	4.6	83.6
左氧氟沙星	120	25	7.5	67.5	372	18.6	6.7	74.7

表 2.22 ICU 和非 ICU 来源的摩氏摩根菌对临床常用抗生素的药敏情况比较

抗生素名称	ICU 摩氏摩根菌				非 ICU 摩氏摩根菌			
	菌株数（株）	%R	%I	%S	菌株数（株）	%R	%I	%S
阿米卡星	347	4.3	0.9	94.8	418	1.7	0	98.3
阿莫西林/克拉维酸	183	天然耐药			213	天然耐药		
氨苄西林	282	天然耐药			385	天然耐药		
氨苄西林/舒巴坦	150	68.7	15.3	16	199	73.4	18.6	8
氨曲南	337	13.1	3.6	83.3	392	7.9	2.8	89.3
多黏菌素 B	19	天然耐药			17	天然耐药		
厄他培南	264	3.4	0	96.6	375	1.1	0.3	98.6
呋喃妥因	227	天然耐药			343	48.6	50.2	1.2
复方新诺明	353	41.1	0.6	58.3	419	38.4	0	61.6
环丙沙星	346	32.7	15.6	51.7	409	19.5	11.3	69.2
氯霉素	43	62.8	2.3	34.9	49	46.9	4.1	49
美罗培南	121	5	0	95	105	3.8	1.9	94.3
哌拉西林	54	25.9	18.5	55.6	59	28.9	18.6	52.5
哌拉西林/他唑巴坦	333	7.2	4.5	88.3	389	2.8	3.6	93.6
庆大霉素	344	28.2	4.1	67.7	409	21.8	1.2	77
替加环素	141	天然耐药			180	天然耐药		
头孢吡肟	346	8.7	10.1	81.2	408	3.7	4.2	92.1
头孢哌酮/舒巴坦	146	4.1	1.4	94.5	145	1.4	5.5	93.1
头孢曲松	305	21.7	6.2	72.1	398	13.8	5.5	80.7
头孢噻肟	61	37.7	3.3	59	61	34.4	0	65.6
头孢他啶	220	12.3	3.2	84.5	244	16	4.5	79.5
头孢替坦	100.0	0	0	100.0	155	1.9	1.3	96.8
头孢西丁	201	22.9	43.3	33.8	246	14.2	43.9	41.9
头孢唑啉	288	天然耐药			385	天然耐药		
妥布霉素	307	14	17.6	68.4	382	10	11.5	78.5
亚胺培南	147	21.1	15.7	63.2	187	26.2	31.6	42.2
左氧氟沙星	341	17.3	8.5	74.2	414	7.5	4.8	87.7

3. 耐碳青霉烯类肠杆菌科细菌对临床常用抗生素的药敏情况

耐碳青霉烯类肠杆菌科细菌（CRE）耐药性更强，除奇异变形杆菌、摩氏摩根菌等对替加环素天然耐药外，其余 CRE 仅对替加环素或多黏菌素较为敏感（见表 2.23）。

表 2.23　耐碳青霉烯类肠杆菌科细菌(CRE)对临床常用抗生素的药敏情况

抗生素名称	大肠埃希菌				肺炎克雷伯菌			
	菌株数(株)	%R	%I	%S	菌株数(株)	%R	%I	%S
阿米卡星	1132	18.6	1.9	79.4	5860	53.7	0.4	45.9
阿莫西林/克拉维酸	819	82.2	4.3	13.6	4327	96.0	0.8	3.2
氨苄西林	1154	95.7	1.7	2.7	4463	天然耐药		
氨苄西林/舒巴坦	587	81.3	5.8	13.0	2598	95.5	0.9	3.6
氨曲南	1130	72.9	1.6	25.5	5809	94.0	0.3	5.7
多黏菌素 B	68	8.8	0	91.2	567	0.5	0	99.5
呋喃妥因	813	19.8	20.8	59.4	4149	86.7	8.2	5.1
复方新诺明	1141	60.9	0	39.1	5897	59.3	0	40.7
环丙沙星	1151	75.0	3.0	22.0	5935	85.3	1.8	12.9
氯霉素	259	44.4	8.5	47.1	1093	64.6	10.4	25.0
米诺环素	69	26.1	14.5	59.4	462	23.6	23.2	53.2
哌拉西林	278	88.5	1.8	9.7	1053	97.3	0.9	1.8
哌拉西林/他唑巴坦	1125	60.6	15.2	24.2	5631	90.9	2.8	6.3
庆大霉素	1151	51.4	1.9	46.7	5952	66.2	0.8	33.0
四环素	218	74.3	0	25.7	1015	47.9	5.3	46.8
替加环素	562	2.9	2.7	94.4	2935	13.7	11.4	74.9
头孢吡肟	1158	76.3	8.9	14.8	5971	86.6	4.9	8.5
头孢哌酮/舒巴坦	433	73.4	6.5	20.1	2523	90.3	3.1	6.6
头孢曲松	903	92.0	0.9	7.1	4917	97.1	0.1	2.8
头孢噻肟	305	84.3	0.7	15.0	1210	93.8	0.7	5.5
头孢他啶	841	76.6	6.2	17.2	4365	91.6	2.8	5.6
头孢替坦	301	63.8	5.3	30.9	1511	80.8	3.0	16.2
头孢西丁	613	83.5	4.9	11.6	3444	89.6	3.4	7.0
头孢唑啉	1123	93.4	0	6.6	5895	96.9	0	3.1
妥布霉素	903	40.3	18.2	41.5	4905	60.9	8.6	30.5
左氧氟沙星	1072	71.2	2.2	26.6	5750	82.5	2.4	15.1

续表

抗生素名称	产气肠杆菌				阴沟肠杆菌			
	菌株数（株）	%R	%I	%S	菌株数（株）	%R	%I	%S
阿米卡星	419	6.9	0	93.1	575	13	0.7	86.3
阿莫西林/克拉维酸	240	天然耐药			303	天然耐药		
氨苄西林	114	天然耐药			196	天然耐药		
氨苄西林/舒巴坦	88	天然耐药			121	天然耐药		
氨曲南	429	50.4	1.6	48	587	72.1	1	26.9
多黏菌素 B	33	12.1	0	87.9	27	7.4	0	92.6
呋喃妥因	305	45.9	48.2	5.9	390	24.9	39	36.1
复方新诺明	408	20.8	0	79.2	587	35.1	0	64.9
环丙沙星	436	16.5	3.9	79.6	591	40.6	6.6	52.8
氯霉素	91	34.1	4.4	61.5	108	38.9	10.2	50.9
米诺环素	12	8.3	0	91.7	40	20	15	65
哌拉西林	95	47.4	10.5	42.1	122	76.2	3.3	20.5
哌拉西林/他唑巴坦	432	29.9	16	54.1	591	55.5	18.6	25.9
庆大霉素	437	13.5	1.4	85.1	595	27.9	5.9	66.2
四环素	66	19.7	1.5	78.8	90	36.7	5.6	57.7
替加环素	198	4	3.5	92.5	329	8.8	3	88.2
头孢吡肟	436	29.8	6.2	64	594	56.1	12	31.9
头孢哌酮/舒巴坦	164	28.1	16.5	55.4	289	61.3	13.5	25.2
头孢曲松	347	57.9	0.3	41.8	489	91.2	0.8	8
头孢噻肟	107	50.5	1.9	47.6	144	75	2.1	22.9
头孢他啶	311	47.6	4.2	48.2	418	78.5	3.4	18.1
头孢替坦	113	天然耐药			115	天然耐药		
头孢西丁	149	天然耐药			238	天然耐药		
头孢唑啉	343	天然耐药			437	天然耐药		
妥布霉素	347	10.4	4.6	85	493	25.2	14.6	60.2
左氧氟沙星	419	11.7	4.3	84	579	33	6.9	60.1

续表

抗生素名称	奇异变形杆菌				摩氏摩根菌			
	菌株数（株）	%R	%I	%S	菌株数（株）	%R	%I	%S
阿米卡星	696	5.9	0.6	93.5	197	5.1	1	93.9
阿莫西林/克拉维酸	414	36	8.9	55.1	87	天然耐药		
氨苄西林	670	77	1	22	151	天然耐药		
氨苄西林/舒巴坦	354	63	5.7	31.3	88	83	8	9
氨曲南	658	14.9	3.2	81.9	185	27.5	6.5	66
多黏菌素 B	114	天然耐药			13	天然耐药		
呋喃妥因	369	天然耐药			103	天然耐药		
复方新诺明	693	66	0	34	197	51.8	0	48.2
环丙沙星	677	64.4	3.4	32.2	187	30.5	13.4	56.1
氯霉素	212	71.7	1.9	26.4	35	71.4	2.9	25.7
米诺环素	14	78.6	7.1	14.3	16	37.5	25	37.5
哌拉西林	201	42.8	12.9	44.3	60	31.7	23.3	45
哌拉西林/他唑巴坦	660	11.7	11.1	77.2	190	8.4	8.4	83.2
庆大霉素	676	50.4	5.6	44	185	33	5.4	61.6
替加环素	257	天然耐药			64	天然耐药		
头孢吡肟	683	19.2	31.6	49.2	192	22.9	10.4	66.7
头孢哌酮/舒巴坦	168	8.9	21.4	69.7	84	11.9	6	82.1
头孢曲松	482	47.5	15.8	36.7	168	40.5	9.5	50
头孢噻肟	232	48.2	12.1	39.7	63	74.6	3.2	22.2
头孢他啶	503	17.9	2.2	79.9	162	21	7.4	71.6
头孢替坦	143	7	2.1	90.9	58	8.6	0	91.4
头孢西丁	352	18.2	25.3	56.5	121	17.4	37.2	45.4
头孢唑啉	647	71.2	0	28.8	151	天然耐药		
妥布霉素	458	25.6	31.2	43.2	160	17.5	16.9	65.6
左氧氟沙星	617	51.4	6.3	42.3	190	14.2	8.4	77.4

续表

抗生素名称	黏质沙雷菌				弗劳地枸橼酸杆菌			
	菌株数（株）	%R	%I	%S	菌株数（株）	%R	%I	%S
阿米卡星	754	7.8	1.9	90.3	186	48.9	1.1	50
阿莫西林/克拉维酸	404	天然耐药			89	天然耐药		
氨苄西林	247	天然耐药			58	天然耐药		
氨苄西林/舒巴坦	202	天然耐药			37	天然耐药		
氨曲南	743	83.7	1.4	14.9	183	71.6	1.6	26.8
多黏菌素 B	146	天然耐药			9	0	0	100.0
呋喃妥因	326	天然耐药			143	4.9	14.7	80.4
复方新诺明	743	11	0	89	190	61.1	0	38.9
环丙沙星	760	64.6	8.4	27	188	72.3	9.6	18.1
氯霉素	244	34.4	59.4	6.2	30	43.3	6.7	50
米诺环素	48	14.6	10.4	75	16	31.3	0	68.7
哌拉西林	237	96.6	1.3	2.1	31	93.6	0	6.4
哌拉西林/他唑巴坦	697	50.9	22.4	26.7	104	79.8	7.7	12.5
庆大霉素	760	45	0.9	54.1	190	64.7	0	35.3
四环素	168	22	14.9	63.1	26	38.5	3.9	57.6
替加环素	324	0.6	5.9	93.5	108	2.8	4.6	92.6
头孢吡肟	758	54.5	24.7	20.8	193	85	5.7	9.3
头孢哌酮/舒巴坦	212	68.4	13.7	17.9	87	88.5	4.6	6.9
头孢曲松	515	87.4	1.2	11.4	164	95.1	0.6	4.3
头孢噻肟	252	91.7	1.2	7.1	37	86.5	5.4	8.1
头孢他啶	573	34.4	21.1	44.5	132	90.9	2.3	6.8
头孢替坦	112	天然耐药			56	天然耐药		
头孢西丁	238	天然耐药			75	天然耐药		
头孢唑啉	527	天然耐药			150	天然耐药		
妥布霉素	521	47.2	27.1	25.7	161	64	12.4	23.6
左氧氟沙星	720	49.7	14.3	36	184	60.3	9.8	29.9

备注：任何一种碳青霉烯类抗生素耐药均判断为 CRE。

（统计编辑：孙　龙　周宏伟）

五、非发酵菌

1. 非发酵菌对临床常用抗生素的药敏情况

鲍曼不动杆菌对替加环素、多黏菌素 B 耐药率最低,分别为 3.5%、1.1%,对头孢哌酮/舒巴坦耐药率为 31.8%,对亚胺培南、美罗培南耐药率为 48.6%、54.3%,对阿米卡星耐药率为 24.2%。检测时应注意仪器(如 VITEK)检测方法的局限性,对阿米卡星存在较多的假敏感,建议采用其他药敏方法复核(见表 2.24)。

铜绿假单胞菌对多数抗假单胞菌药物耐药率保持稳定,对多黏菌素 B、氨基糖苷类抗生素耐药率<10%,对头孢吡肟、头孢哌酮/舒巴坦、哌拉西林/他唑巴坦、环丙沙星耐药率介于 10%~20%,对亚胺培南、美罗培南耐药率分别为 28.2%、23.2%(见表 2.25)。

嗜麦芽窄食单胞菌对米诺环素、左氧氟沙星、替加环素耐药率均<10%,对复方新诺明、头孢哌酮/舒巴坦耐药率分别为 10.8%、17.1%(见表 2.26)。洋葱伯克霍尔德菌对复方新诺明、米诺环素耐药率<10%,对美罗培南、头孢他啶耐药率分别为 14.1%、11.2%,对左氧氟沙星耐药率为 35.9%(见表 2.27)。

脑膜炎败血性伊丽莎白菌(脑膜炎败血性黄杆菌)耐药性较强,对碳青霉烯类、头孢菌素类、多黏菌素抗生素天然耐药,对哌拉西林/他唑巴坦、头孢哌酮/舒巴坦、复方新诺明、替加环素、氟喹诺酮类抗生素耐药率较低<30%(见表 2.28)。

表 2.24　鲍曼不动杆菌对临床常用抗生素的药敏情况

抗生素名称	菌株数(株)	%R	%I	%S
哌拉西林	4171	56.2	9.3	34.5
替卡西林/克拉维酸	1546	45.2	2.5	52.3
哌拉西林/他唑巴坦	10063	54	3.4	42.6
头孢他啶	14527	50.4	4.9	44.7
头孢曲松	17464	47.1	42.1	10.8
头孢吡肟	20352	48.9	2	49.1
头孢哌酮/舒巴坦	9749	31.8	15.1	53.1
亚胺培南	19886	48.6	0.4	51
美罗培南	8445	54.3	0.8	44.9
阿米卡星	9361	24.2	1.8	74
庆大霉素	19624	38.2	3.3	58.5
妥布霉素	18024	32.9	1.3	65.8
环丙沙星	20515	48.7	1	50.3
左氧氟沙星	19835	35.2	12.2	52.6
替加环素	11501	3.5	9.9	86.6
多黏菌素 B	2671	1.1	0	98.9
复方新诺明	20173	40.4	0.1	59.5
四环素	3047	48.1	5.9	46
米诺环素	2718	12.9	14.5	72.6

表 2.25　铜绿假单胞菌对临床常用抗生素的药敏情况

抗生素名称	菌株数（株）	%R	%I	%S
哌拉西林	5811	23.4	9.6	67
替卡西林/克拉维酸	1934	28.5	33.1	38.4
哌拉西林/他唑巴坦	23437	15.2	13.2	71.6
头孢他啶	17783	20	7	73
头孢吡肟	24165	16.4	7.5	76.1
头孢哌酮/舒巴坦	10931	15.4	13.2	71.4
氨曲南	12778	27.7	17.1	55.2
亚胺培南	24161	28.2	10.8	61
美罗培南	10462	23.2	3.8	73
阿米卡星	23732	4.4	1.8	93.8
庆大霉素	23024	8.3	4.9	86.8
妥布霉素	20973	6.4	0.9	92.7
环丙沙星	24286	18.9	6	75.1
左氧氟沙星	23652	17	6.5	76.5
多黏菌素 B	3697	0.4	0.1	99.5

表 2.26　嗜麦芽窄食单胞菌对临床常用抗生素的药敏情况

抗生素名称	菌株数（株）	%R	%I	%S
替卡西林/克拉维酸	731	19	26.1	54.9
头孢他啶	5089	25.6	7	67.4
头孢哌酮/舒巴坦	3465	17.1	21.6	61.3
左氧氟沙星	7063	7.5	4.1	88.4
替加环素	2084	5.6	6.5	87.9
复方新诺明	7663	10.8	0.7	88.5
米诺环素	3556	4.9	4.2	90.9

表 2.27 洋葱伯克霍尔德菌对临床常用抗生素的药敏情况

抗生素名称	菌株数(株)	%R	%I	%S
头孢他啶	2752	11.2	6.2	82.6
美罗培南	1998	14.1	8.9	77
左氧氟沙星	3079	35.9	6.2	57.9
复方新诺明	3350	7.9	0.2	91.9
米诺环素	1039	5.3	14.3	80.4

表 2.28 脑膜炎败血性伊丽莎白菌对临床常用抗生素的药敏情况

抗生素名称	菌株数(株)	%R	%I	%S
哌拉西林	186	59.1	17.2	23.7
替卡西林/克拉维酸	77	44.2	14.3	41.5
哌拉西林/他唑巴坦	684	2.9	4.7	92.4
头孢哌酮/舒巴坦	376	5.6	9	85.4
阿米卡星	656	7.6	4.4	88
庆大霉素	643	71.5	20.5	8
妥布霉素	588	14.1	0.3	85.6
环丙沙星	681	22	9.5	68.5
左氧氟沙星	669	12.1	7.3	80.6
替加环素	382	19.6	46.9	33.5
复方新诺明	695	28.1	0.1	71.8
四环素	147	74.8	17	8.2
米诺环素	85	1.2	0	98.8

2. ICU 和非 ICU 来源的非发酵菌对临床常用抗生素药敏情况对比

分离自 ICU 的铜绿假单胞菌耐药率高于非 ICU 分离株,对亚胺培南、美罗培南耐药率高达 47.5%、38.9%,而非 ICU 菌株耐药率分别为 22.7%、19%(见表 2.29)。

来自 ICU 的鲍曼不动杆菌仅对多黏菌素和替加环素耐药率<10%,对头孢哌酮/舒巴坦耐药率为 48%,对亚胺培南、美罗培南耐药率接近 80%,明显高于非 ICU 分离株(见表 2.30)。

表 2.29　ICU 和非 ICU 来源的铜绿假单胞菌对临床常用抗生素的药敏情况

抗生素名称	ICU				非 ICU			
	菌株数（株）	%R	%I	%S	菌株数（株）	%R	%I	%S
哌拉西林	1097	37.2	10.8	52	4714	20.2	9.4	70.4
替卡西林/克拉维酸	362	46.1	30.9	23	1572	24.5	33.6	41.9
哌拉西林/他唑巴坦	5216	26	19.4	54.6	18221	12.1	11.5	76.4
头孢他啶	3926	29.2	10.2	60.6	13857	17.4	6	76.6
头孢吡肟	5350	26.7	10	63.3	18815	13.5	6.7	79.8
头孢哌酮/舒巴坦	2543	25.7	16.1	58.2	8388	12.2	12.3	75.5
氨曲南	2729	38.4	18.8	42.8	10049	24.8	16.7	58.5
亚胺培南	5339	47.5	9.3	43.2	18822	22.7	11.2	66.1
美罗培南	2208	38.9	4.7	56.4	8254	19	3.6	77.4
阿米卡星	5270	8	2	90	18462	3.3	1.7	95
庆大霉素	5052	13.7	6.3	80	17972	6.8	4.5	88.7
妥布霉素	4725	11.9	0.8	87.3	16248	4.8	1	94.2
环丙沙星	5401	31	6.9	62.1	18885	15.4	5.7	78.9
左氧氟沙星	5212	27.6	8.4	64	18440	14	5.9	80.1
多黏菌素 B	853	0.5	0.1	99.4	2844	0.3	0.1	99.6

表 2.30　ICU 和非 ICU 来源的鲍曼不动杆菌对临床常用抗生素的药敏情况

抗生素名称	ICU				非 ICU			
	菌株数（株）	%R	%I	%S	菌株数（株）	%R	%I	%S
哌拉西林	1323	83.6	3.6	12.8	2848	43.5	12	44.5
替卡西林/克拉维酸	526	74.5	1.9	23.6	1020	30.1	2.7	67.2
哌拉西林/他唑巴坦	4080	80.2	2.9	16.9	5983	36.1	3.8	60.1
头孢他啶	5629	74.9	3.5	21.6	8898	34.9	5.8	59.3
头孢曲松	6634	74.7	21.1	4.2	10830	30.2	54.9	14.9
头孢吡肟	7568	76.7	1.1	22.2	12784	32.4	2.4	65.2
头孢哌酮/舒巴坦	4209	48	20.7	31.3	5540	19.6	10.8	69.6
亚胺培南	7326	77.2	0.3	22.5	12560	32	0.4	67.6

续表

抗生素名称	ICU				非ICU			
	菌株数（株）	%R	%I	%S	菌株数（株）	%R	%I	%S
美罗培南	3181	79	0.6	20.4	5264	39.3	1	59.7
阿米卡星	3180	38.9	2.4	58.7	6181	16.6	1.4	82
庆大霉素	7146	59.3	4.1	36.6	12478	26.2	2.9	70.9
妥布霉素	6968	53.2	1.3	45.5	11056	20.1	1.3	78.6
环丙沙星	7652	75.8	0.6	23.6	12863	32.6	1.2	66.2
左氧氟沙星	7374	54.8	19.6	25.6	12461	23.7	7.9	68.4
替加环素	4405	5.8	16.1	78.1	7096	2.1	6.1	91.8
多黏菌素B	968	1.3	0	98.7	1248	1.1	0	98.9
复方新诺明	7604	56.6	0.3	43.1	12569	30.6	0.1	69.3
四环素	746	76.3	6.8	16.9	2301	39	5.6	55.4
米诺环素	1127	17.7	22.7	59.6	1591	9.4	8.6	82

3. 耐碳青霉烯类非发酵菌对临床常用抗生素的药敏情况

碳青霉烯类耐药鲍曼不动杆菌仅对替加环素、多黏菌素B耐药率较低分别为6.9%、0.7%，对米诺环素、头孢哌酮/舒巴坦耐药率分别为21.8%、58.1%，对其他抗生素耐药率>60%（见表2.31）。

碳青霉烯类耐药铜绿假单胞菌对多黏菌素B非常敏感，耐药率仅为0.5%，对氨基糖苷类抗生素耐药率<20%，对哌拉西林/他唑巴坦、头孢哌酮/舒巴坦、氟喹诺酮类、头孢吡肟耐药率约40%（见表2.32）。

表2.31　全省耐碳青霉烯类鲍曼不动杆菌(CRAB)对临床常用抗生素的药敏情况

抗生素名称	菌株数（株）	%R	%I	%S
哌拉西林	2235	97.4	1.5	1.1
替卡西林/克拉维酸	691	96.8	1.4	1.8
哌拉西林/他唑巴坦	5635	94.3	4.3	1.4
头孢他啶	7601	93.2	2.1	4.7
头孢曲松	8053	95.9	3.7	0.4
头孢吡肟	9752	96.9	0.9	2.2
头孢哌酮/舒巴坦	5282	58.1	26.2	15.7
阿米卡星	4343	50.7	2.7	46.6
庆大霉素	9446	76.6	4.7	18.7
妥布霉素	8404	67.6	1.7	30.7

续表

抗生素名称	菌株数（株）	%R	%I	%S
环丙沙星	9832	95.1	0.6	4.3
左氧氟沙星	9633	69.7	23.9	6.4
替加环素	5557	6.9	20	73.1
多黏菌素 B	1581	0.7	0	99.3
复方新诺明	9642	70.7	0.3	29
四环素	1507	85	10.9	4.1
米诺环素	1562	21.8	24.2	54

表 2.32　全省耐碳青霉烯类铜绿假单胞菌（CRPAE）对临床常用抗生素的药敏情况

抗生素名称	菌株数量（株）	%R	%I	%S
哌拉西林	1853	52.7	13.5	33.8
替卡西林/克拉维酸	545	65.3	22	12.7
哌拉西林/他唑巴坦	6529	41.8	23.6	34.6
头孢他啶	5315	46.8	13	40.2
头孢吡肟	6858	43.9	13.4	42.7
头孢哌酮/舒巴坦	2919	43.6	18.4	38
氨曲南	3715	59.1	17.1	23.8
阿米卡星	6769	11.7	3.7	84.6
庆大霉素	6630	19.9	9.2	70.9
妥布霉素	5751	16.9	1.5	81.6
环丙沙星	6903	46.8	10.7	42.5
左氧氟沙星	6695	43	12.6	44.4
多黏菌素 B	1361	0.5	0.1	99.4

（统计编辑：钱　香）

第三章　儿童样本菌株分离及耐药情况

2017 年全省≤18 岁儿童一共 39498 株（剔除重复菌株）纳入统计。2017 年全省儿童患者病原体分布情况（见表 3.1 所示）。

表 3.1　2017 年全省儿童患者病原体分布情况

菌种	菌株数量（株）	百分比（%）
革兰阴性菌	18937	47.94
革兰阳性菌	19887	50.35
真菌	674	1.71
合计	39498	100.00

一、2017 年浙江省儿童患者临床分离菌株分布情况

儿童患者中金黄色葡萄球菌的分离率最多为 19.22%。与成人不同，苛养菌的分离较高，其中肺炎链球菌和流感嗜血杆菌的分离率分别为 8.10% 和 7.32%，全省儿童患者临床分离细菌排名见表 3.2 所示，全省儿童患者临床分离真菌排名见 3.3 所示。全省儿童患者临床分离苛养菌排名见表 3.4 所示。儿童粪便标本中沙门菌占了绝大多数（见表 3.5）。

表 3.2　全省儿童患者临床分离细菌排名

排名	菌名	菌株数（株）	占总细菌百分比（%）	备注
1	金黄色葡萄球菌	7592	19.22	
2	大肠埃希菌	5658	14.32	
3	肺炎链球菌	3199	8.10	
4	流感嗜血杆菌	2890	7.32	
5	肺炎克雷伯菌	2491	6.31	
6	表皮葡萄球菌	2220	5.62	

续表

排名	菌名	菌株数（株）	占总细菌百分比（%）	备注
7	化脓性链球菌	1866	4.72	合并β溶血A群链球菌
8	卡他莫拉菌	1498	3.79	
9	鲍曼不动杆菌	1064	2.69	
10	铜绿假单胞菌	1045	2.65	
11	屎肠球菌	917	2.32	
12	沙门菌	862	2.18	合并各种沙门血清型
13	人葡萄球菌	793	2.01	
14	阴沟肠杆菌	660	1.67	
15	粪肠球菌	563	1.43	
16	溶血葡萄球菌	462	1.17	
17	无乳链球菌	296	0.75	
18	产气肠杆菌	289	0.73	
19	嗜麦芽窄食单胞菌	241	0.61	
20	黏质沙雷菌	222	0.56	

表 3.3　全省儿童患者临床分离真菌排名

排名	真菌名称	菌株数（株）	占真菌百分比（%）
1	白色念珠菌	341	50.59
2	近平滑念珠菌	58	8.61
3	光滑念珠菌	57	8.46
4	热带念珠菌	40	5.93
5	曲霉菌	23	3.41

表 3.4　全省儿童患者临床分离苛养菌排名

排名	菌名	菌株数（株）	总病原体数量（株）	占总病原体百分比（%）
1	肺炎链球菌	3199	39498	8.10
2	流感嗜血杆菌	2890	39498	7.32
3	化脓性链球菌	1866	39498	4.72
4	卡他莫拉菌	1498	39498	3.79

表 3.5　不同标本菌株分布情况

排名	痰液		咽拭子		血液	
	菌名	菌株数（株）	菌名	菌株数（株）	菌名	菌株数（株）
1	金黄色葡萄球菌	3480	金黄色葡萄球菌	1077	表皮葡萄球菌	1507
2	肺炎链球菌	2525	化脓性链球菌	668	人葡萄球菌	641
3	流感嗜血杆菌	2177	流感嗜血杆菌	434	大肠埃希菌	291
4	大肠埃希菌	1542	肺炎链球菌	249	溶血葡萄球菌	189
5	卡他莫拉菌	1390	鲍曼不动杆菌	174	头状葡萄球菌	143
6	肺炎克雷伯菌	1389	肺炎克雷伯菌	161	肺炎链球菌	133
7	鲍曼不动杆菌	663	大肠埃希菌	102	金黄色葡萄球菌	126
8	铜绿假单胞菌	384	铜绿假单胞菌	75	无乳链球菌	112
9	阴沟肠杆菌	375	卡他莫拉菌	55	粪肠球菌	96
10	产气肠杆菌	175	阴沟肠杆菌	53	屎肠球菌	84

排名	尿液		脓液		粪便	
	菌名	菌株数（株）	菌名	菌株数（株）	菌名	菌株数（株）
1	大肠埃希菌	1321	大肠埃希菌	1035	沙门菌	689
2	屎肠球菌	582	金黄色葡萄球菌	793	金黄色葡萄球菌	84
3	肺炎克雷伯菌	262	铜绿假单胞菌	202	白色念珠菌	47
4	粪肠球菌	241	肺炎克雷伯菌	138	副溶血弧菌	42
5	奇异变形杆菌	102	表皮葡萄球菌	61	难辨梭菌	30
6	铜绿假单胞菌	71	咽峡炎链球菌	47	铜绿假单胞菌	30
7	阴沟肠杆菌	54	星座链球菌	46	弗劳地枸橼酸杆菌	30
8	金黄色葡萄球菌	42	屎肠球菌	43		
9	白色念珠菌	38	化脓性链球菌	39		
10	表皮葡萄球菌	35	鸟肠球菌	36		

续表

排名	脑脊液		胸腹水		分泌物	
	菌名	菌株数（株）	菌名	菌株数（株）	菌名	菌株数（株）
1	表皮葡萄球菌	39	大肠埃希菌	170	金黄色葡萄球菌	697
2	人葡萄球菌	19	铜绿假单胞菌	27	大肠埃希菌	363
3	大肠埃希菌	18	肺炎克雷伯菌	26	表皮葡萄球菌	118
4	无乳链球菌	15	屎肠球菌	20	肺炎克雷伯菌	84
5	肺炎链球菌	14	粪肠球菌	18	铜绿假单胞菌	65
6					白色念珠菌	45
7					化脓性链球菌	39
8					肺炎链球菌	37
9					溶血葡萄球菌	33
10					粪肠球菌	33

二、临床常见菌药敏情况

1. 肠杆菌科细菌

儿童分离的肠杆菌科细菌对碳青霉烯类抗生素的耐药率低于 7%（见表 3.6）。

表 3.6　肠杆菌科细菌对临床常用抗生素耐药情况

抗生素名称	大肠埃希菌				肺炎克雷伯菌			
	菌株数（株）	%R	%I	%S	菌株数（株）	%R	%I	%S
氨苄西林	5414	79.8	0.9	19.3	1807	天然耐药		
哌拉西林	1252	77.4	2	20.6		/	/	/
阿莫西林/克拉维酸	3758	4.9	12.9	82.2	1725	15.3	11.2	73.5
头孢哌酮/舒巴坦	2197	1.9	10.3	87.8	998	9	13.1	77.9
氨苄西林/舒巴坦	3518	33.4	24.6	42	1415	37.4	7.7	54.9
哌拉西林/他唑巴坦	5584	1	1	98	2457	4.9	2.6	92.5
头孢唑啉	4632	55.9	0.5	43.6	1980	50.7	0.1	49.2
头孢呋辛	1030	47.6	2.5	49.9	416	48.3	1.9	49.8
头孢他啶	4442	20.2	4.8	75	1800	28.8	4.1	67.1
头孢曲松	4874	46.5	0.1	53.4	2178	38.7	0.1	61.2
头孢噻肟	1490	44.5	0.5	55	600	40.8	1.8	57.4

续表

抗生素名称	大肠埃希菌				肺炎克雷伯菌			
	菌株数（株）	%R	%I	%S	菌株数（株）	%R	%I	%S
头孢吡肟	5620	18	6.6	75.4	2474	20.8	3.9	75.3
头孢替坦	1499	1	0.5	98.5	550	3.6	0.9	95.5
头孢西丁	3286	5.6	4.9	89.5	1565	14.8	0.8	84.4
氨曲南	5399	27.2	1.3	71.5	2378	27.9	0.6	71.5
厄他培南	3932	0.6	0.1	99.3	1766	3	0.2	96.8
亚胺培南	5518	0.6	0.1	99.3	2411	4.4	1.1	94.5
美罗培南	2900	0.5	0.1	99.4	1242	5	0.6	94.4
阿米卡星	5464	0.7	0.1	99.2	2231	1.6	0	98.4
庆大霉素	5411	33	0.4	66.6	2387	13.5	0.6	85.9
妥布霉素	4834	9.2	25.4	65.4	2175	5.5	9.2	85.3
环丙沙星	5497	26.1	3.7	70.2	2439	9	5.2	85.8
左氧氟沙星	5489	24	2.3	73.7	2395	6.1	1.7	92.2
复方新诺明	5604	53	0	47	2470	30	0	70
呋喃妥因	2905	1.3	5	93.7	1266	16.3	56.2	27.5
四环素	1167	64.9	0.1	35	442	36.2	0.7	63.1
替加环素	2836	0	0	100.0	1398	0.8	2.5	96.7

抗生素名称	阴沟肠杆菌				产气肠杆菌			
	菌株数（株）	%R	%I	%S	菌株数（株）	%R	%I	%S
哌拉西林	150	14.7	1.3	84	52	11.6	1.9	86.5
头孢哌酮/舒巴坦	274	6.6	4.4	89	102	1	12.7	86.3
替卡西林/克拉维酸	55	18.2	3.6	78.2	15	13.3	20	66.7
哌拉西林/他唑巴坦	646	4.6	4.5	90.9	284	2.5	13	84.5
头孢他啶	500	12.8	1.2	86	205	22.5	3.4	74.1
头孢曲松	560	18.9	1.2	79.9	249	26.9	0.8	72.3
头孢噻肟	182	15.9	2.7	81.4	68	14.7	2.9	82.4
头孢吡肟	653	5.1	2.1	92.8	287	5.9	1.7	92.4
氨曲南	614	13.2	1.5	85.3	269	19	2.6	78.4
厄他培南	442	3.8	0.7	95.5	194	4.1	0	95.9
亚胺培南	629	4.1	2.9	93	263	6.8	15.6	77.6
美罗培南	333	3.9	0.6	95.5	134	0	1.5	98.5

续表

抗生素名称	阴沟肠杆菌				产气肠杆菌			
	菌株数（株）	%R	%I	%S	菌株数（株）	%R	%I	%S
阿米卡星	621	0.2	0.5	99.3	272	0.4	0.4	99.2
庆大霉素	620	3.4	1.6	95	275	1.1	0	98.9
妥布霉素	556	2.4	4.3	93.3	251	1.2	1.2	97.6
环丙沙星	643	1.4	1.1	97.5	283	0	1.8	98.2
左氧氟沙星	628	0.8	0.6	98.6	276	0	0	100.0
复方新诺明	654	10.4	0	89.6	287	10.5	0	89.5
呋喃妥因	321	3.1	41.4	55.5	148	28.4	60.8	10.8
氯霉素	92	6.5	2.2	91.3	38	5.3	7.9	86.8
四环素	130	4.6	0.8	94.6	45	8.9	2.2	88.9
替加环素	289	0	0.7	99.3	136	0	0.7	99.3

抗生素名称	黏质沙雷菌			
	菌株数（株）	%R	%I	%S
哌拉西林	43	20.9	7	72.1
头孢哌酮/舒巴坦	81	1.23	1.2	97.5
哌拉西林/他唑巴坦	212	5.7	1.4	92.9
头孢他啶	163	8	4.3	87.7
头孢曲松	192	7.8	2.6	89.6
头孢噻肟	55	20	14.5	65.5
头孢吡肟	221	3.6	3.2	93.2
氨曲南	208	9.1	1	89.9
厄他培南	154	1.9	0	98.1
亚胺培南	206	6.3	12.6	81.1
美罗培南	107	5.6	0	94.4
阿米卡星	208	1	0	99
庆大霉素	210	1.4	0	98.6
妥布霉素	189	2.7	16.9	80.4
环丙沙星	217	3.7	0.9	95.4
左氧氟沙星	208	3.4	0	96.6
复方新诺明	220	6.4	0	93.6
四环素	40	57.5	5	37.5
替加环素	98	0	1	99

2. ESBL 检出情况

ESBLs 肺炎克雷伯菌和大肠埃希菌的检出率分别为 36.2％和 44.7％(见表 3.7)。

表 3.7　肠杆菌科细菌 ESBLs 检出率

菌名	阳性菌株数	总菌株数	阳性率(％)
大肠埃希菌	2210	4943	44.7
肺炎克雷伯菌	762	2104	36.2

3. 非发酵菌

尚未发现对多黏菌素耐药的鲍曼不动杆菌和铜绿假单胞菌。碳青霉烯类抗生素耐药鲍曼不动杆菌和铜绿假单胞菌分别小于 20％和 7％(见表 3.8)。

表 3.8　非发酵菌对临床常用抗生素耐药情况

抗生素名称	鲍曼不动杆菌			
	菌株数(株)	％R	％I	％S
哌拉西林	251	19.9	17.9	62.2
头孢哌酮/舒巴坦	521	13.3	4.2	82.5
哌拉西林/他唑巴坦	474	20.9	3.8	75.3
头孢他啶	803	18.5	4.9	76.6
头孢曲松	876	15.9	59.7	24.4
头孢噻肟	273	15	41.8	43.2
头孢吡肟	1047	14.4	2.8	82.8
亚胺培南	930	15	0.5	84.5
美罗培南	560	20	0.9	79.1
阿米卡星	615	9.5	1.1	89.4
庆大霉素	1008	11.6	2.7	85.7
妥布霉素	887	10.1	0.7	89.2
环丙沙星	1046	12.4	1.1	86.5
左氧氟沙星	1019	9.6	2.6	87.8
复方新诺明	1039	17.6	0	82.4
黏菌素	52	0	0	100.0
多黏菌素 B	100.0	0	0	100.0
呋喃妥因	457	98.5	0.9	0.6
米诺环素	90	2.2	6.7	91.1
四环素	219	14.2	3.2	82.6
替加环素	588	3.1	2.2	94.7

续表

抗生素名称	铜绿假单胞菌			
	菌株数（株）	%R	%I	%S
哌拉西林	208	4.8	4.3	90.9
头孢哌酮/舒巴坦	589	2.9	5.9	91.2
替卡西林/克拉维酸	105	6.7	50.5	42.8
哌拉西林/他唑巴坦	1031	2.3	4.8	92.9
头孢他啶	875	3.2	2.4	94.4
头孢吡肟	1035	2.5	2.9	94.6
氨曲南	577	8	15.1	76.9
亚胺培南	1024	7.6	11.8	80.6
美罗培南	600	6.3	2.5	91.2
阿米卡星	1027	0.5	0.5	99
庆大霉素	982	2.5	1.6	95.9
妥布霉素	925	1.8	0.9	97.3
环丙沙星	1035	3.8	1.5	94.7
左氧氟沙星	1027	3.4	1.6	95
多黏菌素 B	97	0	0	100.0
呋喃妥因	407	98.3	1.2	0.5

抗生素名称	嗜麦芽窄食单胞菌			
	菌株数（株）	%R	%I	%S
头孢哌酮/舒巴坦	154	11.7	19.5	68.8
头孢他啶	81	61.7	17.3	21
左氧氟沙星	225	1.3	3.1	95.6
复方新诺明	239	4.6	0.4	95
米诺环素	122	0	0.8	99.2
替加环素	66	4.5	7.6	87.9

4. 葡萄球菌

尚未发现对万古霉素耐药的金黄色葡萄球菌和凝固酶阴性的葡萄球菌(见表3.9)。

表 3.9 葡萄球菌对临床常用抗生素耐药情况

抗生素名称	金黄色葡萄球菌				表皮葡萄球菌			
	菌株数(株)	%R	%I	%S	菌株数(株)	%R	%I	%S
青霉素 G	7354	92	0	8	2093	93.9	0	6.1
苯唑西林	7386	29.3	0	70.7	2153	75	0	25
阿米卡星	837	1.2	2.9	95.9	208	2.4	1.9	95.7
庆大霉素	7439	5.6	0.8	93.6	2167	12.6	5.8	81.6
妥布霉素	829	13	0.1	86.9	200	20	7.5	72.5
利福平	7395	0.6	1.3	98.1	2164	5.4	1.4	93.2
环丙沙星	7202	5.9	5.2	88.9	2104	24.7	4.9	70.4
左氧氟沙星	6572	5	0.7	94.3	1946	27.7	1.6	70.7
莫西沙星	5620	3.7	0.9	95.4	1819	6.6	22.4	71
复方新诺明	7522	13.9	0	86.1	2169	48.5	0	51.5
克林霉素	7233	29.9	0.8	69.3	2017	24.8	1.5	73.7
红霉素	7414	57.7	1.1	41.2	2146	76.1	0.9	23
呋喃妥因	4280	0.2	0.2	99.6	1288	0.5	0.8	98.7
利奈唑胺	7289	0.1	0	99.9	2108	0.1	0	99.9
万古霉素	7441	0	0	100.0	2162	0	0	100.0
替考拉宁	1597	0.3	0.4	99.3	319	1	0.6	98.4
奎奴普丁/达福普汀	6115	0.2	0	99.8	1807	0.4	0.1	99.5
四环素	7044	13.7	0.8	85.5	2066	14.9	0.9	84.2
替加环素	5261	0	0	100.0	1731	0	0	100.0

抗生素名称	人葡萄球菌				溶血葡萄球菌			
	菌株数(株)	%R	%I	%S	菌株数(株)	%R	%I	%S
青霉素 G	744	92.5	0	7.5	441	96.1	0	3.9
苯唑西林	753	65	0.1	34.9	449	86	0	14
阿米卡星	53	0	0	100.0	68	0	1.5	98.5
庆大霉素	744	3.2	5.9	90.9	454	58.1	2.2	39.7
妥布霉素	53	7.5	0	92.5	70	60	7.1	32.9
利福平	738	3.5	1.1	95.4	452	17.1	0.4	82.5
环丙沙星	734	10.2	2.9	86.9	447	72.5	2.2	25.3

续表

抗生素名称	人葡萄球菌				溶血葡萄球菌			
	菌株数（株）	%R	%I	%S	菌株数（株）	%R	%I	%S
左旋氧氟沙星	708	12.3	1.6	86.1	383	71.3	1.8	26.9
莫西沙星	659	10.1	3.9	86	365	44.2	26.8	29
复方新诺明	781	51.2	0	48.8	456	39	0	61
克林霉素	720	19.8	0.8	79.4	411	38.4	1.5	60.1
红霉素	765	89.7	0.5	9.8	450	91.2	0.4	8.4
呋喃妥因	470	1.7	3	95.3	349	0.3	0.9	98.8
利奈唑胺	738	0.8	0	99.2	441	0	0	100.0
万古霉素	738	0	0	100.0	451	0	0	100.0
替考拉宁	100.0	1	0	99	87	2.3	0	97.7
奎奴普丁/达福普汀	649	1.2	0.5	98.3	377	0.5	0.8	98.7
四环素	748	30.7	2.5	66.8	434	27.9	1.6	70.5
替加环素	628	0	0	100.0	322	0	0	100.0

5. 肠球菌

尚未发现对万古霉素耐药的粪肠球菌和屎肠球菌,对利奈唑胺的耐药率粪肠球菌要高于屎肠球菌(2.6%和0.6%)(见表3.10)。

表 3.10　肠球菌对临床常用抗生素耐药情况

抗生素名称	粪肠球菌				屎肠球菌			
	菌株数（株）	%R	%I	%S	菌株数（株）	%R	%I	%S
青霉素 G	519	7.9	0	92.1	845	94.9	0	5.1
氨苄西林	552	4.2	0	95.8	887	93.5	0	6.5
高浓度庆大霉素	442	19.9	0	80.1	747	32.3	0	67.7
高浓度链霉素	399	9.8	0	90.2	670	5.8	0	94.2
利福平	105	61	17.1	21.9	177	84.2	11.9	3.9
环丙沙星	542	10	5.9	84.1	886	86.3	7.6	6.1
左氧氟沙星	508	7.1	2.2	90.7	829	79.1	12.7	8.2
莫西沙星	420	8.1	4.8	87.1	661	89.9	6.4	3.7
克林霉素	378	97.9	1.3	0.8	579	74.1	1.9	24
红霉素	517	55.5	37.7	6.8	846	78.8	19.1	2.1
呋喃妥因	422	1.7	2.6	95.7	693	6.6	55.4	38
利奈唑胺	547	2.6	5.3	92.1	868	0.6	2.4	97
万古霉素	552	0	0	100.0	890	0	0	100.0
替考拉宁	69	0	0	100.0	93	0	1.1	98.9
奎奴普丁/达福普汀	379	天然耐药			736	2.3	3.4	94
四环素	527	75.9	0.6	23.5	863	76.6	0.2	23.2
替加环素	424	0	0	100.0	691	0	0	100.0

6. 苛养菌

尚未出现对万古霉素和利奈唑胺耐药的肺炎链球菌和化脓性链球菌(见表 3.11,表 3.12)。

表 3.11　肺炎链球菌对临床常用抗生素的药敏情况

抗生素名称	肺炎链球菌(剔除脑脊液标本 14 株)			
	菌株数 (株)	%R	%I	%S
青霉素 G	2604	43.7	6.7	49.6
青霉素 G	1174	0.7	6.7	92.6
阿莫西林	2259	24.2	9.8	66
头孢曲松	2200	23.1	23.9	53
头孢噻肟	2458	23.1	26.4	50.5
头孢吡肟	101	22.8	29.7	47.5
厄他培南	2298	0.1	0.6	99.3
利福平	272	1.5	0	98.5
左氧氟沙星	2972	0.2	0.2	99.6
莫西沙星	2483	0.2	0	99.8
氧氟沙星	2277	0.2	1.8	98
复方新诺明	3042	69.2	13.5	17.3
克林霉素	685	93.1	0.4	6.5
阿奇霉素	111	98.2	0	1.8
红霉素	2937	98.2	0.1	1.7
利奈唑胺	2770	0	0	100.0
万古霉素	3003	0	0	100.0
氯霉素	2928	6.9	0	93.1
奎奴普丁/达福普汀	378	31.8	3.4	64.8
四环素	2989	91.8	1.6	6.6

注:青霉素 G、头孢曲松、头孢噻肟、头孢吡肟均采用非脑膜炎标准统计。

表 3.12　化脓性链球菌对临床常用抗生素的药敏情况

抗生素名称	化脓性链球菌			
	菌株数（株）	%R	%I	%S
青霉素 G	1782	不敏感率 0.6%		99.4
氨苄西林	829	不敏感率 0.5%		99.5
头孢曲松	1050	不敏感率 0.1%		99.9
头孢噻肟	1673	不敏感率 0.2%		99.8
头孢吡肟	872	不敏感率 0.1%		99.9
左氧氟沙星	1793	0.4	3.8	95.8
克林霉素	1766	96	0.6	3.4
红霉素	1771	96.2	1.3	2.5
利奈唑胺	209	0	0	100.0
万古霉素	1793	0	0	100.0
氯霉素	960	3	4.2	92.8
四环素	664	0	0	100.0

流感嗜血杆菌对临床常用抗生素的药敏情况见表 3.13 所示。

表 3.13　流感嗜血杆菌对临床常用抗生素的药敏情况

抗生素名称	流感嗜血杆菌			
	菌株数（株）	%R	%I	%S
氨苄西林	1966	59.4	5.9	34.7
阿莫西林/克拉维酸	891	25.1	0	74.9
氨苄西林/舒巴坦	1094	71.9	0	28.1
头孢呋辛	2081	71.3	0.4	28.3
头孢噻肟	1998	不敏感率 4.7%		95.3
头孢克洛	995	72.2	1.2	26.6
氨曲南	391	不敏感率 7.9%		92.1
美罗培南	1017	不敏感率 0.9%		99.1
利福平	1059	1.9	1.9	96.2
氧氟沙星	861	不敏感率 1.9%		98.1
复方新诺明	1882	64.8	0.7	34.5
阿奇霉素	618	不敏感率 22.9%		67.1
氯霉素	1749	4.5	2.4	93.1
四环素	1615	11	4.1	84.9

卡他莫拉菌对临床常用抗生素的药敏情况见表 3.14 所示。

表 3.14　卡他莫拉菌对临床常用抗生素的药敏情况

抗生素名称	卡他莫拉菌			
	菌株数（株）	%R	%I	%S
阿莫西林/克拉维酸	149	0.7	0	99.3
头孢呋辛	289	0.7	1.7	97.6
头孢噻肟	138	0	0	100.0
利福平	171	0	0	100.0
复方新诺明	427	11.2	0	88.8
氯霉素	291	0.7	0	99.3
四环素	490	5.1	4.3	90.6

（统计编辑：周明明）

第四章　2017 年浙江省各地区临床分离菌株分布情况

2017 年浙江省各地区临床分离菌株排名见表 4.1 所示。各地区分离的菌株排名第一的都是大肠埃希菌。

表 4.1　2017 年浙江省各地区临床分离菌株排名

排名	杭州地区			湖州地区		
	菌名	菌株数（株）	百分比（%）	菌名	菌株数（株）	百分比（%）
1	大肠埃希菌	16760	14.03	大肠埃希菌	1054	18.02
2	肺炎克雷伯菌	13896	11.63	肺炎克雷伯菌	775	13.25
3	金黄色葡萄球菌	10825	9.06	白色念珠菌	614	10.50
4	铜绿假单胞菌	9616	8.05	铜绿假单胞菌	405	6.92
5	鲍曼不动杆菌	7260	6.08	鲍曼不动杆菌	300	5.13
6	白色念珠菌	4900	4.10	金黄色葡萄球菌	275	4.70
7	粪肠球菌	4848	4.06	粪肠球菌	207	3.54
8	屎肠球菌	4542	3.80	屎肠球菌	171	2.92
9	表皮葡萄球菌	3803	3.18	奇异变形杆菌	166	2.84
10	嗜麦芽窄食单胞菌	3227	2.70	阴沟肠杆菌	163	2.79

排名	金华地区			嘉兴地区		
	菌名	菌株数（株）	百分比（%）	菌名	菌株数（株）	百分比（%）
1	大肠埃希菌	5583	16.48	大肠埃希菌	6828	14.73
2	肺炎克雷伯菌	5083	15.00	肺炎克雷伯菌	4364	9.41
3	金黄色葡萄球菌	2755	8.13	白色念珠菌	3754	8.10
4	鲍曼不动杆菌	2467	7.28	金黄色葡萄球菌	3447	7.43
5	铜绿假单胞菌	2279	6.73	铜绿假单胞菌	2582	5.57
6	白色念珠菌	1195	3.53	鲍曼不动杆菌	2252	4.86
7	表皮葡萄球菌	1183	3.49	无乳链球菌	1562	3.37
8	无乳链球菌	981	2.90	阴道加德纳菌	1507	3.25
9	嗜麦芽窄食单胞菌	896	2.64	光滑念珠菌	1479	3.19
10	屎肠球菌	797	2.35	粪肠球菌	1386	2.99

续表

排名	丽水地区			宁波地区		
	菌名	菌株数（株）	百分比（%）	菌名	菌株数（株）	百分比（%）
1	大肠埃希菌	1346	16.65	大肠埃希菌	6762	20.00
2	金黄色葡萄球菌	826	10.22	肺炎克雷伯菌	3953	11.69
3	肺炎克雷伯菌	769	9.51	金黄色葡萄球菌	3135	9.27
4	鲍曼不动杆菌	476	5.89	铜绿假单胞菌	2702	7.99
5	铜绿假单胞菌	473	5.85	鲍曼不动杆菌	2185	6.46
6	流感嗜血杆菌	372	4.60	粪肠球菌	1301	3.85
7	表皮葡萄球菌	324	4.01	表皮葡萄球菌	1119	3.31
8	肺炎链球菌	244	3.02	屎肠球菌	997	2.95
9	无乳链球菌	199	2.46	无乳链球菌	934	2.76
10	屎肠球菌	197	2.44	阴沟肠杆菌	776	2.30

排名	衢州地区			绍兴地区		
	菌名	菌株数（株）	百分比（%）	菌名	菌株数（株）	百分比（%）
1	大肠埃希菌	2213	15.98	大肠埃希菌	4903	18.47
2	肺炎克雷伯菌	1604	11.58	肺炎克雷伯菌	3054	11.51
3	铜绿假单胞菌	1315	9.50	金黄色葡萄球菌	2653	10.00
4	金黄色葡萄球菌	1252	9.04	铜绿假单胞菌	1835	6.91
5	鲍曼不动杆菌	1215	8.78	无乳链球菌	1656	6.24
6	粪肠球菌	410	2.96	鲍曼不动杆菌	1501	5.66
7	屎肠球菌	395	2.85	粪肠球菌	975	3.67
8	阴沟肠杆菌	362	2.61	表皮葡萄球菌	887	3.34
9	表皮葡萄球菌	349	2.52	屎肠球菌	676	2.55
10	黏质沙雷菌	346	2.50	嗜麦芽窄食单胞菌	579	2.18

排名	台州地区			温州地区		
	菌名	菌株数（株）	百分比（%）	菌名	菌株数（株）	百分比（%）
1	大肠埃希菌	3169	18.21	大肠埃希菌	5839	14.02
2	肺炎克雷伯菌	2189	12.58	肺炎克雷伯菌	3313	7.96
3	金黄色葡萄球菌	1927	11.07	金黄色葡萄球菌	3250	7.80
4	鲍曼不动杆菌	1337	7.68	白色念珠菌	2268	5.45
5	铜绿假单胞菌	1230	7.07	铜绿假单胞菌	2199	5.28

排名	台州地区			温州地区		
	菌名	菌株数（株）	百分比（%）	菌名	菌株数（株）	百分比（%）
6	表皮葡萄球菌	997	5.73	无乳链球菌	2018	4.85
7	粪肠球菌	543	3.12	肺炎链球菌	1931	4.64
8	屎肠球菌	524	3.01	鲍曼不动杆菌	1736	4.17
9	阴沟肠杆菌	390	2.24	表皮葡萄球菌	1400	3.36
10	肺炎链球菌	361	2.07	粪肠球菌	1290	3.10

排名	舟山地区		
	菌名	菌株数（株）	百分比（%）
1	大肠埃希菌	1326	27.24
2	肺炎克雷伯菌	505	10.38
3	金黄色葡萄球菌	494	10.15
4	铜绿假单胞菌	477	9.80
5	鲍曼不动杆菌	240	4.93
6	奇异变形杆菌	204	4.19
7	粪肠球菌	186	3.82
8	表皮葡萄球菌	179	3.68
9	屎肠球菌	122	2.51
10	黏质沙雷菌	111	2.28

（统计编辑：汪　强）

第五章　2017 年浙江省不同地区常见菌药敏情况分析

一、金黄色葡萄球菌

2017 年浙江省不同地区分离金黄色葡萄球菌对临床常用抗生素的药敏情况见表 5.1 所示。

表 5.1　2017 年浙江省不同地区分离金黄色葡萄球菌对临床常用抗生素的药敏情况

抗生素名称	杭州地区				宁波地区			
	菌株数（株）	%R	%I	%S	菌株数（株）	%R	%I	%S
青霉素 G	10642	91.5	0	8.5	3012	93	0	7
苯唑西林	10141	38.6	0	61.4	2974	39.9	0	60.1
庆大霉素	10647	7.2	3.1	89.7	3069	9.1	1	89.9
利福平	10573	1	0.8	98.2	2920	0.7	4.8	94.5
环丙沙星	10510	24.3	3	72.7	3052	21.5	6.1	72.4
左氧氟沙星	9897	23	0.6	76.4	3007	21.4	1.6	77
莫西沙星	9224	20.8	1.5	77.7	2973	19.6	2.1	78.3
复方新诺明	10649	11	0	89	3032	26.4	0	73.6
克林霉素	9950	20.5	0.6	78.9	2524	31	0.2	68.8
红霉素	10237	57.7	1	41.3	2989	53.2	1.5	45.3
呋喃妥因	8175	0.3	0.3	99.4	3037	0.3	0.2	99.5
利奈唑胺	10472	0.1	0	99.9	2808	0.2	0	99.8
万古霉素	10614	0	0	100.0	3067	0	0	100.0
四环素	10383	20.9	0.4	78.7	2937	19.1	0.3	80.6
替加环素	9290	0	0	100.0	2969	0	0	100.0

续表

抗生素名称	绍兴地区				嘉兴地区			
	菌株数（株）	%R	%I	%S	菌株数（株）	%R	%I	%S
青霉素 G	2643	94.4	0	5.6	3433	90.7	0	9.3
苯唑西林	2642	28.7	0	71.3	3439	28.3	0	71.7
庆大霉素	2598	4.6	1.5	93.9	3441	7.7	2.3	90
利福平	2555	0.8	0.8	98.4	3441	1.4	0.6	98
环丙沙星	2632	16.1	3	80.9	3245	17.3	2.1	80.6
左氧氟沙星	2545	16.5	0.7	82.8	2239	20.5	0.3	79.2
莫西沙星	2526	14.1	2.3	83.6	2239	18.4	2.2	79.4
复方新诺明	2489	46.6	0	53.4	3436	11.7	0	88.3
克林霉素	2409	21.9	1.6	76.5	3415	21.8	0.1	78.1
红霉素	2645	53.1	1	45.9	3418	54.5	0.8	44.7
呋喃妥因	2535	0.6	0.4	99	1570	0.1	0.1	99.8
利奈唑胺	2521	0.2	0	99.8	3438	0.1	0	99.9
万古霉素	2636	0	0	100.0	3443	0	0	100.0
四环素	2303	15.8	0.7	83.5	3247	14.6	2	83.4
替加环素	2513	0	0	100.0	2229	0	0	100.0

抗生素名称	湖州地区				金华地区			
	菌株数（株）	%R	%I	%S	菌株数（株）	%R	%I	%S
青霉素 G	275	91.3	0	8.7	2452	93.4	0	6.6
苯唑西林	274	28.1	0	71.9	2742	30.8	0	69.2
庆大霉素	275	5.5	2.9	91.6	2749	7.1	1.5	91.4
利福平	275	0.7	0	99.3	2747	1.3	5.7	93
环丙沙星	275	11.3	6.2	82.5	2731	13.2	3.7	83.1
左氧氟沙星	275	11.3	0.4	88.3	2365	13.5	2.1	84.4
莫西沙星	275	10.9	0.4	88.7	2421	11.9	1.4	86.7
复方新诺明	275	8.7	0	91.3	2749	14.3	0	85.7
克林霉素	275	16.7	0.4	82.9	2551	23.8	0.7	75.5
红霉素	275	46.9	0.7	52.4	2714	57.1	0.9	42
呋喃妥因	275	1.5	0	98.5	2046	0.8	0.6	98.6
利奈唑胺	274	0	0	100.0	2556	0.4	0	99.6
万古霉素	271	0	0	100.0	2746	0	0	100.0
四环素	275	21.8	0.4	77.8	2733	19.1	0.5	80.4
替加环素	274	0	0	100.0	2329	0	0	100.0

续表

抗生素名称	丽水地区				衢州地区			
	菌株数(株)	%R	%I	%S	菌株数(株)	%R	%I	%S
青霉素G	797	93.4	0	6.6	1252	94.9	0	5.1
苯唑西林	796	34.7	0	65.3	1046	40	0	60
庆大霉素	811	16.5	8.3	75.2	1250	19.2	4.6	76.2
利福平	797	0.5	0.3	99.2	1047	1.9	1.2	96.9
环丙沙星	699	25	4.6	70.4	1088	32.6	7.1	60.3
左氧氟沙星	797	26.1	0.8	73.1	941	30	0.9	69.1
莫西沙星	699	23.7	1.3	75	942	27.9	2.9	69.2
复方新诺明	800	17.8	0	82.2	1244	7.7	0.1	92.2
克林霉素	764	26.9	1.8	71.3	1250	24.7	7.1	68.2
红霉素	797	62.4	1	36.6	1251	59.8	5.4	34.8
呋喃妥因	302	0.7	0.3	99	1041	0.6	0.6	98.8
利奈唑胺	796	0.4	0	99.6	1048	0	0	100.0
万古霉素	797	0	0	100.0	1245	0	0	100.0
四环素	792	30.8	0.4	68.8	1045	23.3	0.7	76
替加环素	699	0	0	100.0	323	0	0	100.0

抗生素名称	台州地区				温州地区			
	菌株数(株)	%R	%I	%S	菌株数(株)	%R	%I	%S
青霉素G	1624	92.1	0	7.9	3163	93.5	0	6.5
苯唑西林	1633	30.9	0	69.1	3158	38.4	0	61.6
庆大霉素	1626	8.1	2.2	89.7	3162	15.4	1.5	83.1
利福平	1636	0.9	0.6	98.5	3164	3.3	0.8	95.9
环丙沙星	1405	16.6	4.7	78.7	3136	18.2	6.2	75.6
左氧氟沙星	1625	14.9	0.5	84.6	3162	15.4	1	83.6
莫西沙星	1637	13.1	2	84.9	1788	17.3	1.8	80.9
复方新诺明	1895	10.9	0	89.1	3163	9.5	0	90.5
克林霉素	1629	24.1	0.2	75.7	2700	53.3	1.7	45
红霉素	1641	56.7	0.8	42.5	3102	56.2	0.9	42.9
呋喃妥因	1097	0.1	0	99.9	1660	0.3	0.3	99.4
利奈唑胺	1887	0.5	0	99.5	3148	0.1		99.9
万古霉素	1632	0	0	100.0	3164	0	0	100.0
四环素	1141	18.8	0.4	80.8	3152	21	0.9	78.1
替加环素	1569	0	0	100.0	913	0	0	100.0

续表

抗生素名称	舟山地区			
	菌株数（株）	%R	%I	%S
青霉素 G	492	96.5	0	3.5
苯唑西林	494	60.7	0	39.3
庆大霉素	494	10.3	0	89.7
利福平	494	1.2	0	98.8
环丙沙星	493	14.4	0.2	85.4
左氧氟沙星	0	0	0	0
莫西沙星	0	0	0	0
复方新诺明	494	7.5	0	92.5
克林霉素	480	31.5	0	68.5
红霉素	494	52.4	0	47.6
呋喃妥因	493	0.2	0.2	99.6
利奈唑胺	494	0	0	100.0
万古霉素	494	0	0	100.0
四环素	494	11.3	7.3	81.4
替加环素	0	0	0	0

（统计编辑：丁仕标）

二、凝固酶阴性葡萄球菌

2017 年浙江省不同地区分离凝固酶阴性葡萄球菌对临床常用抗生素的药敏情况见表 5.2 所示。

表 5.2　2017 年浙江省不同地区分离凝固酶阴性葡萄球菌对临床常用抗生素的药敏情况

抗生素名称	杭州地区				宁波地区			
	菌株数（株）	%R	%I	%S	菌株数（株）	%R	%I	%S
青霉素 G	9234	90.4	0	9.6	2691	90.5	0	9.5
苯唑西林	8785	69.4	0.1	30.5	2699	69.3	0	30.7
庆大霉素	9264	18	5.1	76.9	2742	15.5	6.7	77.8
利福平	9099	6.1	0.4	93.5	2649	5.7	0.3	94
环丙沙星	9045	44.6	3.9	51.5	2741	39.8	4.2	56
左氧氟沙星	8571	47.1	1.4	51.5	2685	42.9	1.8	55.3

续表

抗生素名称	杭州地区				宁波地区			
	菌株数(株)	%R	%I	%S	菌株数(株)	%R	%I	%S
莫西沙星	7952	26.2	22.8	51	2659	23.6	21.1	55.3
复方新诺明	9011	39.6	0.1	60.3	2682	41.4	0	58.6
克林霉素	8746	21.5	2.1	76.4	2153	24.7	1.3	74
红霉素	8648	71.8	1.7	26.5	2720	70.2	1.9	27.9
呋喃妥因	7605	1.4	0.5	98.1	2716	0.6	0.4	99
利奈唑胺	8781	0.7	0	99.3	2544	0.3	0	99.7
万古霉素	9206	0	0	100.0	2737	0	0	100.0
四环素	8889	20.9	1.2	77.9	2691	19.3	0.7	80
替加环素	8120	0	0	99.4	2573	0	0	100.0

抗生素名称	绍兴地区				嘉兴地区			
	菌株数(株)	%R	%I	%S	菌株数(株)	%R	%I	%S
青霉素 G	2119	89.5	0	10.5	2854	88.8	0	11.2
苯唑西林	2111	68.8	0	31.2	2856	65	0	35
庆大霉素	2126	14	5.5	80.5	2866	21	4	75
利福平	2120	4.3	0.1	95.6	2858	6.4	0.3	93.3
环丙沙星	2123	37.6	3.8	58.6	2737	43.7	3.3	53
左氧氟沙星	2121	39.5	1.6	58.9	2342	43.8	0.7	55.5
莫西沙星	2118	22.4	19.3	58.3	2334	23.8	21.3	54.9
复方新诺明	1838	54.8	0	45.2	2862	40.9	0	59.1
克林霉素	1783	19.6	3.7	76.7	2840	20.5	1.4	78.1
红霉素	2130	70	1.6	28.4	2759	72.5	1.4	26.1
呋喃妥因	2121	1.7	0.8	97.5	1640	0.6	0.6	98.8
利奈唑胺	2080	1	0	99	2851	0.2	0	99.8
万古霉素	2113	0	0	100.0	2858	0	0	100.0
四环素	1787	17.5	0.7	81.8	2735	18.6	0.4	81
替加环素	2048	0	0	100.0	2292	0	0	100.0

续表

抗生素名称	湖州地区				金华地区			
	菌株数（株）	%R	%I	%S	菌株数（株）	%R	%I	%S
青霉素 G	407	90.2	0	9.8	2097	90.1	0	9.9
苯唑西林	409	67.2	0	32.8	2497	68.2	0	31.8
庆大霉素	408	17.2	3.9	78.9	2524	16	5.7	78.3
利福平	408	4.7	0.5	94.8	2518	6.3	3.7	90
环丙沙星	408	40.2	3.7	56.1	2501	40.7	5.3	54
左氧氟沙星	408	41.4	2	56.6	2162	45.8	2.7	51.5
莫西沙星	408	26	17.6	56.4	2218	21.2	25.3	53.5
复方新诺明	404	35.1	0	64.9	2521	41.2	0	58.8
克林霉素	407	23.1	2.7	74.2	2124	27.1	2.5	70.4
红霉素	408	65.7	1	33.3	2498	74.7	2.2	23.1
呋喃妥因	408	1.7	0.5	97.8	2125	2.5	1.4	96.1
利奈唑胺	401	0.5	0	99.5	2324	0.3	0	99.7
万古霉素	404	0	0	100.0	2516	0	0	100.0
四环素	408	20.6	0.7	78.7	2497	21.4	1	77.6
替加环素	403	0	0	100.0	2007	0	0	100.0

抗生素名称	丽水地区				衢州地区			
	菌株数（株）	%R	%I	%S	菌株数（株）	%R	%I	%S
青霉素 G	739	90.9	0	9.1	1147	89.8	0	10.2
苯唑西林	735	65.9	0.1	34	815	64.7	0	35.3
庆大霉素	736	18.5	4.8	76.7	1147	31.9	3.5	64.6
利福平	739	3.3	0.8	95.9	817	7.2	1.2	91.6
环丙沙星	682	40.2	4	55.8	1062	43.2	5.7	51.1
左氧氟沙星	740	42.1	2.4	55.5	693	42.4	2.3	55.3
莫西沙星	681	24.7	20.3	55	693	28.7	15.7	55.6
复方新诺明	742	41.5	0.4	58.1	1145	41.8	1.3	56.9
克林霉素	731	24.6	3.7	71.7	1145	25.8	11.7	62.5
红霉素	739	73.6	1.5	24.9	1148	68.5	6.5	25
呋喃妥因	263	0.4	3.8	95.8	814	2.9	0.7	96.4
利奈唑胺	739	0.4	0	99.6	817	2	0	98
万古霉素	740	0	0	100.0	1146	0	0	100.0
四环素	740	29.3	0.7	70	828	21.1	1	77.9
替加环素	678	0	0	100.0	256	0	0	100.0

续表

抗生素名称	台州地区				温州地区			
	菌株数(株)	%R	%I	%S	菌株数(株)	%R	%I	%S
青霉素 G	1724	89.3	0	10.7	2157	91.1	0	8.9
苯唑西林	1722	67.7	0	32.3	2150	70.7	0	29.3
庆大霉素	1731	14.8	7.4	77.8	2166	22	5.8	72.2
利福平	1730	4.7	0.4	94.9	2156	6.1	0.4	93.5
环丙沙星	1478	43.4	4.4	52.2	2134	40.5	3.2	56.3
左氧氟沙星	1740	44	1.8	54.2	2163	39.8	3.2	57
莫西沙星	1735	23.6	22.7	53.7	1455	20.8	24.1	55.1
复方新诺明	1926	40.1	0	59.9	2164	34.7	0	65.3
克林霉素	1722	27.3	1.5	71.2	1701	42.2	3	54.8
红霉素	1729	71.7	1.4	26.9	2118	66.7	1	32.3
呋喃妥因	1291	0.3	0.9	98.8	1269	1.1	0.2	98.7
利奈唑胺	1912	1.3	0	98.7	2111	0.2	0	99.8
万古霉素	1711	0	0	100.0	2153	0	0	100.0
四环素	1292	19	0.3	80.7	2154	24.4	0.9	74.7
替加环素	1675	0	0	100.0	919	0	0	100.0

抗生素名称	舟山地区			
	菌株数(株)	%R	%I	%S
青霉素 G	369	91.6	0	8.4
苯唑西林	374	65	0	35
庆大霉素	375	30.1	4.3	65.6
利福平	375	9.3	1.3	89.4
环丙沙星	375	37.6	1.9	60.5
左氧氟沙星	0			
莫西沙星	0			
复方新诺明	374	40.4	0	59.6
克林霉素	364	38.7	3.8	57.5
红霉素	375	75.5	2.7	21.8
呋喃妥因	375	3.2	2.9	93.9
利奈唑胺	375	0.5	0	99.5
万古霉素	375	0	0	100.0
四环素	374	23	2.7	74.3
替加环素	0			

（统计编辑：丁仕标）

附：特殊耐药菌分布情况

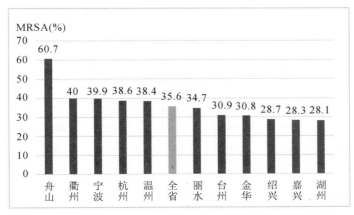

图 2.3 不同地区金黄色葡萄球菌对甲氧西林的耐药率

（统计编辑：吴盛海）

三、粪肠球菌

2017 年浙江省不同地区尿标本分离的粪肠球菌对临床常用抗生素的药敏情况见表 5.3 所示。

表 5.3 **2017 年浙江省不同地区尿标本分离的粪肠球菌对临床常用抗生素的药敏情况**

抗生素名称	杭州地区				湖州地区			
	菌株数（株）	％R	％I	％S	菌株数（株）	％R	％I	％S
氨苄西林	2307	5	0	95	132	3	0	97
呋喃妥因	2251	3.7	1.8	94.5	131	2.3	1.5	96.2
高浓度链霉素	1459	7.9	0	92.1	77	3.9	0	96.1
高浓度庆大霉素	1500	13.4	0	86.6	77	3.9	0	96.1
环丙沙星	2311	30	4.1	65.9	132	32.6	2.3	65.1
利奈唑胺	2207	1.7	4.6	93.7	132	6.8	1.5	91.7
青霉素 G	2289	13.5	0	86.5	132	9.8	0	90.2
四环素	2282	81.8	0.4	17.8	132	83.3	0.8	15.9
万古霉素	2298	0.8	0.1	99.1	131	0.8	0	99.2
左氧氟沙星	2133	27.5	1.4	71.1	132	32.6	0	67.4

续表

抗生素名称	嘉兴地区				金华地区			
	菌株数（株）	%R	%I	%S	菌株数（株）	%R	%I	%S
氨苄西林	845	2.8	0	97.2	326	6.1	0	93.9
呋喃妥因	801	2	1.1	96.9	271	5.9	3.3	90.8
高浓度链霉素	593	0	0	100.0	241	11.2	0	88.8
高浓度庆大霉素	822	10.9	0	89.1	254	21.7	0	78.3
环丙沙星	812	29.1	4.2	66.7	318	28	2.8	69.2
利奈唑胺	829	3	8	89	279	2.2	5	92.8
青霉素 G	635	6.4	0	93.6	278	27.3	0	72.7
四环素	810	82.5	0.6	16.9	326	83.1	0.6	16.3
万古霉素	845	0.1	0	99.9	325	0.6	0	99.4
左氧氟沙星	643	26.4	1.6	72	273	23.1	1.8	75.1

抗生素名称	丽水地区				宁波地区			
	菌株数（株）	%R	%I	%S	菌株数（株）	%R	%I	%S
氨苄西林	89	1.1	0	98.9	697	0.9	0	99.1
呋喃妥因	87	0	1.1	98.9	683	0.9	1.3	97.8
高浓度链霉素	78	0	0	100.0	466	10.9	0	89.1
高浓度庆大霉素	78	0	0	100.0	492	17.9	0	82.1
环丙沙星	78	15.4	9	75.6	693	24.1	4	71.9
利奈唑胺	89	1.1	0	98.9	635	4.1	1.4	94.5
青霉素 G	93	8.6	0	91.4	686	2.6	0	97.4
四环素	78	87.2	0	12.8	672	85	0.1	14.9
万古霉素	89	0	0	100.0	692	0.1	0	99.9
左氧氟沙星	89	15.7	2.2	82.1	699	24.6	1.1	74.3

抗生素名称	衢州地区				绍兴地区			
	菌株数（株）	%R	%I	%S	菌株数（株）	%R	%I	%S
氨苄西林	232	6.5	0	93.5	451	1.8	0	98.2
呋喃妥因	215	1.9	3.3	94.8	449	2.7	1.1	96.2
高浓度链霉素	178	25.3	0	74.7	318	13.5	0	86.5
高浓度庆大霉素	232	40.1	0.4	59.5	409	15.6	0	84.4
环丙沙星	219	33.3	8.7	58	448	19.6	6	74.4

抗生素名称	衢州地区				绍兴地区			
	菌株数（株）	%R	%I	%S	菌株数（株）	%R	%I	%S
利奈唑胺	217	1.8	13.4	84.8	434	2.1	1.6	96.3
青霉素 G	217	23	0	77	449	3.8	0	96.2
四环素	192	76	0.5	23.5	344	75.9	0.3	23.8
万古霉素	234	0.4	2.1	97.5	446	0	0	100.0
左氧氟沙星	177	24.9	2.8	72.3	450	18.9	1.8	79.3

抗生素名称	台州地区				温州地区			
	菌株数（株）	%R	%I	%S	菌株数（株）	%R	%I	%S
氨苄西林	171	1.8	0	98.2	499	0.6	0	99.4
呋喃妥因	124	1.6	0.8	97.6	450	1.1	0.4	98.5
高浓度链霉素	64	0	0	100.0	393	13.2	0	86.8
高浓度庆大霉素	123	0	0	100.0	396	28.5	0	71.5
环丙沙星	124	36.3	0.8	62.9	502	22.9	4	73.1
利奈唑胺	167	4.2	1.8	94	476	2.1	1.9	96
青霉素 G	172	4.1	0	95.9	500	2.2	0	97.8
四环素	123	88.6	0	11.4	502	88.4	0.4	11.2
万古霉素	171	1.2	0	98.8	500	0	0	100.0
左氧氟沙星	173	32.9	2.3	64.8	503	21.1	3.2	75.7

抗生素名称	舟山地区			
	菌株数（株）	%R	%I	%S
氨苄西林	105	2.9	0	97.1
呋喃妥因	103	1.9	1	97.1
高浓度庆大霉素	104	31.7	0	68.3
环丙沙星	100	35	8	57
利奈唑胺	105	0	1.9	98.1
青霉素 G	96	4.2	0	95.8
四环素	105	75.2	0	24.8
万古霉素	105	0	0	100.0
左氧氟沙星	0			

2017 年浙江省不同地区非尿标本分离的粪肠球菌对临床常用抗生素的药敏情况见表 5.4 所示。

表 5.4　2017 年浙江省不同地区非尿标本分离的粪肠球菌对临床常用抗生素的药敏情况

抗生素名称	杭州地区				湖州地区			
	菌株数（株）	%R	%I	%S	菌株数（株）	%R	%I	%S
氨苄西林	2430	2.1	0	97.9	75	1.3	0	98.7
高浓度链霉素	1983	12.8	0	87.2	39	12.8	0	87.2
高浓度庆大霉素	1996	17.2	0	82.8	40	17.5	0	82.5
利奈唑胺	2348	2.7	2.3	95	75	6.7	2.7	90.6
青霉素 G	2424	5.1	0	94.9	75	2.7	0	97.3
万古霉素	2429	0.2	0	99.8	75	2.7	0	97.3

抗生素名称	嘉兴地区				金华地区			
	菌株数（株）	%R	%I	%S	菌株数（株）	%R	%I	%S
氨苄西林	532	0.9	0	99.1	375	15.2	0	84.8
高浓度链霉素	366	0	0	100.0	294	6.5	0	93.5
高浓度庆大霉素	524	9.5	0	90.5	297	7.4	0	92.6
利奈唑胺	507	5.7	14.2	80.1	337	1.2	0.9	97.9
青霉素 G	397	4	0	96	314	29.3	0	70.7
万古霉素	531	0.4	0.2	99.4	368	1.1	0	98.9

抗生素名称	丽水地区				宁波地区			
	菌株数（株）	%R	%I	%S	菌株数（株）	%R	%I	%S
氨苄西林	92	3.3	0	96.7	586	0.9	0	99.1
高浓度链霉素	76	0	0	100.0	409	7.6	0	92.4
高浓度庆大霉素	77	0	0	100.0	444	11	0	89
利奈唑胺	92	2.2	0	97.8	538	2	4.1	93.9
青霉素 G	94	10.6	0	89.4	556	2.2	0	97.8
万古霉素	91	0	0	100.0	586	1	0	99

抗生素名称	衢州地区				绍兴地区			
	菌株数（株）	%R	%I	%S	菌株数（株）	%R	%I	%S
氨苄西林	171	5.3	0	94.7	524	2.3	0	97.7
高浓度链霉素	127	18.1	0	81.9	415	16.6	0	83.4
高浓度庆大霉素	174	23.6	0	76.4	475	24.6	0	75.4
利奈唑胺	168	3	14.9	82.1	497	2.8	3.2	94
青霉素 G	167	27.6	0	72.4	524	3.2	0	96.8
万古霉素	175	1.7	1.1	97.2	521	0	0.8	99.2

续表

抗生素名称	台州地区				温州地区			
	菌株数（株）	%R	%I	%S	菌株数（株）	%R	%I	%S
氨苄西林	295	1	0	99	624	2.4	0	97.6
高浓度链霉素	147	1.4	0	98.6	507	14.6	0	85.4
高浓度庆大霉素	151	0.7	0	99.3	520	24.4	0	75.6
利奈唑胺	352	4.3	1.7	94	601	3.3	3	93.7
青霉素 G	298	5.4	0	94.6	623	3.5	0	96.5
万古霉素	295	0	0.3	99.7	623	0	0.3	99.7

抗生素名称	舟山地区			
	菌株数（株）	%R	%I	%S
氨苄西林	81	0	0	100.0
高浓度庆大霉素	81	22.2	0	77.8
利奈唑胺	80	0	1.2	98.8
青霉素 G	74	0	0	100.0
万古霉素	81	0	0	100.0

（统计编辑：胡庆丰）

四、屎肠球菌

2017 年浙江省不同地区尿标本分离的屎肠球菌对临床常用抗生素的药敏情况见表 5.5 所示。

表 5.5　2017 年浙江省不同地区尿标本分离的屎肠球菌对临床常用抗生素的药敏情况

抗生素名称	杭州地区				湖州地区			
	菌株数（株）	%R	%I	%S	菌株数（株）	%R	%I	%S
氨苄西林	2838	94.4	0	5.6	132	97	0	3
呋喃妥因	2771	65.2	18	16.8	130	63.1	16.2	20.7
高浓度链霉素	1783	17.6	0	82.4	95	8.4	0	91.6
高浓度庆大霉素	1755	18.5	0	81.5	97	8.2	0	91.8
环丙沙星	2840	95.8	1.7	2.5	132	96.2	0	3.8
利奈唑胺	2721	0.2	1.5	98.3	132	1.5	4.6	93.9
青霉素 G	2793	96.2	0	3.8	130	96.2	0	3.8
四环素	2822	23.4	0.8	75.8	132	15.9	0	84.1
万古霉素	2826	1.2	0.2	98.6	130	0	0	100.0
左氧氟沙星	2584	94.7	2.1	3.2	132	95.5	0.8	3.7

续表

抗生素名称	嘉兴地区				金华地区			
	菌株数(株)	%R	%I	%S	菌株数(株)	%R	%I	%S
氨苄西林	749	94	0	6	462	96.8	0	3.2
呋喃妥因	716	63	18.9	18.1	407	65.8	20.9	13.3
高浓度链霉素	576	0	0	100.0	328	25	0	75
高浓度庆大霉素	734	8.9	0	91.1	359	22	0	78
环丙沙星	734	96.2	0.7	3.1	462	98.1	0.9	1
利奈唑胺	755	1.1	3.2	95.7	409	0.5	1	98.5
青霉素 G	610	96.2	0	3.8	380	97.4	0	2.6
四环素	732	33.1	1.5	65.4	463	33.9	1.5	64.6
万古霉素	759	1.7	0.1	98.2	461	0.2	0.2	99.6
左氧氟沙星	611	95.3	1.1	3.6	402	96.8	2.2	1

抗生素名称	丽水地区				宁波地区			
	菌株数(株)	%R	%I	%S	菌株数(株)	%R	%I	%S
氨苄西林	84	96.4	0	3.6	608	96.2	0	3.8
呋喃妥因	87	65.5	18.4	16.1	598	35.1	30.4	34.5
高浓度链霉素	58	0	0	100.0	466	12.4	0	87.6
高浓度庆大霉素	61	1.6	0	98.4	516	7.8	0	92.2
环丙沙星	58	96.6	0	3.4	602	96	2.3	1.7
利奈唑胺	85	0	0	100.0	558	1.8	0.9	97.3
青霉素 G	84	96.4	0	3.6	598	97.5	0	2.5
四环素	63	42.9	3.1	54	587	37	0.3	62.7
万古霉素	85	0	0	100.0	609	0.2	0	99.8
左氧氟沙星	85	96.5	1.2	2.3	608	92.8	3.3	3.9

抗生素名称	衢州地区				绍兴地区			
	菌株数(株)	%R	%I	%S	菌株数(株)	%R	%I	%S
氨苄西林	273	91.2	0	8.8	428	95.6	0	4.4
呋喃妥因	264	53.8	38.2	8	422	52.6	24.2	23.2
高浓度链霉素	170	57.6	0	42.4	284	18	0	82
高浓度庆大霉素	282	43.3	0	56.7	363	19.6	0	80.4
环丙沙星	275	97.1	0.4	2.5	422	95.5	1.4	3.1

续表

抗生素名称	衢州地区				绍兴地区			
	菌株数（株）	%R	%I	%S	菌株数（株）	%R	%I	%S
利奈唑胺	261	3.1	13	83.9	410	0.5	2.7	96.8
青霉素 G	256	96.5	0	3.5	425	97.2	0	2.8
四环素	192	45.3	1	53.7	324	38.6	0.3	61.1
万古霉素	282	2.8	0.7	96.5	426	1.4	0	98.6
左氧氟沙星	166	95.2	2.4	2.4	426	93.9	2.8	3.3

抗生素名称	台州地区				温州地区			
	菌株数（株）	%R	%I	%S	菌株数（株）	%R	%I	%S
氨苄西林	263	98.1	0	1.9	476	98.1	0	1.9
呋喃妥因	218	57.3	24.3	18.4	360	52.2	24.4	23.4
高浓度链霉素	106	0	0	100.0	361	26.9	0	73.1
高浓度庆大霉素	218	0	0	100.0	368	32.6	0	67.4
环丙沙星	224	97.8	1.3	0.9	474	96.8	1.9	1.3
利奈唑胺	263	1.1	3.8	95.1	472	0	0.4	99.6
青霉素 G	263	98.9	0	1.1	475	98.9	0	1.1
四环素	220	41.4	0	58.6	470	30.6	0.9	68.5
万古霉素	262	1.9	0	98.1	477	0.2	0.2	99.6
左氧氟沙星	272	95.6	2.9	1.5	474	96	1.7	2.3

抗生素名称	舟山地区			
	菌株数（株）	%R	%I	%S
氨苄西林	84	88.1	0	11.9
呋喃妥因	85	68.2	16.5	15.3
高浓度庆大霉素	85	48.2	0	51.8
环丙沙星	85	91.8	0	8.2
利奈唑胺	85	0	0	100.0
青霉素 G	82	91.5	0	8.5
四环素	84	25	6	69
万古霉素	84	0	0	100.0

2017年浙江省不同地区非尿标本分离的屎肠球菌对临床常用抗生素的药敏情况见表5.6所示。

表 5.6　2017 年浙江省不同地区非尿标本分离的屎肠球菌对临床常用抗生素的药敏情况

抗生素名称	杭州地区				湖州地区			
	菌株数(株)	%R	%I	%S	菌株数(株)	%R	%I	%S
氨苄西林	1607	81.7	0	18.3	38	63.2	0	36.8
高浓度链霉素	1240	26	0	74	12	8.3	0	91.7
高浓度庆大霉素	1251	21.3	0	78.7	12	0	0	100.0
利奈唑胺	1539	0.4	0.9	98.7	38	7.9	5.3	86.8
青霉素 G	1604	84.5	0	15.5	38	71.1	0	28.9
万古霉素	1603	0.9	0.2	98.9	38	0	0	100.0

抗生素名称	嘉兴地区				金华地区			
	菌株数(株)	%R	%I	%S	菌株数(株)	%R	%I	%S
氨苄西林	254	65.7	0	34.3	330	79.1	0	20.9
高浓度链霉素	181	0	0	100.0	263	14.4	0	85.6
高浓度庆大霉素	248	8.5	0	91.5	277	14.1	0	85.9
利奈唑胺	252	0.4	4.4	95.2	304	0.3	0.7	99
青霉素 G	192	67.2	0	32.8	286	82.9	0	17.1
万古霉素	255	0	0	100.0	330	0.3	0.6	99.1

抗生素名称	丽水地区				宁波地区			
	菌株数(株)	%R	%I	%S	菌株数(株)	%R	%I	%S
氨苄西林	97	79.4	0	20.6	373	76.1	0	23.9
高浓度链霉素	76	0	0	100.0	299	12	0	88
高浓度庆大霉素	84	4.8	0	95.2	324	9.3	0	90.7
利奈唑胺	97	0	0	100.0	345	0.6	2	97.4
青霉素 G	97	80.4	0	19.6	352	79.5	0	20.5
万古霉素	97	0	0	100.0	372	0.3	0.5	99.2

抗生素名称	衢州地区				绍兴地区			
	菌株数(株)	%R	%I	%S	菌株数(株)	%R	%I	%S
氨苄西林	109	68.8	0	31.2	245	81.2	0	18.8
高浓度链霉素	93	44.1	0	55.9	148	9.5	0	90.5
高浓度庆大霉素	110	35.5	0	64.5	210	12.4	0	87.6
利奈唑胺	110	0.9	4.5	94.6	237	1.7	0.8	97.5
青霉素 G	108	74.1	0	25.9	245	84.1	0	15.9
万古霉素	111	0.9	0	99.1	243	0.8	0.4	98.8

续表

抗生素名称	台州地区				温州地区			
	菌株数（株）	%R	%I	%S	菌株数（株）	%R	%I	%S
氨苄西林	157	82.8	0	17.2	403	82.6	0	17.4
高浓度链霉素	72	6.9	0	93.1	357	33.1	0	66.9
高浓度庆大霉素	127	5.5	0	94.5	362	38.4	0	61.6
利奈唑胺	238	1.7	2.1	96.2	399	0.8	1.5	97.7
青霉素 G	158	82.9	0	17.1	404	83.9	0	16.1
万古霉素	158	1.9	0	98.1	404	0.2	0.7	99.1

抗生素名称	舟山地区			
	菌株数（株）	%R	%I	%S
氨苄西林	36	27.8	0	72.2
高浓度庆大霉素	37	16.2	0	83.8
利奈唑胺	37	0	2.7	97.3
青霉素 G	34	50	0	50
万古霉素	37	0	0	100.0

附：特殊耐药菌分布情况

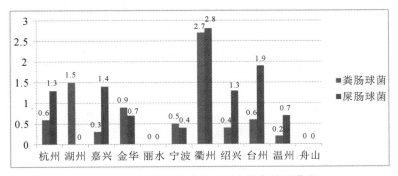

图 2.4   不同地区肠球菌对万古霉素的耐药率

（统计编辑：胡庆丰）

五、大肠埃希菌

2017 年浙江省不同地区分离的大肠埃希菌对临床常用抗生素的药敏情况见表 5.7 所示。

表 5.7　2017 年浙江省不同地区分离的大肠埃希菌对临床常用抗生素的药敏情况

抗生素名称	杭州地区		湖州地区		嘉兴地区		金华地区	
	菌株数（株）	%R	菌株数（株）	%R	菌株数（株）	%R	菌株数（株）	%R
ESBL	12431	49.3	1053	44.5	6407	45.9	4034	43.1
阿米卡星	16542	2.1	1054	2.7	6811	2.1	5549	1.3
阿莫西林							1320	79.5
阿莫西林/克拉维酸	13494	9.5	633	6.8	6515	7.2	1638	11.7
氨苄西林	16443	79.3	1053	80.3	6480	79.4	5560	78.9
氨苄西林/舒巴坦	5496	36.9	420	52.6	2994	22.6	4868	43.8
氨曲南	16036	31.6	1052	28.2	6485	27.3	5561	28.5
多黏菌素 B	524	1.9			77	1.3		
厄他培南	12495	1.8	1054	1.7	4089	1.8	4769	0.6
呋喃妥因	12877	2.2	1053	2.4	2714	2.0	3930	3.5
复方新诺明	16535	47.3	1052	48.4	6802	49.8	5561	49.1
环丙沙星	16446	46.1	1054	45.2	6481	43.5	5558	39.6
氯霉素	2047	21.2			2707	24.2	636	23.7
美罗培南	6956	3.0			3621	1.0	1946	0.8
莫西沙星	286	46.5			1456	54.3	636	48.4
哌拉西林	1847	74.6			2703	75.1	645	75.7
哌拉西林/他唑巴坦	15037	3.0	1053	1.5	6806	2.5	5558	2.8
庆大霉素	16453	34.1	1053	34.1	6487	34.8	5566	31.9
四环素	1316	57.1			2702	61.5	627	63.5
替加环素	10933	0.1	633	0.2	3819	0.1	931	0.5
替卡西林/克拉维酸	106	7.5						
头孢吡肟	16533	18.5	1054	12.7	6809	22.4	5559	16.6
头孢呋辛	236	56.4			1652	52.8	5	40.0
头孢哌酮/舒巴坦	4757	6.1			3478	3.7	2151	4.7
头孢曲松	14293	51.1	1053	47.8	4101	47.2	4920	46.8
头孢噻肟	1965	48.0	109	51.4	2707	45.3	644	47.7
头孢他啶	10399	22.6	420	21.4	4342	17.8	4887	18.4
头孢替坦	2925	1.9	421	2.4	288	1.0	4235	2.3
头孢西丁	11675	12.8	632	9.2	3807	9.8	692	19.7
头孢唑啉	15206	57.1	1054	49.4	5876	54.0	4887	57.3
妥布霉素	14387	10.7	1054	11.3	3776	10.9	4920	8.6
亚胺培南	16530	2.4	1053	1.2	6810	1.4	5560	1.8
左氧氟沙星	15646	42.7	1054	42.0	6796	40.8	5512	37.2

续表

抗生素名称	丽水地区		宁波地区		衢州地区		绍兴地区	
	菌株数（株）	%R	菌株数（株）	%R	菌株数（株）	%R	菌株数（株）	%R
ESBL	1058	48.8	3750	53.3	1453	44.1	4853	43.0
阿米卡星	983	2.3	5406	2.4	2209	1.3	4897	1.9
阿莫西林/克拉维酸	249	11.6	2752	9.4	1079	9.0	3472	6.8
氨苄西林	1311	81.0	6563	81.4	2208	80.2	4896	77.6
氨苄西林/舒巴坦	687	52.3	3155	50.0	1731	34.6	1001	54.7
氨曲南	1305	29.4	6544	35.1	1959	34.7	4886	28.0
多黏菌素 B					323	3.7		
厄他培南	687	1.7	4933	1.3	1348	1.3	4854	1.5
呋喃妥因	862	2.8	6306	2.3	1127	3.2	4884	2.0
复方新诺明	1307	50.6	6365	54.8	2210	52.7	4553	53.9
环丙沙星	926	44.0	6499	49.6	2207	43.3	4894	41.1
氯霉素			130	25.4	1442	24.4		
美罗培南	621	1.6	1877	1.4	1927	2.8		
米诺环素	242	7.4			274	8.8		
莫西沙星			109	47.7	101	63.4		
哌拉西林	236	65.3	1279	53.9	1669	75.9		
哌拉西林/他唑巴坦	1313	3.9	6659	2.7	2210	4.6	4887	1.3
庆大霉素	1306	35.1	6556	36.3	2209	36.0	4900	32.5
四环素			164	62.8	1383	61.2		
替加环素			3353	0.1	594	0	3884	0.2
替卡西林/克拉维酸	238	10.1	71	9.9	1316	6.7		
头孢吡肟	1306	22.9	6661	18.7	2209	39.5	4470	12.4
头孢呋辛	619	49.8	1262	48.4	1316	49.8		
头孢哌酮/舒巴坦	621	5.8	2714	8.4	285	8.1	1696	9.1
头孢曲松	692	48.1	6528	53.5	1602	47.4	4882	45.5
头孢噻肟	620	47.7	164	52.4	1676	49.1		
头孢他啶	1306	21.1	4461	30.6	2208	20.4	1000	21.5
头孢替坦	687	2.0	3034	2.0	876	2.4	996	2.0
头孢西丁	625	7.4	2660	13.7	1329	5.9	2941	9.7
头孢唑啉	926	47.5	5538	65.3	2092	47.7	4635	49.8
妥布霉素	1261	17.9	6419	14.1	1349	20.4	4887	10.3
亚胺培南	1306	1.5	6655	1.2	2211	2.8	4891	1.0
左氧氟沙星	1069	44.5	6648	46.6	2210	40.1	4888	38.4

续表

抗生素名称	台州地区		温州地区		舟山地区	
	菌株数（株）	%R	菌株数（株）	%R	菌株数（株）	%R
ESBL	2611	45.9	4231	51.8		
阿米卡星	2718	1.0	5550	3.2	1326	1.5
阿莫西林			254	85.8		
阿莫西林/克拉维酸	2029	8.0	1322	9.6	1326	6.6
氨苄西林	2354	80.9	5647	83.4	1326	79.4
氨苄西林/舒巴坦	1573	27.3	4211	51.5	1326	21.0
氨曲南	2379	30.3	5630	40.7	1324	26.6
多黏菌素 B						
厄他培南	2671	0.7	4133	1.3		
呋喃妥因	2301	1.4	3759	1.5		
复方新诺明	3095	48.2	5676	48.2	1325	54.6
环丙沙星	2764	46.5	5674	49.3	1324	48.6
氯霉素					1326	27.1
美罗培南	1272	0.9	2812	1.0	1326	1.2
米诺环素	1277	9.5	233	17.2		
莫西沙星					1278	59.4
哌拉西林			1411	69.4	1324	75.2
哌拉西林/他唑巴坦	3096	2.6	5683	2.5	1301	4.6
庆大霉素	2345	35.0	5676	39.6	1325	34.9
四环素			1411	60.6	1326	62.4
替加环素	2128	0	575	0		
替卡西林/克拉维酸			1422	4.2		
头孢吡肟	3089	17.3	5685	31.6	1325	36.9
头孢呋辛	416	51.9	2191	52.9		
头孢哌酮/舒巴坦	1698	3.4	2862	4.2		
头孢曲松	3073	48.7	5654	51.1		
头孢噻肟			2181	51.6	1326	45.5
头孢他啶	2235	17.0	5684	34.9	1325	16.5
头孢替坦	582	1.5	3446	2.1		
头孢西丁	2105	9.6	2202	8.1		
头孢唑啉	1605	74.0	4660	67.6	720	87.2
妥布霉素	2763	11.9	5660	19.4		
亚胺培南	2720	1.2	5684	1.1	1325	1.2
氧氟沙星						
左氧氟沙星	2708	43.6	5644	46.4	1319	46.6

（统计编辑：周宏伟）

附：特殊耐药菌分布情况

大肠埃希菌 ESBL 检出率最高的是宁波地区的 53.3%，最低的是绍兴地区的 43%（见图 2.5），亚胺培南耐药大肠埃希菌分率最高的是衢州地区的 2.8%，最低的是绍兴地区的 1%（见图 2.6）。

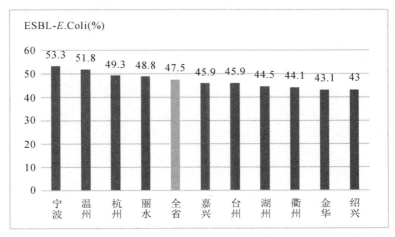

图 2.5　2017 年浙江省各地区产 ESBL 大肠埃希菌（ESBL-*E.Coli*）分离率

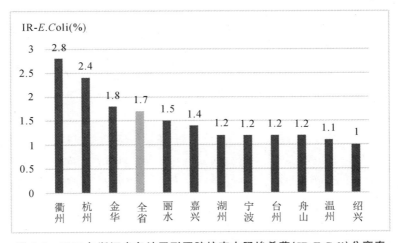

图 2.6　2017 年浙江省各地区耐亚胺培南大肠埃希菌（IR-E.Coli）分离率

（统计编辑：吴盛海）

六、肺炎克雷伯菌

2017 年浙江省不同地区分离的肺炎克雷伯菌对临床常用抗生素的药敏情况见表 5.8 所示。

表 5.8　2017 年浙江省不同地区分离的肺炎克雷伯菌对临床常用抗生素的药敏情况

抗生素名称	杭州地区		湖州地区		嘉兴地区		金华地区	
	菌株数（株）	%R	菌株数（株）	%R	菌株数（株）	%R	菌株数（株）	%R
ESBL	9593	19.6	774	15	3890	19.9	3666	17.5
阿米卡星	13602	15.8	775	7.5	4343	5.4	5055	3.8
阿莫西林/克拉维酸	11303	31	485	20.8	3967	12.8	2161	17.5
氨苄西林/舒巴坦	4238	43.7	290	26.9	1584	26.1	3558	27.6
氨曲南	13081	34.6	775	22.7	4172	18.1	5064	18.5
多黏菌素 B	749	0.9						
厄他培南	9680	17	775	13.2	3093	9	4226	2.3
呋喃妥因	9240	36	775	25.2	1506	19.7	3175	20.6
复方新诺明	13595	31.2	775	25.4	4337	21.1	5069	22.5
环丙沙星	13466	30.9	775	21.8	4161	14.6	5070	13
氯霉素	1905	37			1204	24.9	531	28.3
美罗培南	6308	28.9			1940	6.9	1244	7.7
米诺环素	407	21.4						
莫西沙星	434	72.8			754	34.5	523	31.9
哌拉西林	1680	48.7			1207	30.8	524	33
哌拉西林/他唑巴坦	12467	24.4	775	13.4	4351	9.9	5059	9.2
庆大霉素	13463	25.4	775	17.7	4169	13.3	5068	12.4
四环素	1352	38.1			1205	28.8	523	28.1
替加环素	8516	2.5	486	8	2773	5.1	1774	1.1
替卡西林/克拉维酸	81	42						
头孢吡肟	13592	27.9	775	14.7	4351	14.2	5072	11.3
头孢呋辛	239	59			1116	26.1		
头孢哌酮/舒巴坦	4226	29.9			2290	9.6	2306	8.4
头孢曲松	11469	39.1	775	26.6	3129	21.8	4546	23.3
头孢噻肟	1826	46.5	83	20.5	1218	25.7	523	27.2
头孢他啶	8816	35.7	290	15.2	2587	16.3	3561	14.2
头孢替坦	2180	19.8	290	7.9	367	10.1	3027	6.3
头孢西丁	9625	28.8	485	18.4	2760	11.3	1521	17.3
头孢唑啉	11697	50	775	28.8	3895	27	3915	35.6
妥布霉素	11578	18.7	774	11.6	2958	8.8	4457	6.5
亚胺培南	13595	24.4	775	13.2	4352	8.8	5071	8.8
左氧氟沙星	12861	27.6	775	19	4347	11.7	4952	11.1

续表

抗生素名称	丽水地区		宁波地区		衢州地区		绍兴地区	
	菌株数（株）	%R	菌株数（株）	%R	菌株数（株）	%R	菌株数（株）	%R
ESBL	609	22.8	2284	27.2	1054	26.0	2979	19.8
阿米卡星	526	5.9	3341	4.5	1601	7.6	3049	7.2
阿莫西林/克拉维酸	96	14.6	1597	16.7	752	22.1	2092	12.7
氨苄西林/舒巴坦	386	27.7	1667	31.0	1283	36.0	654	35.3
氨曲南	751	19.0	3809	22.8	1414	30.1	3043	21.5
多黏菌素 B					308	1.3		
厄他培南	387	4.9	2898	8.1	963	12.8	2941	8.1
呋喃妥因	275	28.0	3667	26.1	843	24.3	3039	26.6
复方新诺明	753	29.5	3754	35.1	1600	29.1	2745	41.1
环丙沙星	480	12.5	3788	19.6	1594	21.4	3046	18.6
氯霉素					1053	28.9		
美罗培南	365	6.6	1044	2.4	1384	16.0		
米诺环素	119	12.6			305	8.2		
莫西沙星					94	46.8		
哌拉西林	92	32.6	670	19.9	1189	48.6		
哌拉西林/他唑巴坦	756	8.6	3868	9.7	1600	17.4	3047	11.2
庆大霉素	749	15.4	3802	18.5	1603	21.2	3045	15.9
四环素					921	29.6		
替加环素			2034	5.0	482	2.1	2294	4.8
替卡西林/克拉维酸	92	10.9	54	14.8	935	19.5		
头孢吡肟	752	15.3	3870	15.7	1600	31.5	2748	13.4
头孢呋辛	363	33.3	724	20.0	935	34.8		
头孢哌酮/舒巴坦	365	10.4	1728	21.2	303	39.9	1371	14.1
头孢曲松	387	25.3	3850	30.8	1158	32.0	3045	27.6
头孢噻肟	365	31.5			1196	37.4		
头孢他啶	751	16.6	2370	23.1	1600	23.3	654	24.6
头孢替坦	386	4.7	1656	7.3	658	11.1	652	11.4
头孢西丁	374	15.0	1601	14.9	945	16.6	1657	13.1
头孢唑啉	477	26.6	2796	45.1	1510	36.0	2537	35.9
妥布霉素	733	11.2	3793	10.6	969	12.4	3039	10.0
亚胺培南	752	5.9	3848	8.1	1602	16.2	3040	10.4
左氧氟沙星	660	13.2	3866	16.6	1599	16.3	3043	16.1

续表

抗生素名称	台州地区		温州地区		舟山地区	
	菌株数（株）	%R	菌株数（株）	%R	菌株数（株）	%R
ESBL	1535	20.9	2065	23.2		
阿米卡星	1730	6.7	2413	7.0	505	7.9
阿莫西林/克拉维酸	1323	15.4	674	23.7	503	19.7
氨苄西林/舒巴坦	999	25.5	2605	33.5	503	32.8
氨曲南	1577	22.5	3174	26.6	503	24.3
多黏菌素 B						
厄他培南	1639	10.3	2233	7.3		
呋喃妥因	1449	24.6	2007	31.8		
复方新诺明	2130	25.5	3199	24.7	504	25.2
环丙沙星	1968	20.1	3195	20.3	504	22.4
氯霉素					502	29.5
美罗培南	956	8.5	1284	10.9	505	10.7
米诺环素	901	7.0	160	13.8		
莫西沙星					482	36.9
哌拉西林			567	59.1	504	36.9
哌拉西林/他唑巴坦	2109	12.8	3200	12.0	491	15.5
庆大霉素	1534	16.0	3196	15.9	504	18.1
四环素			569	34.5	504	29.8
替加环素	1399	4.2	470	1.3		
替卡西林/克拉维酸			570	16.5		
头孢吡肟	2144	17.6	3202	23.2	504	27.2
头孢呋辛	269	30.9	957	36.6		
头孢哌酮/舒巴坦	977	10.9	1678	20.6		
头孢曲松	2135	31.2	3182	30.4		
头孢噻肟	120	40.0	950	33.7	505	31.9
头孢他啶	1453	16.7	3203	25.1	504	22.2
头孢替坦	295	20.7	2223	12.2		
头孢西丁	1433	14.9	963	14.9		
头孢唑啉	896	53.9	2315	48.2	206	83.0
妥布霉素	1997	11.9	3196	10.5		
亚胺培南	1727	12.3	3203	10.7	505	11.3
左氧氟沙星	1729	15.7	3184	17.7	501	21.0

（统计编辑：孙　龙）

附：特殊耐药菌分布情况

肺炎克雷伯菌 ESBL 分离率最高的是宁波地区的 27.2,最低的是湖州地区的 15％(见图 2.7),而亚胺培南耐药分离最高的是杭州地区的 24.4％,分离最低的是丽水地区的 5.9％(见图 2.8)。

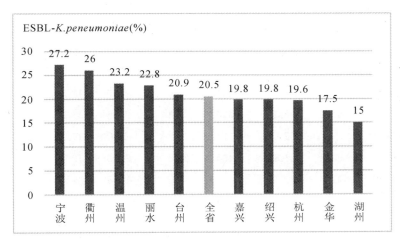

图 2.7　2017 年浙江省各地区产 ESBL 肺炎克雷伯菌(ESBL-*K.pneumoniae*)分离率

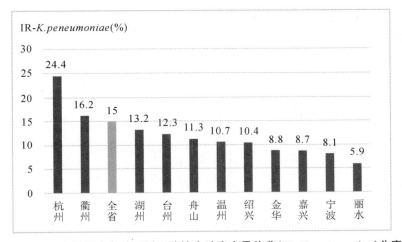

图 2.8　2017 年浙江省各地区耐亚胺培南肺炎克雷伯菌(IR-K.*pneumoniae*)分离率

（统计编辑：吴盛海）

七、铜绿假单胞菌

2017 年浙江省不同地区分离的铜绿假单胞菌对临床常用抗生素的药敏情况见表 5.9 所示。

表 5.9　2017 年浙江省不同地区分离的铜绿假单胞菌对临床常用抗生素的药敏情况

抗生素名称	杭州地区		湖州地区		嘉兴地区		金华地区	
	菌株数（株）	%R	菌株数（株）	%R	菌株数（株）	%R	菌株数（株）	%R
阿米卡星	9322	4.4	397	3.8	2538	5.1	2243	3.1
氨曲南	4853	34.2	172	28.5	1888	18.1	399	23.1
多黏菌素 B	1379	0.2			671	0		
环丙沙星	9280	21.1	399	20.3	2462	16.2	2239	14.7
美罗培南	4331	32.3	3	100.0	1203	10.1	664	10.8
哌拉西林	1886	34.4			657	11.7	409	14.4
哌拉西林/他唑巴坦	8582	20.8	390	17.9	2490	11.2	2211	13.9
庆大霉素	8972	8.3	398	5.3	2426	8.2	2237	5.9
替卡西林/克拉维酸	151	57			114	17.5		
头孢吡肟	9311	21.8	400	20.8	2505	13.5	2257	16
头孢哌酮/舒巴坦	3166	23			1318	9	936	10
头孢他啶	6189	25.7	176	21.6	2198	15	2185	19.3
妥布霉素	7954	6.4	400	3.8	1807	6.7	2027	4.6
亚胺培南	9302	34.3	402	25.4	2528	19.4	2266	22.4
左氧氟沙星	8922	17.9	401	15	2529	16.1	2251	13.1

抗生素名称	丽水地区		宁波地区		衢州地区		绍兴地区	
	菌株数（株）	%R	菌株数（株）	%R	菌株数（株）	%R	菌株数（株）	%R
阿米卡星	458	1.5	2175	3.9	1301	4.1	1826	3.6
氨曲南	385	18.4	541	25.1	1090	29.9	1180	28.7
多黏菌素 B	309	0			508	1.6	10	0
环丙沙星	458	10	2557	20.2	1300	24	1830	14.9
美罗培南	385	14	517	18	1090	22.8	89	9
哌拉西林	384	10.7	226	11.9	1090	25.2	65	12.3
哌拉西林/他唑巴坦	463	7.6	2506	13.4	1302	17.3	1809	8.3
庆大霉素	150	3.3	2437	8.5	1306	11.1	1826	5.3
替卡西林/克拉维酸	309	35.3	55	47.3	702	22.5		
头孢吡肟	458	4.6	2587	11.9	1304	19	1598	9.4
头孢哌酮/舒巴坦	385	8.1	1458	19.5	698	15.5	941	14.5
头孢他啶	457	8.3	1369	28.2	1304	19.3	519	13.3
妥布霉素	458	3.1	2533	6.8	919	4	1795	4.7
亚胺培南	458	14.6	2578	26.8	1309	26.7	1813	22.7
左氧氟沙星	457	12.9	2593	17	1308	24.1	1822	13.3

续表

抗生素名称	台州地区		温州地区		舟山地区	
	菌株数量（株）	%R	菌株数量（株）	%R	菌株数量（株）	%R
阿米卡星	940	6.7	2055	5.1	477	6.3
氨曲南	539	18.7	1259	23.1	472	27.8
多黏菌素B	130	2.3	228	0	459	0
环丙沙星	1169	15.5	2117	17.3	475	26.5
美罗培南	550	15.3	1155	21	475	20.2
哌拉西林	1155	9.8	620	20.3	474	20.5
哌拉西林/他唑巴坦	1155	9.8	2108	8.9	421	16.6
庆大霉素	709	14.2	2086	9.5	477	13.4
替卡西林/克拉维酸	128	19.5	467	27		
头孢吡肟	1155	10.7	2114	9.8	476	20.2
头孢哌酮/舒巴坦	515	8.2	1514	9.1		
头孢他啶	798	9.8	2112	12.4	476	18.9
妥布霉素	1146	10.2	1933	8.9		
亚胺培南	912	25.7	2116	28.8	477	33.1
左氧氟沙星	944	14	1950	16.9	475	30.1

（统计编辑：钱　香）

附：特殊耐药菌分布情况

不同地区铜绿假单胞菌对亚胺培南分离率为14.6%～34.3%。

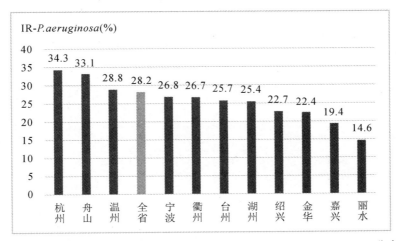

图2.9　2017年浙江省各地区耐亚胺培南铜绿假单胞菌（IR-*P.aeruginosa*）分离率

（统计编辑：吴盛海）

八、鲍曼不动杆菌

2017 年浙江省不同地区分离的鲍曼不动杆菌对临床常用抗生素的药敏情况见表 5.10 所示。

表 5.10　2017 年浙江省不同地区分离的鲍曼不动杆菌对临床常用抗生素的药敏情况

抗生素名称	杭州地区		湖州地区		嘉兴地区		金华地区	
	菌株数（株）	%R	菌株数（株）	%R	菌株数（株）	%R	菌株数（株）	%R
阿米卡星	2890	27.5	110	8.2	1857	22	749	10
多黏菌素 B	873	0.7			66	0	34	0
复方新诺明	7099	44.2	300	13.3	2240	36.9	2320	34
环丙沙星	7102	58	300	27.7	2210	43.8	2460	34.1
美罗培南	3706	64.2			1068	43.7	432	41.4
米诺环素	606	21.6			111	16.2	192	8.3
哌拉西林	1175	67.1			688	43.9	239	65.3
哌拉西林/他唑巴坦	4376	57.8	217	23.5	1527	48.4	910	51.8
庆大霉素	7045	46	300	22.7	2172	37.4	2458	27.9
四环素	841	60.8			688	42.9	230	60.4
替加环素	5447	3.9	195	3.6	1265	3.2	745	2.6
替卡西林/克拉维酸								
头孢吡肟	7115	57.5	300	29	2122	43.7	2455	34.8
头孢哌酮/舒巴坦	2775	34.8			1282	25.3	1230	18.5
头孢曲松	6013	57.3	300	30	1515	44.4	2215	32.2
头孢他啶	4985	61.6	105	28.6	1393	43.1	1951	36
妥布霉素	6111	39.1	300	20	1526	32.4	2221	23.1
亚胺培南	7157	57.5	300	28.3	2245	42.7	2462	34.4
左氧氟沙星	6646	40.5	300	17.7	2238	35.8	2423	26.5

抗生素名称	丽水地区		宁波地区		衢州地区		绍兴地区	
	菌株数量（株）	%R	菌株数量（株）	%R	菌株数量（株）	%R	菌株数量（株）	%R
阿米卡星	431	50.8	279	10.8	1017	19.5	864	17.7
多黏菌素 B	409	0			363	4.4		
复方新诺明	466	54.7	2063	34.1	1205	42.2	1283	50.6
环丙沙星	466	63.3	2109	42.8	1210	44.4	1500	34.1

续表

抗生素名称	丽水地区		宁波地区		衢州地区		绍兴地区	
	菌株数量（株）	%R	菌株数量（株）	%R	菌株数量（株）	%R	菌株数量（株）	%R
美罗培南	411	66.4	291	40.2	1017	40	77	92.2
米诺环素	410	9.5			319	16.3	403	8.9
哌拉西林	410	69	133	47.4	976	46.3		
哌拉西林/他唑巴坦	436	65.1	668	38	432	62.3	568	44.4
庆大霉素			2075	32.4	1214	34.2	1496	27.3
四环素					720	29.4		
替加环素			1339	5.5	477	1.3	1121	1.9
替卡西林/克拉维酸	410	66.3			720	33.9		
头孢吡肟	462	62.1	2129	44.7	1214	45.1	1346	33.3
头孢哌酮/舒巴坦	411	56	1148	37.1	314	34.7	856	21
头孢曲松			2085	42.3	884	41.3	1498	32.5
头孢他啶	465	61.7	1243	36.8	1214	41.9	377	50.9
妥布霉素	466	49.4	2111	27.8	877	21.3	1497	22.3
亚胺培南	466	62	2117	44.3	1212	43.1	1497	33.9
左氧氟沙星	466	61.8	2119	34.5	1214	41.4	1499	16.4

抗生素名称	台州地区		温州地区		舟山地区	
	菌株数（株）	%R	菌株数（株）	%R	菌株数（株）	%R
阿米卡星	435	23.2	491	27.3	238	60.1
多黏菌素B	56	1.8				
复方新诺明	1321	41.8	1636	33		
环丙沙星	1259	56.1	1659	52.4	240	69.6
美罗培南	531	47.6	672	41.2	240	67.1
米诺环素	489	8.4	156	9		
哌拉西林			310	42.6	240	69.2
哌拉西林/他唑巴坦	425	56	268	70.1	236	67.4
庆大霉素	920	40.4	1649	39.5	240	68.8
四环素			305	41	240	72.1
替加环素	678	2.7	233	3.9		
替卡西林/克拉维酸			310	38.1		
头孢吡肟	1316	54.9	1653	52.3	240	67.9
头孢哌酮/舒巴坦	542	24	1191	42.9		
头孢曲松	1262	56.1	1635	51.8		
头孢他啶	895	51.5	1659	51.4	240	66.7
妥布霉素	1266	40.4	1649	38		
亚胺培南	977	52.7	1213	60.1	240	68.3
左氧氟沙星	1037	30.5	1654	33.4	239	66.9

（统计编辑：钱　香）

附：特殊耐药菌分布情况

不同地区鲍曼不动杆菌对亚胺培南的分离率的差别较大,最高的是舟山地区为 68.3%,最低的是湖州地区为 28.3%(见图 2.10)。

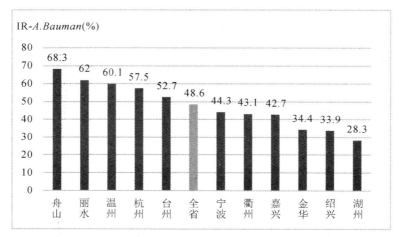

图 2.10　2017 年浙江省各地区耐亚胺培南鲍曼不动杆菌(IR-*A.Bauman*)分离率

（统计编辑：吴盛海）

九、嗜麦芽窄食单胞菌

2017 年浙江省不同地区分离的嗜麦芽窄食单胞菌对临床常用抗生素的药敏情况见表 5.11所示。

表 5.11　2017 年浙江省不同地区分离的嗜麦芽窄食单胞菌对临床常用抗生素的药敏情况

抗生素名称	杭州地区		湖州地区		嘉兴地区		金华地区	
	菌株数（株）	%R	菌株数（株）	%R	菌株数（株）	%R	菌株数（株）	%R
复方新诺明	2925	8.3	123	4.1	910	4.7	889	8.9
米诺环素	1505	2.3			504	2.6	365	11.2
替加环素	1176	6.1	38	7.9	72	2.8	90	3.3
替卡西林/克拉维酸	151	4.6			39	5.1		
头孢哌酮/舒巴坦	1358	21.6			293	10.6	409	10.5
头孢他啶	1690	17	86	20.9	815	40.5	820	15.1
左氧氟沙星	2837	8	124	8.1	908	7	884	8.3

续表

抗生素名称	丽水地区		宁波地区		衢州地区		绍兴地区	
	菌株数（株）	%R	菌株数（株）	%R	菌株数（株）	%R	菌株数（株）	%R
复方新诺明	147	6.8	741	7.6	298	10.1	536	51.7
米诺环素	135	0.7	223	15.7	215	10.2	215	10.2
替加环素			111	5.4			378	6.3
替卡西林/克拉维酸	117	0			191	33		
头孢哌酮/舒巴坦	136	9.6	112	2.7	170	11.8	324	17.9
头孢他啶	137	2.2	333	28.5	264	48.1	96	27.1
左氧氟沙星	148	11.5	451	6.2	266	9.4	476	3.2

抗生素名称	台州地区		温州地区		舟山地区	
	菌株数（株）	%R	菌株数（株）	%R	菌株数（株）	%R
复方新诺明	334	10.2	724	6.1	36	8.3
米诺环素	120	0.8	273	1.1		
替加环素	61	6.6	157	1.3		
替卡西林/克拉维酸			227	28.6		
头孢哌酮/舒巴坦	72	2.8	591	22.2		
头孢他啶	65	24.6	747	34.1	36	66.7
左氧氟沙星	198	7.6	735	7.5	36	8.3

十、洋葱伯克霍尔德菌

2017 年浙江省不同地区分离的洋葱伯克霍尔德菌对临床常用抗生素的药敏情况见表 5.12 所示。

表 5.12　2017 年浙江省不同地区分离的洋葱伯克霍尔德菌对临床常用抗生素的药敏情况

抗生素名称	杭州地区		湖州地区		嘉兴地区		金华地区	
	菌株数量（株）	%R	菌株数量（株）	%R	菌株数量（株）	%R	菌株数量（株）	%R
复方新诺明	955	5.4	42	16.7	382	3.7	432	9.5
美罗培南	609	14.3	1	100.0	298	18.5	144	14.6
米诺环素	247	6.9			206	5.3	151	1.3
替加环素	598	41.5	6	66.7	42	54.8	92	3.3
头孢哌酮/舒巴坦	393	13.5			166	19.3	250	21.2
头孢他啶	688	11.6	39	12.8	359	11.4	417	9.8
左氧氟沙星	885	32.2	45	26.7	376	64.4	308	45.1

续表

抗生素名称	丽水地区		宁波地区		衢州地区		绍兴地区	
	菌株数量(株)	%R	菌株数量(株)	%R	菌株数量(株)	%R	菌株数量(株)	%R
复方新诺明	123	3.3	441	6.8	197	9.6	150	30.7
米诺环素	115	2.6	239	25.5	121	7.4	2	0
替加环素	115	0.9	140	9.3	54	3.7	13	7.7
替卡西林/克拉维酸			107	48.6			122	54.1
头孢哌酮/舒巴坦	115	20.9	81	28.4	48	16.7	51	37.3
头孢他啶	123	3.3	338	15.4	197	13.2	38	2.6
左氧氟沙星	122	0	420	39.8	196	52	158	53.8

抗生素名称	台州地区		温州地区		舟山地区	
	菌株数量(株)	%R	菌株数量(株)	%R	菌株数量(株)	%R
复方新诺明	184	19	434	3.7	10	0
米诺环素	85	17.6	374	7.8	10	0
替加环素	82	8.5	31	3.2		
替卡西林/克拉维酸	48	62.5	168	2.4		
头孢哌酮/舒巴坦	80	8.8	365	4.7		
头孢他啶	98	7.1	445	11.7	10	0
左氧氟沙星	114	17.5	445	11	10	40

(统计编辑：钱　香)

十一、流感嗜血杆菌

2017 年浙江省不同地区分离的流感嗜血杆菌对临床常用抗生素的药敏情况见表 5.13 所示。

表 5.13　2017 年浙江省不同地区分离的流感嗜血杆菌对临床常用抗生素的药敏情况

抗生素名称	杭州地区				湖州地区			
	菌株数(株)	%R	%I	%S	菌株数(株)	%R	%I	%S
氨苄西林	1412	57.2	9.7	33.1				
阿莫西林/克拉维酸	159	46.5	0	53.5				
氨苄西林/舒巴坦	1230	70.2	0	29.8				

续表

抗生素名称	杭州地区				湖州地区			
	菌株数（株）	%R	%I	%S	菌株数（株）	%R	%I	%S
头孢呋辛	1325	67.9	1.0	31.1				
头孢噻肟	1158	0	0	100.0				
亚胺培南	192	0	0	100.0				
美罗培南	994	0	0	100.0				
环丙沙星	395	0	0	100.0				
左氧氟沙星	711	0	0	100.0				
氧氟沙星	184	0	0	100.0				
复方新诺明	1366	64.7	1.4	33.9				
氯霉素	913	4.1	3.0	92.9				
四环素	1151	27.0	10.0	63.0				
利福平	324	1.9	5.2	92.9				

注：湖州地区 2017 年无流感嗜血杆菌药敏数据。

抗生素名称	嘉兴地区				金华地区			
	菌株数（株）	%R	%I	%S	菌株数（株）	%R	%I	%S
氨苄西林	614	47.1	1.6	51.3	115	39.1	0.9	60.0
阿莫西林/克拉维酸	654	59.5	0	40.5	246	72.0	0	28.0
氨苄西林/舒巴坦	150	57.3	0	42.7				
头孢呋辛	792	67.2	0.5	32.3	199	78.4	0	21.6
头孢噻肟	649	0	0	100.0	215	0	0	100.0
亚胺培南	25	0	0	100.0				
美罗培南	164	0	0	100.0				
环丙沙星	57	0	0	100.0				
左氧氟沙星	146	0	0	100.0				
氧氟沙星	720	0.1	0	99.9	224	1.3	0	98.7
复方新诺明	498	58.4	1.8	39.8	128	25.8	0	74.2
氯霉素	847	5.5	2.2	92.3	211	9.0	1.4	89.6
四环素	797	6.6	0.8	92.6	257	15.2	0.8	84.0
利福平	784	0.7	0.1	99.2	242	0.4	0.4	99.2

续表

抗生素名称	丽水地区				宁波地区			
	菌株数（株）	％R	％I	％S	菌株数（株）	％R	％I	％S
氨苄西林	369	48.8	5.4	45.8	174	65.6	9.7	24.7
阿莫西林/克拉维酸					35	42.9	0	57.1
氨苄西林/舒巴坦					31	29.0	0	71.0
头孢呋辛					23	39.1	0	60.9
头孢噻肟	366	0	0	100.0	89	0	0	100.0
亚胺培南					36	0	0	100.0
美罗培南	11	0	0	100.0	109	0	0	100.0
环丙沙星	23	0	0	100.0	91	0	0	100.0
左氧氟沙星	341	0	0	100.0	92	0	0	100.0
氧氟沙星	341	0	0	100.0	92	0	0	100.0
复方新诺明	368	55.7	0.8	43.5	157	64.3	0.7	35.0
氯霉素	39	2.6	2.6	94.8	70	14.3	11.4	74.3
四环素	16	87.6	6.2	6.2	74	21.6	23.0	55.4
利福平					41	19.5	14.6	65.9

抗生素名称	衢州地区				绍兴地区			
	菌株数（株）	％R	％I	％S	菌株数（株）	％R	％I	％S
氨苄西林					356	52.8	9.6	37.6
阿莫西林/克拉维酸					62	48.4	0	51.6
氨苄西林/舒巴坦					167	76.0	0	24.0
头孢呋辛					351	65.0	0.3	34.7
头孢噻肟					300	0.3	0	99.7
亚胺培南					42	0	0	100.0
美罗培南					149	5.4	0	94.6
环丙沙星					149	0.7	0	99.3
左氧氟沙星					4	0	0	100.0
复方新诺明					334	55.7	0.9	43.4
氯霉素					169	5.3	8.3	86.4
四环素					27	3.7	92.6	3.7
利福平					90	45.6	10.0	44.4

注：衢州地区 2017 年无流感嗜血杆菌药敏数据。

续表

抗生素名称	台州地区				温州地区			
	菌株数（株）	%R	%I	%S	菌株数（株）	%R	%I	%S
氨苄西林	144	47.2	9.0	43.8	391	74.2	7.2	18.6
阿莫西林/克拉维酸					387	81.9	0	18.1
氨苄西林/舒巴坦	47	0	0	100.0	98	100.0	0	0
头孢呋辛					106	92.5	0	7.5
头孢噻肟	15	6.7	0	93.3	232	2.2	0	97.8
亚胺培南	134	0	0	100.0				
美罗培南	135	0	0	100.0	163	0	0	100.0
环丙沙星								
左氧氟沙星	137	0	0	100.0	163	1.2	0	98.8
氧氟沙星	137	0	0	100.0	163	1.2	0	98.8
复方新诺明	150	69.3	2.0	28.7	390	66.6	1.3	32.1
氯霉素	143	6.3	12.6	81.1	390	5.6	1.3	93.1
四环素					391	9.3	3.8	86.9
利福平					229	0	0.4	99.6

十二、肺炎链球菌

2017 年浙江省不同地区分离的肺炎链球菌对临床常见抗生素的药敏情况见表 5.14 所示。

表 5.14　2017 年浙江省不同地区分离的肺炎链球菌对临床常见抗生素的药敏情况

抗生素名称	杭州地区				湖州地区			
	菌株数（株）	%R	%I	%S	菌株数（株）	%R	%I	%S
青霉素 G	878	0.6	5.8	93.6	58	0	0	100.0
阿莫西林	617	10.8	7.1	82.1	55	7.3	1.8	90.9
头孢噻肟	841	14.1	9.2	76.7	59	0	1.7	98.3
头孢吡肟	76	15.8	21.1	63.1				
头孢曲松	726	14.7	4.7	80.6	56	0	3.6	96.4
左氧氟沙星	938	2.1	0.5	97.4	57	3.5	0	96.5
复方新诺明	970	66.3	12.6	21.1	60	51.7	13.3	35.0
莫西沙星	788	1.1	0.4	98.5	57	1.8	0	98.2

续表

抗生素名称	杭州地区				湖州地区			
	菌株数（株）	%R	%I	%S	菌株数（株）	%R	%I	%S
克林霉素	235	80.0	0.5	19.5				
红霉素	900	94.7	0.4	4.9	53	100.0	0	0
利奈唑胺	879	0	0	100.0	57	0	0	100.0
万古霉素	991	0	0	100.0	56	0	0	100.0
氯霉素	917	5.7	0	94.3	57	5.3	0	94.7
奎奴普丁/达福普汀	131	27.5	0	72.5				
四环素	917	87.5	2.1	10.4	58	91.4	1.7	6.9

抗生素名称	嘉兴地区				金华地区			
	菌株数（株）	%R	%I	%S	菌株数（株）	%R	%I	%S
青霉素 G	308	1.0	10.1	88.9	471	2.8	11.0	86.2
阿莫西林	343	19.0	7.3	73.7	315	7.7	6.3	86.0
头孢噻肟	355	12.4	8.2	79.4	380	10.8	10.8	78.4
头孢吡肟	75	25.4	21.3	53.3	98	17.3	23.5	59.2
头孢曲松	202	11.9	2.5	85.6	263	9.5	5.3	85.2
左氧氟沙星	354	1.7	0.6	97.7	634	2.2	0.8	97.0
复方新诺明	377	53.6	13.0	33.4	610	61.3	8.0	30.7
莫西沙星	315	1.0	0.3	98.7	363	1.1	0.6	98.3
克林霉素	123	87.0	0	13.0	372	89.8	0.5	9.7
红霉素	312	91.7	0	8.3	596	91.5	1.3	7.2
利奈唑胺	344	0	0	100.0	497	0	0	100.0
万古霉素	390	0	0	100.0	640	0	0	100.0
氯霉素	380	8.2	0	91.8	630	7.1	0	92.9
奎奴普丁/达福普汀	146	55.5	0	44.5	130	73.1	1.5	25.4
四环素	372	88.2	2.4	9.4	637	87.6	3.5	8.9

续表

抗生素名称	丽水地区				宁波地区			
	菌株数（株）	%R	%I	%S	菌株数（株）	%R	%I	%S
青霉素 G	189	0	0	100.0	121	11.5	1.7	86.8
阿莫西林	30	30.0	3.3	66.7	56	3.6	1.8	94.6
头孢噻肟	30	26.7	6.7	66.6	150	6.0	5.3	88.7
头孢曲松	30	26.7	6.7	66.6	143	8.4	2.1	89.5
左氧氟沙星	242	0.8	0.8	98.4	206	6.3	0.5	93.2
复方新诺明	232	69.8	1.3	28.9	189	64.1	10.0	25.9
莫西沙星	30	0	0	100.0	157	0	1.3	98.7
克林霉素	203	90.1	2.0	7.9	44	72.7	2.3	25.0
红霉素	240	94.5	0	5.5	199	92.5	0.5	7.0
利奈唑胺	238	0	0	100.0	161	0	0	100.0
万古霉素	240	0	0	100.0	201	0	0	100.0
氯霉素	233	9.4	0	90.6	126	9.5	0	90.5
奎奴普丁/达福普汀	199	1.5	13.1	85.4	19	5.3	0	94.7
四环素	232	92.3	0.9	6.8	190	86.9	6.8	6.3

抗生素名称	衢州地区				绍兴地区			
	菌株数（株）	%R	%I	%S	菌株数（株）	%R	%I	%S
青霉素 G	134	2.3	3.7	94.0	115	0	0	100.0
阿莫西林	7	14.3	28.6	57.1	69	17.4	5.8	76.8
头孢噻肟	131	13.0	8.4	78.6	171	15.2	5.3	79.5
头孢曲松	16	0	6.3	93.7	189	16.9	7.9	75.2
左氧氟沙星	166	4.8	0	95.2	236	1.7	1.7	96.6
复方新诺明	164	68.9	13.4	17.7	221	71.5	8.2	20.3
莫西沙星	28	0	0	100.0	201	0.5	0.5	99.0
克林霉素	161	85.1	0.6	14.3	45	80.0	2.2	17.8
红霉素	167	90.4	0	9.6	230	94.3	0.4	5.3
利奈唑胺	45	0	0	100.0	207	0	0	100.0
万古霉素	167	0	0	100.0	235	0	0	100.0
氯霉素	147	11.6	0	88.4	218	6.5	0	93.5
奎奴普丁/达福普汀	132	0.8	0	99.2	14	7.1	0	92.9
四环素	148	93.9	0.7	5.4	222	89.2	3.6	7.2

续表

抗生素名称	台州地区				温州地区			
	菌株数（株）	%R	%I	%S	菌株数（株）	%R	%I	%S
青霉素 G	108	0	1.0	99.0	1613	67.5	1.5	31.0
阿莫西林	229	27.9	7.4	64.7	1518	27.0	10.5	62.5
头孢噻肟	226	19.9	6.6	73.5	1476	28.6	38.3	33.1
头孢曲松	225	19.1	6.2	74.7	1583	27.1	32.3	40.6
左氧氟沙星	246	0.8	1.2	98.0	1908	0.3	0.2	99.5
复方新诺明	311	70.8	7.4	21.8	1891	69.4	15.8	14.8
莫西沙星	229	0.4	0	99.6	1618	0.1	0.1	99.8
克林霉素	19	100.0	0	0	283	89.8	1.1	9.1
红霉素	241	94.6	0.4	5.0	1872	98.4	0.1	1.5
利奈唑胺	321	0	0	100.0	1771	0	0	100.0
万古霉素	242	0	0	100.0	1900	0	0	100.0
氯霉素	209	8.1	0	91.9	1881	7.7	0	92.3
奎奴普丁/达福普汀					24	12.5	0	87.5
四环素	246	90.3	2.4	7.3	1896	92.9	1.8	5.3

十三、化脓性链球菌

2017 年浙江省不同地区分离的化脓性链球菌对临床常用抗生素的药敏情况见表 5.15 所示。

表 5.15　2017 年浙江省不同地区分离的化脓性链球菌对临床常用抗生素的药敏情况

抗生素名称	杭州地区				湖州地区			
	菌株数（株）	%R	%I	%S	菌株数（株）	%R	%I	%S
青霉素 G	792	0	0	100.0				
头孢噻肟	33	0	0	100.0				
头孢曲松	264	0	0	100.0				
头孢吡肟	703	0	0	100.0				
左氧氟沙星	59	0	0	100.0				
克林霉素	741	92.6	1.2	6.2				
红霉素	783	93.4	2.4	4.2				

续表

抗生素名称	杭州地区				湖州地区			
	菌株数（株）	%R	%I	%S	菌株数（株）	%R	%I	%S
利奈唑胺	98	0	0	100.0				
万古霉素	798	0	0	100.0				
氯霉素	700	1.7	1.7	96.6				
四环素	499	89.8	2.4	7.8				
替加环素								

抗生素名称	嘉兴地区				金华地区			
	菌株数（株）	%R	%I	%S	菌株数（株）	%R	%I	%S
青霉素 G	257	0	0	100.0	60	0	0	100.0
头孢噻肟	19	0	0	100.0				
头孢曲松	72	0	0	100.0				
头孢吡肟	216	0	0	100.0	58	0	0	100.0
左氧氟沙星	79	0	0	100.0	8	0	0	100.0
克林霉素	235	87.2	0	12.8	30	83.3	0	16.7
红霉素	261	93.1	0.8	6.1	31	90.3	3.2	6.5
利奈唑胺	161	0	0	100.0	38	0	0	100.0
万古霉素	304	0	0	100.0	62	0	0	100.0
氯霉素	288	3.2	5.2	91.6	61	5.0	1.6	93.4
四环素	156	80.8	0	19.2	10	60.0	0	40.0
替加环素	3	0	0	100.0				

抗生素名称	丽水地区				宁波地区			
	菌株数（株）	%R	%I	%S	菌株数（株）	%R	%I	%S
青霉素 G	13	0	0	100.0	37	0	0	100.0
头孢噻肟	10	0	0	100.0	8	0	0	100.0
头孢吡肟	13	0	0	100.0	24	0	0	100.0
左氧氟沙星	10	0	0	100.0	8	0	0	100.0
克林霉素	13	69.2	0	30.8	29	79.4	10.3	10.3
红霉素	13	84.6	7.7	7.7	34	85.3	8.8	5.9
利奈唑胺	13	0	0	100.0	15	0	0	100.0
万古霉素	13	0	0	100.0	37	0	0	100.0
氯霉素	10	0	20.0	80.0	19	10.5	5.3	84.2
四环素					22	59.1	13.6	27.3

续表

抗生素名称	衢州地区				绍兴地区			
	菌株数（株）	%R	%I	%S	菌株数（株）	%R	%I	%S
青霉素 G	7	0	0	100.0	62	3.2	0	96.8
头孢噻肟	5	0	0	100.0	59	3.4	0	96.6
头孢曲松	4	0	0	100.0	11	0	0	100.0
头孢吡肟	6	0	0	100.0	52	1.9	0	98.1
左氧氟沙星	6	0	0	100.0	5	0	0	100.0
克林霉素	8	50.0	0	50.0	59	91.6	0	8.4
红霉素	8	75.0	0	25.0	62	85.5	3.2	11.3
利奈唑胺					9	0	0	100.0
万古霉素	8	0	0	100.0	62	0	0	100.0
氯霉素	3	66.7	0	33.3	48	6.3	8.3	85.4
四环素					11	81.8	0	18.2

抗生素名称	台州地区				温州地区			
	菌株数（株）	%R	%I	%S	菌株数（株）	%R	%I	%S
青霉素 G	14	0	0	100.0	73	2.8	0	97.2
头孢噻肟					4	0	0	100.0
头孢曲松	5	0	0	100.0	15	0	0	100.0
头孢吡肟					57	0	0	100.0
克林霉素	7	42.8	0	57.2	69	85.5	1.5	13.0
红霉素	7	28.6	14.3	57.1	72	90.3	0	9.7
利奈唑胺	8	0	0	100.0	37	0	0	100.0
万古霉素	7	0	0	100.0	76	0	0	100.0
氯霉素	4	0	25.0	75.0	61	16.4	0	83.6
四环素	7	57.1	14.3	28.6	66	87.8	4.6	7.6

注：湖州地区 2017 年无化脓性链球菌药敏数据。

十四、无乳链球菌

2017 年浙江省不同地区分离的无乳链球菌对临床常用抗生素的药敏情况见表 5.16 所示。

表 5.16　2017 年浙江省不同地区分离的无乳链球菌对临床常用抗生素的药敏情况

抗生素名称	杭州地区				湖州地区			
	菌株数（株）	%R	%I	%S	菌株数（株）	%R	%I	%S
青霉素 G	2020	0	0	100.0	140	0	0	100.0
氨苄西林	1671	0	0	100.0	141	0	0	100.0
头孢曲松	78	0	0	100.0				
头孢噻肟	342	0	0	100.0				
头孢吡肟	103	0	0	100.0				
左氧氟沙星	2032	41.8	1.2	57.0	146	50.0	0	50.0
克林霉素	1955	49.4	2.0	48.6	146	52.1	0	47.9
红霉素	670	66.6	11.3	22.1	23	82.7	4.3	13.0
利奈唑胺	1690	0	0	100.0	142	0	0	100.0
万古霉素	1996	0	0	100.0	133	0	0	100.0
氯霉素	401	10.3	4.2	85.5				
四环素	1943	74.7	1.6	23.7	146	71.9	0	28.1
替加环素	1571	0	0	100.0	146	0	0	100.0

抗生素名称	嘉兴地区				金华地区			
	菌株数（株）	%R	%I	%S	菌株数（株）	%R	%I	%S
青霉素 G	1156	0	0	100.0	885	0	0	100.0
氨苄西林	482	0	0	100.0	877	0	0	100.0
头孢曲松	11	0	0	100.0				
头孢噻肟	1049	0	0	100.0	60	0	0	100.0
头孢吡肟	117	0	0	100.0	10	0	0	100.0
左氧氟沙星	1537	42.6	0.7	56.87	952	50.0	1.4	48.6
克林霉素	1013	38.4	0.9	60.7	921	53.4	3.0	43.6
红霉素	567	56.8	2.3	40.9	162	69.8	7.4	22.8
利奈唑胺	1149	0	0	100.0	935	0	0	100.0
万古霉素	1519	0	0	100.0	913	0	0	100.0
氯霉素	964	2.3	0.6	97.1	62	9.7	3.2	87.1
四环素	888	52.3	0.2	47.5	918	77.9	0.4	21.7
替加环素	463	0	0	100.0	863	0	0	100.0

续表

抗生素名称	丽水地区				宁波地区			
	菌株数（株）	%R	%I	%S	菌株数（株）	%R	%I	%S
青霉素 G	197	0	0	100.0	869	0	0	100.0
氨苄西林	196	0	0	100.0	871	0	0	100.0
头孢噻肟	14	0	0	100.0	21	0	0	100.0
头孢吡肟	13	0	0	100.0	16	0	0	100.0
左氧氟沙星	199	44.2	1.5	54.3	887	37.9	1.0	61.1
克林霉素	197	49.3	2.5	48.2	753	50.4	1.7	47.9
红霉素	15	93.3	0	6.7	66	71.2	15.2	13.6
利奈唑胺	199	0	0	100.0	788	0	0	100.0
万古霉素	189	0	0	100.0	839	0	0	100.0
氯霉素	13	38.5	7.7	53.8	58	5.2	0	94.8
四环素	187	83.4	0	16.6	860	71.3	0.3	28.4
替加环素	176	0	0	100.0	818	0	0	100.0

抗生素名称	衢州地区				绍兴地区			
	菌株数（株）	%R	%I	%S	菌株数（株）	%R	%I	%S
青霉素 G	55	0	0	100.0	1550	0.1	0	99.9
氨苄西林	17	0	0	100.0	1543	0.1	0	99.9
头孢曲松	4	0	0	100.0	7	14.3	0	85.7
头孢噻肟					140	0.7	0	99.3
头孢吡肟					10	0	0	100.0
左氧氟沙星	54	61.1	0	38.9	1574	36.6	1.1	62.3
克林霉素	48	70.8	0	29.2	1482	45.7	1.9	52.4
红霉素	40	77.5	7.5	15.0	1407	65.1	11.7	23.2
利奈唑胺	52	0	0	100.0	1409	0	0	100.0
万古霉素	53	0	0	100.0	1522	0	0	100.0
氯霉素					130	13.1	7.7	79.2
四环素	48	72.9	0	27.1	1342	76.4	0.3	23.3
替加环素	13	0	0	100.0	1379	0	0	100.0

续表

抗生素名称	台州地区				温州地区			
	菌株数（株）	%R	%I	%S	菌株数（株）	%R	%I	%S
青霉素 G	206	0	0	100.0	645	0	0	100.0
氨苄西林	206	0	0	100.0	586	0	0	100.0
头孢曲松					5	0	0	100.0
头孢噻肟					9	0	0	100.0
左氧氟沙星	210	53.3	1.0	45.7	1229	39.8	0.8	59.4
克林霉素	154	65.0	1.9	33.1	925	71.4	1.1	27.5
红霉素	34	67.7	14.7	17.6	700	74.3	3.4	22.3
利奈唑胺	221	0	0	100.0	655	0	0	100.0
万古霉素	193	0	0	100.0	797	0	0	100.0
氯霉素					3	0	0	100.0
四环素	156	68.6	0	31.4	592	77.5	0.2	22.3
替加环素	206	0	0	100.0	427	0	0	100.0

（统计编辑：赵晓飞）

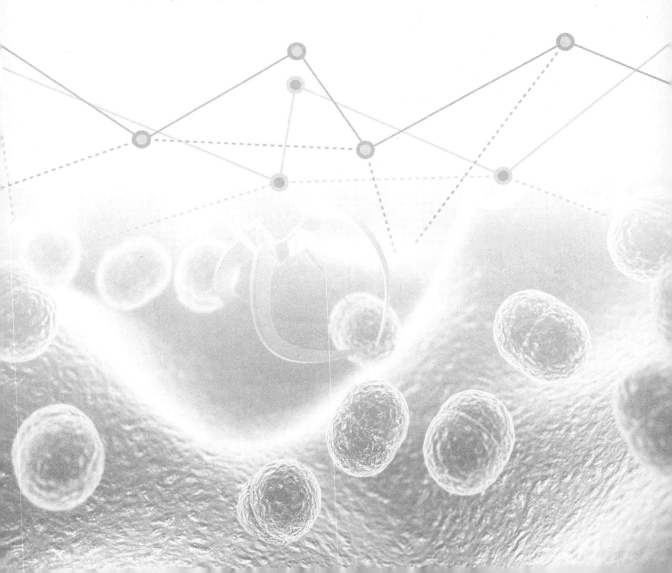

第二部分

浙江省各参与单位的细菌分离及临床常见菌的耐药性分析

2017年浙江省各家医院分离菌株及临床常见耐药情况如下所述。

一、2017 年浙江省不同医院细菌检测情况

杭州地区

排名	浙江大学医学院附属邵逸夫医院			浙江大学医学院附属第二医院		
	菌名	菌株数（株）	百分比（%）	菌名	菌株数（株）	百分比（%）
1	大肠埃希菌	862	17.01	肺炎克雷伯菌	1446	13.52
2	肺炎克雷伯菌	548	10.81	鲍曼不动杆菌	1150	10.75
3	铜绿假单胞菌	523	10.32	大肠埃希菌	903	8.44
4	鲍曼不动杆菌	482	9.51	铜绿假单胞菌	897	8.39
5	金黄色葡萄球菌	334	6.59	金黄色葡萄球菌	879	8.22
6	粪肠球菌	290	5.72	表皮葡萄球菌	425	3.97
7	屎肠球菌	277	5.47	粪肠球菌	379	3.54
8	表皮葡萄球菌	155	3.06	嗜麦芽窄食单胞菌	343	3.21
9	奇异变形杆菌	133	2.62	屎肠球菌	273	2.55
10	阴沟肠杆菌	108	2.13	热带念珠菌	268	2.51

排名	浙江大学医学院附属妇产科医院			中国人民解放军第一一七医院		
	菌名	菌株数（株）	百分比（%）	菌名	菌株数（株）	百分比（%）
1	大肠埃希菌	182	18.76	大肠埃希菌	262	14.49
2	无乳链球菌	148	15.26	铜绿假单胞菌	194	10.73
3	粪肠球菌	138	14.23	肺炎克雷伯菌	175	9.68
4	白色念珠菌	76	7.84	金黄色葡萄球菌	137	7.58
5	金黄色葡萄球菌	61	6.29	鲍曼不动杆菌	102	5.64
6	表皮葡萄球菌	61	6.29	表皮葡萄球菌	73	4.04
7	溶血葡萄球菌	51	5.26	粪肠球菌	67	3.71
8	肺炎克雷伯菌	43	4.43	奇异变形杆菌	57	3.15
9	光滑念珠菌	29	2.99	白色念珠菌	56	3.10
10	淋病奈瑟菌	24	2.47	屎肠球菌	54	2.99

续表

排名	淳安县第一人民医院			浙江大学医学院附属第一医院		
	菌名	菌株数（株）	百分比（%）	菌名	菌株数（株）	百分比（%）
1	铜绿假单胞菌	612	16.21	肺炎克雷伯菌	1075	13.44
2	鲍曼不动杆菌	567	15.02	大肠埃希菌	949	11.86
3	肺炎克雷伯菌	556	14.72	铜绿假单胞菌	654	8.18
4	大肠埃希菌	337	8.92	鲍曼不动杆菌	630	7.88
5	金黄色葡萄球菌	242	6.41	屎肠球菌	482	6.03
6	屎肠球菌	167	4.42	嗜麦芽窄食单胞菌	424	5.30
7	奇异变形杆菌	161	4.26	金黄色葡萄球菌	422	5.28
8	阴沟肠杆菌	108	2.86	表皮葡萄球菌	374	4.68
9	嗜麦芽窄食单胞菌	105	2.78	粪肠球菌	356	4.45
10	白色念珠菌	85	2.25	人葡萄球菌	217	2.71

排名	余杭区第一人民医院			武警浙江总队杭州医院		
	菌名	菌株数（株）	百分比（%）	菌名	菌株数（株）	百分比（%）
1	大肠埃希菌	621	23.40	铜绿假单胞菌	852	13.53
2	肺炎克雷伯菌	442	16.65	肺炎克雷伯菌	736	11.68
3	金黄色葡萄球菌	269	10.14	大肠埃希菌	522	8.29
4	表皮葡萄球菌	252	9.50	金黄色葡萄球菌	445	7.06
5	铜绿假单胞菌	140	5.28	醋酸钙不动杆菌	428	6.79
6	白色念珠菌	108	4.07	鲍曼不动杆菌	417	6.62
7	溶血葡萄球菌	107	4.03	白色念珠菌	381	6.05
8	鲍曼不动杆菌	95	3.58	黏质沙雷菌	323	5.13
9	阴沟肠杆菌	91	3.43	嗜麦芽窄食单胞菌	303	4.81
10	鲍曼不动杆菌	85	3.20	奇异变形杆菌	271	4.30

续表

排名	杭州市西溪医院			浙江省立同德医院		
	菌名	菌株数（株）	百分比（%）	菌名	菌株数（株）	百分比（%）
1	肺炎克雷伯菌	553	12.94	白色念珠菌	1417	19.57
2	大肠埃希菌	552	12.92	大肠埃希菌	1007	13.91
3	粪肠球菌	350	8.19	肺炎克雷伯菌	782	10.80
4	酵母属	307	7.18	金黄色葡萄球菌	504	6.96
5	无乳链球菌	229	5.36	铜绿假单胞菌	430	5.94
6	鲍曼不动杆菌	220	5.15	光滑念珠菌	371	5.12
7	金黄色葡萄球菌	211	4.94	鲍曼不动杆菌	339	4.68
8	白色念珠菌	199	4.66	屎肠球菌	230	3.18
9	副流感嗜血杆菌	194	4.54	奇异变形杆菌	221	3.05
10	表皮葡萄球菌	192	4.49	粪肠球菌	214	2.96

排名	桐庐县人民医院			浙江省中医院		
	菌名	菌株数（株）	百分比（%）	菌名	菌株数（株）	百分比（%）
1	肺炎克雷伯菌	300	15.27	金黄色葡萄球菌	456	20.13
2	大肠埃希菌	289	14.71	大肠埃希菌	406	17.92
3	铜绿假单胞菌	180	9.16	铜绿假单胞菌	266	11.74
4	金黄色葡萄球菌	171	8.71	肺炎克雷伯菌	205	9.05
5	鲍曼不动杆菌	132	6.72	鲍曼不动杆菌	129	5.70
6	屎肠球菌	77	3.92	屎肠球菌	105	4.64
7	洋葱伯克霍尔德菌	75	3.82	嗜麦芽窄食单胞菌	92	4.06
8	表皮葡萄球菌	69	3.51	粪肠球菌	84	3.71
9	阴沟肠杆菌	59	3.00	奇异变形杆菌	67	2.96
10	溶血葡萄球菌	55	2.80	表皮葡萄球菌	59	2.60

续表

排名	浙江省肿瘤医院			杭州市第三人民医院		
	菌名	菌株数（株）	百分比（%）	菌名	菌株数（株）	百分比（%）
1	大肠埃希菌	756	14.19	金黄色葡萄球菌	1363	14.94
2	肺炎克雷伯菌	692	12.99	大肠埃希菌	1260	13.81
3	鲍曼不动杆菌	524	9.83	肺炎克雷伯菌	727	7.97
4	粪肠球菌	462	8.67	粪肠球菌	677	7.42
5	白色念珠菌	367	6.89	溶血葡萄球菌	613	6.72
6	铜绿假单胞菌	358	6.72	铜绿假单胞菌	450	4.93
7	金黄色葡萄球菌	322	6.04	化脓性链球菌	442	4.85
8	嗜麦芽窄食单胞菌	204	3.83	阴沟肠杆菌	354	3.88
9	阴沟肠杆菌	172	3.23	表皮葡萄球菌	328	3.60
10	流感嗜血杆菌	146	2.74	白色念珠菌	290	3.18

排名	浙江医院			浙江省人民医院		
	菌名	菌株数（株）	百分比（%）	菌名	菌株数（株）	百分比（%）
1	肺炎克雷伯菌	366	14.35	大肠埃希菌	1223	11.97
2	大肠埃希菌	309	12.12	肺炎克雷伯菌	1054	10.32
3	铜绿假单胞菌	277	10.86	铜绿假单胞菌	743	7.27
4	金黄色葡萄球菌	177	6.94	鲍曼不动杆菌	699	6.84
5	嗜麦芽窄食单胞菌	165	6.47	白色念珠菌	690	6.76
6	鲍曼不动杆菌	160	6.27	金黄色葡萄球菌	595	5.83
7	白色念珠菌	130	5.10	粪肠球菌	384	3.76
8	屎肠球菌	84	3.29	奇异变形杆菌	349	3.42
9	光滑念珠菌	83	3.25	屎肠球菌	325	3.18
10	洋葱伯克霍尔德菌	70	2.75	淋病奈瑟菌	248	2.43

排名	杭州市儿童医院			杭州市第二人民医院		
	菌名	菌株数（株）	百分比（％）	菌名	菌株数（株）	百分比（％）
1	A 群 β-溶血链球菌	776	43.94	大肠埃希菌	726	22.72
2	金黄色葡萄球菌	345	19.54	肺炎克雷伯菌	467	14.61
3	大肠埃希菌	143	8.10	金黄色葡萄球菌	299	9.36
4	星座链球菌	101	5.72	鲍曼不动杆菌	277	8.67
5	流感嗜血杆菌	82	4.64	铜绿假单胞菌	253	7.92
6	肺炎克雷伯菌	67	3.79	表皮葡萄球菌	158	4.94
7	肺炎链球菌	60	3.40	屎肠球菌	146	4.57
8	屎肠球菌	28	1.59	人葡萄球菌	94	2.94
9	停乳链球菌	19	1.08	溶血葡萄球菌	76	2.38
10	沙门菌属	17	0.96	嗜麦芽窄食单胞菌	72	2.25

排名	杭州市红十字会医院			杭州市第一人民医院		
	菌名	菌株数（株）	百分比（％）	菌名	菌株数（株）	百分比（％）
1	大肠埃希菌	1036	21.85	大肠埃希菌	1367	15.40
2	肺炎克雷伯菌	565	11.92	肺炎克雷伯菌	1161	13.08
3	铜绿假单胞菌	481	10.15	金黄色葡萄球菌	1051	11.84
4	金黄色葡萄球菌	376	7.93	铜绿假单胞菌	683	7.69
5	鲍曼不动杆菌	261	5.51	无乳链球菌	554	6.24
6	屎肠球菌	219	4.62	屎肠球菌	545	6.14
7	白色念珠菌	153	3.23	鲍曼不动杆菌	418	4.71
8	粪肠球菌	153	3.23	粪肠球菌	347	3.91
9	阴沟肠杆菌	131	2.76	嗜麦芽窄食单胞菌	239	2.69
10	嗜麦芽窄食单胞菌	130	2.74	奇异变形杆菌	232	2.61

续表

排名	杭州市中医院			杭州肿瘤医院		
	菌名	菌株数 (株)	百分比 (%)	菌名	菌株数 (株)	百分比 (%)
1	大肠埃希菌	915	14.71	大肠埃希菌	440	19.42
2	金黄色葡萄球菌	875	14.06	肺炎克雷伯菌	265	11.69
3	肺炎克雷伯菌	816	13.11	铜绿假单胞菌	201	8.87
4	铜绿假单胞菌	705	11.33	白色念珠菌	187	8.25
5	鲍曼不动杆菌	511	8.21	屎肠球菌	160	7.06
6	屎肠球菌	284	4.56	金黄色葡萄球菌	142	6.27
7	奇异变形杆菌	281	4.52	粪肠球菌	95	4.19
8	粪肠球菌	214	3.44	表皮葡萄球菌	86	3.80
9	嗜麦芽窄食单胞菌	206	3.31	光滑念珠菌	84	3.71
10	无乳链球菌	170	2.73	奇异变形杆菌	70	3.09

排名	浙江省新华医院			浙江大学医学院附属儿童医院		
	菌名	菌株数 (株)	百分比 (%)	菌名	菌株数 (株)	百分比 (%)
1	大肠埃希菌	433	12.66	大肠埃希菌	1260	18.61
2	肺炎克雷伯菌	348	10.17	金黄色葡萄球菌	902	13.33
3	铜绿假单胞菌	300	8.77	流感嗜血杆菌	627	9.26
4	金黄色葡萄球菌	247	7.22	肺炎克雷伯菌	507	7.49
5	溶血葡萄球菌	206	6.02	表皮葡萄球菌	505	7.46
6	屎肠球菌	190	5.55	肺炎链球菌	477	7.05
7	嗜麦芽窄食单胞菌	170	4.97	人葡萄球菌	254	3.75
8	鲍曼不动杆菌	147	4.30	铜绿假单胞菌	240	3.55
9	粪肠球菌	131	3.83	屎肠球菌	236	3.49
10	白色念珠菌	120	3.51	卡他莫拉菌	227	3.35

湖州地区

排名	德清县人民医院			湖州市第一人民医院		
	菌名	菌株数（株）	百分比（%）	菌名	菌株数（株）	百分比（%）
1	大肠埃希菌	626	17.46	大肠埃希菌	428	18.90
2	白色念珠菌	598	16.68	肺炎克雷伯菌	303	13.38
3	肺炎克雷伯菌	472	13.16	铜绿假单胞菌	179	7.91
4	铜绿假单胞菌	226	6.30	金黄色葡萄球菌	158	6.98
5	鲍曼不动杆菌	190	5.30	粪肠球菌	114	5.04
6	奇异变形杆菌	125	3.49	鲍曼不动杆菌	110	4.86
7	无乳链球菌	124	3.46	嗜麦芽窄食单胞菌	90	3.98
8	金黄色葡萄球菌	117	3.26	流感嗜血杆菌	80	3.53
9	屎肠球菌	95	2.65	屎肠球菌	76	3.36
10	粪肠球菌	93	2.59	阴沟肠杆菌	71	3.14

嘉兴地区

排名	海盐县人民医院			嘉善县第一人民医院		
	菌名	菌株数（株）	百分比（%）	菌名	菌株数（株）	百分比（%）
1	大肠埃希菌	800	22.19	大肠埃希菌	504	17.33
2	肺炎克雷伯菌	400	11.10	肺炎克雷伯菌	272	9.35
3	金黄色葡萄球菌	400	11.10	白色念珠菌	218	7.49
4	白色念珠菌	237	6.57	淋病奈瑟菌	218	7.49
5	铜绿假单胞菌	208	5.77	金黄色葡萄球菌	160	5.50
6	鲍曼不动杆菌	157	4.36	鲍曼不动杆菌	153	5.26
7	淋病奈瑟菌	105	2.91	表皮葡萄球菌	148	5.09
8	流感嗜血杆菌	96	2.66	铜绿假单胞菌	147	5.05
9	表皮葡萄球菌	95	2.64	粪肠球菌	137	4.71
10	嗜麦芽窄食单胞菌	74	2.05	光滑念珠菌	114	3.92

续表

排名	浙江省荣军医院			平湖市第一人民医院		
	菌名	数量（株）	百分比（%）	菌名	数量（株）	百分比（%）
1	大肠埃希菌	309	10.12	大肠埃希菌	280	13.40
2	金黄色葡萄球菌	309	10.12	金黄色葡萄球菌	276	13.21
3	铜绿假单胞菌	288	9.43	肺炎克雷伯菌	235	11.24
4	肺炎克雷伯菌	227	7.43	铜绿假单胞菌	184	8.80
5	溶血葡萄球菌	192	6.29	鲍曼不动杆菌	149	7.13
6	奇异变形杆菌	170	5.57	嗜麦芽窄食单胞菌	65	3.11
7	鲍曼不动杆菌	149	4.88	粪肠球菌	63	3.01
8	粪肠球菌	132	4.32	表皮葡萄球菌	59	2.82
9	白色念珠菌	121	3.96	热带念珠菌	52	2.49
10	阴沟肠杆菌	104	3.41	屎肠球菌	48	2.30

排名	桐乡市第一人民医院			嘉兴市第一医院		
	菌名	菌株数（株）	百分比（%）	菌名	菌株数（株）	百分比（%）
1	白色念珠菌	559	14.86	大肠埃希菌	1362	16.64
2	淋病奈瑟菌	429	11.41	肺炎克雷伯菌	969	11.84
3	肺炎克雷伯菌	374	9.94	铜绿假单胞菌	487	5.95
4	大肠埃希菌	370	9.84	鲍曼不动杆菌	485	5.93
5	光滑念珠菌	250	6.65	金黄色葡萄球菌	473	5.78
6	鲍曼不动杆菌	243	6.46	粪肠球菌	345	4.22
7	铜绿假单胞菌	205	5.45	流感嗜血杆菌	291	3.56
8	热带念珠菌	136	3.62	阴沟肠杆菌	267	3.26
9	金黄色葡萄球菌	118	3.14	嗜麦芽窄食单胞菌	236	2.88
10	无乳链球菌	105	2.79	屎肠球菌	229	2.80

续表

排名	嘉兴市中医院			嘉兴市妇幼保健院		
	菌名	菌株数（株）	百分比（%）	菌名	菌株数（株）	百分比（%）
1	大肠埃希菌	210	18.94	白色念珠菌	1810	22.04
2	表皮葡萄球菌	111	10.01	阴道加德纳菌	1504	18.31
3	金黄色葡萄球菌	83	7.48	无乳链球菌	1030	12.54
4	肺炎克雷伯菌	80	7.21	大肠埃希菌	698	8.50
5	溶血葡萄球菌	59	5.32	光滑念珠菌	657	8.00
6	鲍曼不动杆菌	46	4.15	金黄色葡萄球菌	450	5.48
7	粪肠球菌	42	3.79	流感嗜血杆菌	327	3.98
8	铜绿假单胞菌	42	3.79	卡他莫拉菌	256	3.12
9	人葡萄球菌	39	3.52	肺炎克雷伯菌	177	2.16
10	屎肠球菌	30	2.71	近平滑念珠菌	159	1.94

排名	嘉兴市第二医院			海宁市人民医院		
	菌名	菌株数（株）	百分比（%）	菌名	菌株数（株）	百分比（%）
1	大肠埃希菌	1383	18.04	肺炎克雷伯菌	589	14.93
2	金黄色葡萄球菌	819	10.68	大肠埃希菌	575	14.58
3	肺炎克雷伯菌	813	10.60	铜绿假单胞菌	374	9.48
4	铜绿假单胞菌	498	6.49	鲍曼不动杆菌	319	8.09
5	鲍曼不动杆菌	428	5.58	金黄色葡萄球菌	262	6.64
6	粪肠球菌	280	3.65	白色念珠菌	196	4.97
7	阴沟肠杆菌	240	3.13	粪肠球菌	133	3.37
8	屎肠球菌	214	2.79	阴沟肠杆菌	131	3.32
9	白色念珠菌	199	2.60	嗜麦芽窄食单胞菌	111	2.81
10	奇异变形杆菌	177	2.31	表皮葡萄球菌	106	2.69

续表

排名	桐乡市第二人民医院		
	菌名	菌株数(株)	百分比(%)
1	大肠埃希菌	337	18.47
2	肺炎克雷伯菌	228	12.49
3	白色念珠菌	195	10.68
4	淋病奈瑟菌	152	8.33
5	金黄色葡萄球菌	97	5.32
6	铜绿假单胞菌	92	5.04
7	表皮葡萄球菌	59	3.23
8	鲍曼不动杆菌	57	3.12
9	屎肠球菌	55	3.01
10	粪肠球菌	50	2.74

金华地区

排名	东阳市人民医院			兰溪市人民医院		
	菌名	菌株数(株)	百分比(%)	菌名	菌株数(株)	百分比(%)
1	大肠埃希菌	1354	17.93	肺炎克雷伯菌	626	19.85
2	肺炎克雷伯菌	754	9.99	大肠埃希菌	553	17.54
3	无乳链球菌	606	8.03	金黄色葡萄球菌	391	12.40
4	白色念珠菌	529	7.01	铜绿假单胞菌	278	8.82
5	金黄色葡萄球菌	438	5.80	鲍曼不动杆菌	277	8.79
6	铜绿假单胞菌	340	4.50	肺炎链球菌	158	5.01
7	光滑念珠菌	303	4.01	表皮葡萄球菌	77	2.44
8	淋病奈瑟菌	294	3.89	嗜麦芽窄食单胞菌	69	2.19
9	流感嗜血杆菌	238	3.15	阴沟肠杆菌	54	1.71
10	表皮葡萄球菌	219	2.90	人葡萄球菌	50	1.59

续表

排名	金华市人民医院			浦江县人民医院		
	菌名	菌株数（株）	百分比（%）	菌名	菌株数（株）	百分比（%）
1	大肠埃希菌	636	16.93	大肠埃希菌	258	21.16
2	肺炎克雷伯菌	563	14.99	肺炎克雷伯菌	176	14.44
3	鲍曼不动杆菌	335	8.92	鲍曼不动杆菌	98	8.04
4	金黄色葡萄球菌	275	7.32	铜绿假单胞菌	85	6.97
5	铜绿假单胞菌	221	5.88	金黄色葡萄球菌	76	6.23
6	表皮葡萄球菌	184	4.90	表皮葡萄球菌	62	5.09
7	粪肠球菌	135	3.59	产酸克雷伯菌	49	4.02
8	溶血葡萄球菌	127	3.38	嗜麦芽窄食单胞菌	39	3.20
9	嗜麦芽窄食单胞菌	93	2.48	粪肠球菌	30	2.46
10	屎肠球菌	92	2.45	白色念珠菌	26	2.13

排名	磐安县人民医院			武义县第一人民医院		
	菌名	菌株数（株）	百分比（%）	菌名	菌株数（株）	百分比（%）
1	肺炎克雷伯菌	161	20.15	肺炎克雷伯菌	307	13.98
2	大肠埃希菌	120	15.02	大肠埃希菌	245	11.16
3	表皮葡萄球菌	75	9.39	金黄色葡萄球菌	224	10.20
4	铜绿假单胞菌	70	8.76	鲍曼不动杆菌	193	8.79
5	金黄色葡萄球菌	60	7.51	表皮葡萄球菌	133	6.06
6	鲍曼不动杆菌	46	5.76	屎肠球菌	102	4.64
7	白色念珠菌	35	4.38	铜绿假单胞菌	90	4.10
8	粪肠球菌	30	3.75	粪肠球菌	82	3.73
9	奇异变形杆菌	25	3.13	流感嗜血杆菌	80	3.64
10	屎肠球菌	22	2.75	洋葱伯克霍尔德菌	79	3.60

续表

排名	永康市第一人民医院			义务市中心医院		
	菌名	菌株数（株）	百分比（%）	菌名	菌株数（株）	百分比（%）
1	大肠埃希菌	642	20.64	大肠埃希菌	609	16.13
2	肺炎克雷伯菌	527	16.94	肺炎克雷伯菌	579	15.34
3	金黄色葡萄球菌	333	10.70	铜绿假单胞菌	384	10.17
4	鲍曼不动杆菌	236	7.59	白色念珠菌	371	9.83
5	铜绿假单胞菌	227	7.30	鲍曼不动杆菌	344	9.11
6	表皮葡萄球菌	151	4.85	嗜麦芽窄食单胞菌	183	4.85
7	肺炎链球菌	106	3.41	金黄色葡萄球菌	143	3.79
8	屎肠球菌	78	2.51	光滑念珠菌	138	3.66
9	粪肠球菌	70	2.25	表皮葡萄球菌	136	3.60
10	阴沟肠杆菌	62	1.99	屎肠球菌	103	2.73

排名	金华市中心医院		
	菌名	菌株数（株）	百分比（%）
1	肺炎克雷伯菌	1390	16.70
2	大肠埃希菌	1166	14.01
3	金黄色葡萄球菌	815	9.79
4	鲍曼不动杆菌	742	8.92
5	铜绿假单胞菌	584	7.02
6	嗜麦芽窄食单胞菌	260	3.12
7	阴沟肠杆菌	221	2.66
8	肺炎链球菌	183	2.20
9	无乳链球菌	162	1.95
10	白色念珠菌	155	1.86

衢州地区

排名	江山市人民医院			衢州市人民医院		
	菌名	菌株数（株）	百分比（%）	菌名	菌株数（株）	百分比（%）
1	大肠埃希菌	333	17.80	大肠埃希菌	1064	15.63
2	凝固酶阴性葡萄球菌	332	17.74	肺炎克雷伯菌	750	11.02
3	铜绿假单胞菌	213	11.38	鲍曼不动杆菌	641	9.42
4	金黄色葡萄球菌	208	11.12	金黄色葡萄球菌	619	9.09
5	肺炎克雷伯菌	188	10.05	铜绿假单胞菌	560	8.23
6	鲍曼不动杆菌	92	4.92	流感嗜血杆菌	220	3.23
7	鲍曼不动杆菌	54	2.89	粪肠球菌	203	2.98
8	屎肠球菌	52	2.78	表皮葡萄球菌	199	2.92
9	粪肠球菌	47	2.51	阴沟肠杆菌	187	2.75
10	洋葱伯克霍尔德菌	31	1.66	屎肠球菌	180	2.64

排名	龙游县人民医院			浙江衢化医院		
	菌名	菌株数（株）	百分比（%）	菌名	菌株数（株）	百分比（%）
1	大肠埃希菌	231	13.34	大肠埃希菌	279	15.66
2	铜绿假单胞菌	198	11.44	肺炎克雷伯菌	261	14.65
3	肺炎克雷伯菌	186	10.75	鲍曼不动杆菌	206	11.56
4	鲍曼不动杆菌	172	9.94	铜绿假单胞菌	178	9.99
5	金黄色葡萄球菌	149	8.61	金黄色葡萄球菌	102	5.72
6	洋葱伯克霍尔德菌	67	3.87	屎肠球菌	93	5.22
7	黏质沙雷菌	60	3.47	黏质沙雷菌	88	4.94
8	表皮葡萄球菌	58	3.35	粪肠球菌	72	4.04
9	白色念珠菌	55	3.18	阴沟肠杆菌	69	3.87
10	人葡萄球菌	50	2.89	嗜麦芽窄食单胞菌	56	3.14

续表

排名	衢州市柯城区人民医院		
	菌名	菌株数 （株）	百分比 （%）
1	大肠埃希菌	306	18.50
2	肺炎克雷伯菌	219	13.24
3	金黄色葡萄球菌	174	10.52
4	铜绿假单胞菌	166	10.04
5	鲍曼不动杆菌	104	6.29
6	白色念珠菌	93	5.62
7	奇异变形杆菌	53	3.20
8	表皮葡萄球菌	47	2.84
9	粪肠球菌	45	2.72
10	黏质沙雷菌	32	1.93

丽水地区

排名	景宁县人民医院			丽水市第二人民医院		
	菌名	菌株数 （株）	百分比 （%）	菌名	菌株数 （株）	百分比 （%）
1	大肠埃希菌	229	18.93	大肠埃希菌	89	19.87
2	金黄色葡萄球菌	212	17.52	金黄色葡萄球菌	62	13.84
3	肺炎克雷伯菌	134	11.07	铜绿假单胞菌	52	11.61
4	无乳链球菌	114	9.42	肺炎克雷伯菌	42	9.38
5	铜绿假单胞菌	74	6.12	鲍曼不动杆菌	26	5.80
6	表皮葡萄球菌	50	4.13	奇异变形杆菌	19	4.24
7	鲍曼不动杆菌	49	4.05	屎肠球菌	17	3.79
8	粪肠球菌	31	2.56	流感嗜血杆菌	17	3.79
9	溶血葡萄球菌	30	2.48	卡他莫拉菌	15	3.35
10	肺炎链球菌	30	2.48	嗜麦芽窄食单胞菌	12	2.68

续表

排名	丽水市中心医院			缙云县人民医院		
	菌名	菌株数（株）	百分比（%）	菌名	菌株数（株）	百分比（%）
1	大肠埃希菌	790	14.33	大肠埃希菌	238	26.01
2	肺炎克雷伯菌	501	9.09	肺炎克雷伯菌	92	10.05
3	金黄色葡萄球菌	488	8.86	铜绿假单胞菌	76	8.31
4	鲍曼不动杆菌	401	7.28	不动杆菌属	65	7.10
5	流感嗜血杆菌	332	6.02	金黄色葡萄球菌	64	6.99
6	铜绿假单胞菌	271	4.92	粪肠球菌	34	3.72
7	表皮葡萄球菌	249	4.52	奇异变形杆菌	26	2.84
8	肺炎链球菌	196	3.56	粪肠球菌	25	2.73
9	卡他莫拉菌	165	2.99	洋葱伯克霍尔德菌	24	2.62
10	粪肠球菌	129	2.34	流感嗜血杆菌	23	2.51

宁波地区

排名	宁波市医疗中心李惠利医院			宁波市妇女儿童医院		
	菌名	菌株数（株）	百分比（%）	菌名	菌株数（株）	百分比（%）
1	大肠埃希菌	446	14.69	大肠埃希菌	676	22.55
2	肺炎克雷伯菌	444	14.62	金黄色葡萄球菌	344	11.47
3	铜绿假单胞菌	316	10.41	粪肠球菌	285	9.51
4	鲍曼不动杆菌	294	9.68	表皮葡萄球菌	244	8.14
5	金黄色葡萄球菌	149	4.91	肺炎克雷伯菌	173	5.77
6	粪肠球菌	112	3.69	无乳链球菌	164	5.47
7	白色念珠菌	102	3.36	人葡萄球菌	137	4.57
8	粪肠球菌	94	3.10	咽峡炎链球菌	88	2.94
9	阴沟肠杆菌	92	3.03	粪肠球菌	82	2.74
10	奇异变形杆菌	91	3.00	鲍曼不动杆菌	73	2.43

续表

排名	宁波市第二医院			宁波市鄞州人民医院		
	菌名	菌株数(株)	百分比(%)	菌名	菌株数(株)	百分比(%)
1	大肠埃希菌	836	15.23	大肠埃希菌	1117	21.15
2	铜绿假单胞菌	731	13.32	肺炎克雷伯菌	631	11.95
3	肺炎克雷伯菌	594	10.82	金黄色葡萄球菌	425	8.05
4	金黄色葡萄球菌	527	9.60	粪肠球菌	332	6.29
5	鲍曼不动杆菌	351	6.40	鲍曼不动杆菌	303	5.74
6	表皮葡萄球菌	215	3.92	铜绿假单胞菌	267	5.05
7	嗜麦芽窄食单胞菌	184	3.35	无乳链球菌	251	4.75
8	溶血葡萄球菌	177	3.23	屎肠球菌	181	3.43
9	白色念珠菌	152	2.77	表皮葡萄球菌	151	2.86
10	屎肠球菌	152	2.77	阴沟肠杆菌	148	2.80

排名	宁波市镇海区人民医院			象山县第一人民医院		
	菌名	菌株数(株)	百分比(%)	菌名	菌株数(株)	百分比(%)
1	大肠埃希菌	501	24.38	大肠埃希菌	408	26.61
2	肺炎克雷伯菌	245	11.92	肺炎克雷伯菌	240	15.66
3	铜绿假单胞菌	204	9.93	金黄色葡萄球菌	153	9.98
4	金黄色葡萄球菌	167	8.13	铜绿假单胞菌	116	7.57
5	流感嗜血杆菌	84	4.09	鲍曼不动杆菌	106	6.91
6	表皮葡萄球菌	83	4.04	粪肠球菌	55	3.59
7	无乳链球菌	69	3.36	屎肠球菌	49	3.20
8	屎肠球菌	66	3.21	嗜麦芽窄食单胞菌	34	2.22
9	鲍曼不动杆菌	62	3.02	阴沟肠杆菌	33	2.15
10	嗜麦芽窄食单胞菌	46	2.24	洋葱伯克霍尔德菌	30	1.96

续表

排名	宁波大学医学院附属医院			宁波市北仑区人民医院		
	菌名	菌株数（株）	百分比（%）	菌名	菌株数（株）	百分比（%）
1	大肠埃希菌	648	18.66	大肠埃希菌	527	21.26
2	金黄色葡萄球菌	490	14.11	肺炎克雷伯菌	411	16.58
3	肺炎克雷伯菌	395	11.38	金黄色葡萄球菌	253	10.21
4	鲍曼不动杆菌	264	7.60	副溶血弧菌	209	8.43
5	铜绿假单胞菌	208	5.99	鲍曼不动杆菌	146	5.89
6	白色念珠菌	122	3.51	铜绿假单胞菌	122	4.92
7	屎肠球菌	117	3.37	无乳链球菌	91	3.67
8	无乳链球菌	94	2.71	表皮葡萄球菌	68	2.74
9	粪肠球菌	84	2.42	阴沟肠杆菌	64	2.58
10	嗜麦芽窄食单胞菌	79	2.28	屎肠球菌	56	2.26

排名	慈溪市人民医院			宁波市第一医院		
	菌名	菌株数（株）	百分比（%）	菌名	菌株数（株）	百分比（%）
1	大肠埃希菌	341	15.18	大肠埃希菌	1131	23.59
2	肺炎克雷伯菌	283	12.59	肺炎克雷伯菌	520	10.85
3	鲍曼不动杆菌	270	12.02	铜绿假单胞菌	415	8.66
4	铜绿假单胞菌	248	11.04	金黄色葡萄球菌	337	7.03
5	金黄色葡萄球菌	230	10.24	鲍曼不动杆菌	311	6.49
6	无乳链球菌	115	5.12	奇异变形杆菌	204	4.26
7	奇异变形杆菌	99	4.41	粪肠球菌	159	3.32
8	表皮葡萄球菌	83	3.69	表皮葡萄球菌	135	2.82
9	嗜麦芽窄食单胞菌	63	2.80	屎肠球菌	122	2.54
10	粪肠球菌	54	2.40	白色念珠菌	117	2.44

绍兴地区

排名	绍兴市人民医院			诸暨市人民医院		
	菌名	菌株数（株）	百分比（%）	菌名	菌株数（株）	百分比（%）
1	大肠埃希菌	1107	22.19	金黄色葡萄球菌	1042	13.98
2	肺炎克雷伯菌	891	17.86	大肠埃希菌	964	12.93
3	铜绿假单胞菌	561	11.24	肺炎克雷伯菌	744	9.98
4	鲍曼不动杆菌	422	8.46	铜绿假单胞菌	539	7.23
5	金黄色葡萄球菌	235	4.71	曲霉属	493	6.61
6	粪肠球菌	190	3.81	鲍曼不动杆菌	460	6.17
7	屎肠球菌	178	3.57	白色念珠菌	392	5.26
8	表皮葡萄球菌	139	2.79	嗜麦芽窄食单胞菌	249	3.34
9	嗜麦芽窄食单胞菌	129	2.59	表皮葡萄球菌	171	2.29
10	阴沟肠杆菌	113	2.26	阴沟肠杆菌	165	2.21

排名	绍兴第二医院			上虞市人民医院		
	菌名	菌株数（株）	百分比（%）	菌名	菌株数（株）	百分比（%）
1	大肠埃希菌	659	15.74	大肠埃希菌	417	15.21
2	金黄色葡萄球菌	535	12.78	肺炎克雷伯菌	299	10.91
3	肺炎克雷伯菌	353	8.43	金黄色葡萄球菌	238	8.68
4	无乳链球菌	275	6.57	铜绿假单胞菌	231	8.43
5	铜绿假单胞菌	264	6.31	鲍曼不动杆菌	154	5.62
6	淋病奈瑟菌	243	5.80	表皮葡萄球菌	126	4.60
7	表皮葡萄球菌	205	4.90	嗜麦芽窄食单胞菌	101	3.68
8	鲍曼不动杆菌	176	4.20	屎肠球菌	90	3.28
9	粪肠球菌	159	3.80	白色念珠菌	86	3.14
10	流感嗜血杆菌	152	3.63	粪肠球菌	82	2.99

续表

排名	嵊州市人民医院		
	菌名	菌株数（株）	百分比（%）
1	大肠埃希菌	337	15.85
2	肺炎克雷伯菌	301	14.16
3	鲍曼不动杆菌	201	9.45
4	铜绿假单胞菌	194	9.13
5	金黄色葡萄球菌	159	7.48
6	表皮葡萄球菌	133	6.26
7	奇异变形杆菌	79	3.72
8	人葡萄球菌	66	3.10
9	阴沟肠杆菌	62	2.92
10	粪肠球菌	49	2.30

台州地区

排名	浙江省台州医院			温岭市第一人民医院		
	菌名	菌株数（株）	百分比（%）	菌名	菌株数（株）	百分比（%）
1	大肠埃希菌	1292	18.39	肺炎克雷伯菌	542	16.00
2	金黄色葡萄球菌	927	13.20	大肠埃希菌	474	13.99
3	肺炎克雷伯菌	908	12.93	鲍曼不动杆菌	349	10.30
4	鲍曼不动杆菌	453	6.45	金黄色葡萄球菌	316	9.33
5	铜绿假单胞菌	413	5.88	铜绿假单胞菌	309	9.12
6	表皮葡萄球菌	351	5.00	嗜麦芽窄食单胞菌	125	3.69
7	屎肠球菌	203	2.89	阴沟肠杆菌	111	3.28
8	粪肠球菌	192	2.73	屎肠球菌	101	2.98
9	白色念珠菌	169	2.41	肺炎链球菌	91	2.69
10	阴沟肠杆菌	161	2.29	表皮葡萄球菌	86	2.54

续表

排名	玉环县人民医院			台州市立医院		
	菌名	菌株数 （株）	百分比 （%）	菌名	菌株数 （株）	百分比 （%）
1	大肠埃希菌	577	20.82	大肠埃希菌	826	19.56
2	肺炎克雷伯菌	289	10.43	金黄色葡萄球菌	536	12.70
3	鲍曼不动杆菌	288	10.39	肺炎克雷伯菌	450	10.66
4	铜绿假单胞菌	238	8.59	表皮葡萄球菌	391	9.26
5	表皮葡萄球菌	169	6.10	铜绿假单胞菌	270	6.40
6	金黄色葡萄球菌	148	5.34	鲍曼不动杆菌	247	5.85
7	屎肠球菌	145	5.23	粪肠球菌	194	4.59
8	人葡萄球菌	106	3.82	无乳链球菌	108	2.56
9	粪肠球菌	84	3.03	阴沟肠杆菌	83	1.97
10	白色念珠菌	73	2.63	嗜麦芽窄食单胞菌	80	1.89

温州地区

排名	苍南县人民医院			温州医科大学附属第二医院		
	菌名	菌株数 （株）	百分比 （%）	菌名	菌株数 （株）	百分比 （%）
1	大肠埃希菌	407	20.90	大肠埃希菌	1490	13.29
2	肺炎克雷伯菌	351	18.03	金黄色葡萄球菌	1367	12.19
3	金黄色葡萄球菌	192	9.86	肺炎链球菌	1329	11.85
4	表皮葡萄球菌	133	6.83	肺炎克雷伯菌	812	7.24
5	铜绿假单胞菌	121	6.21	卡他莫拉菌	791	7.05
6	鲍曼不动杆菌	89	4.57	无乳链球菌	629	5.61
7	粪肠球菌	84	4.31	铜绿假单胞菌	449	4.00
8	溶血葡萄球菌	57	2.93	鲍曼不动杆菌	397	3.54
9	奇异变形杆菌	52	2.67	表皮葡萄球菌	364	3.25
10	嗜麦芽窄食单胞菌	35	1.80	屎肠球菌	288	2.57

续表

排名	温州医科大学附属第一医院			温州市人民医院		
	菌名	菌株数（株）	百分比（%）	菌名	菌株数（株）	百分比（%）
1	大肠埃希菌	2071	14.00	大肠埃希菌	1082	16.68
2	白色念珠菌	1319	8.92	肺炎克雷伯菌	645	9.95
3	肺炎克雷伯菌	1083	7.32	白色念珠菌	562	8.67
4	金黄色葡萄球菌	756	5.11	铜绿假单胞菌	525	8.10
5	铜绿假单胞菌	685	4.63	无乳链球菌	362	5.58
6	鲍曼不动杆菌	664	4.49	金黄色葡萄球菌	323	4.98
7	粪肠球菌	476	3.22	粪肠球菌	319	4.92
8	光滑念珠菌	468	3.16	鲍曼不动杆菌	307	4.73
9	表皮葡萄球菌	463	3.13	光滑念珠菌	247	3.81
10	B群β-溶血链球菌	440	2.97	表皮葡萄球菌	207	3.19

排名	温州市中西医结合医院		
	菌名	菌株数（株）	百分比（%）
1	流感嗜血杆菌	311	11.04
2	大肠埃希菌	255	9.05
3	金黄色葡萄球菌	252	8.94
4	铜绿假单胞菌	249	8.84
5	肺炎链球菌	196	6.96
6	肺炎克雷伯菌	161	5.71
7	淋病奈瑟菌	147	5.22
8	鲍曼不动杆菌	140	4.97
9	白色念珠菌	136	4.83
10	奇异变形杆菌	97	3.44

舟山地区

排名	舟山医院		
	菌名	菌株数（株）	百分比（%）
1	大肠埃希菌	1326	27.24
2	肺炎克雷伯菌	505	10.38
3	金黄色葡萄球菌	494	10.15
4	铜绿假单胞菌	477	9.80
5	鲍曼不动杆菌	240	4.93
6	奇异变形杆菌	204	4.19
7	粪肠球菌	186	3.82
8	表皮葡萄球菌	179	3.68
9	屎肠球菌	122	2.51
10	黏质沙雷菌	111	2.28

（统计编辑：汪　强）

二、2017 年浙江省不同医院临床常见的分离菌药敏监测情况

杭州地区金黄色葡萄球菌

抗生素名称	浙江省人民医院		浙江大学医学院附属第一医院		浙江大学医学院附属第二医院		浙江大学医学院附属邵逸夫医院	
	菌株数（株）	%R	菌株数（株）	%R	菌株数（株）	%R	菌株数（株）	%R
青霉素 G	508	91.5	422	91.7	879	91.6	328	90.5
苯唑西林	508	40.9	420	43.6	876	46.6	334	36.5
庆大霉素	509	8.1	422	5.7	876	10.5	333	4.2
利福平	509	1.2	422	1.4	854	1.3	331	0.9
环丙沙星	509	23.6	421	34.7	853	36.6	332	26.8
左氧氟沙星	509	23.8	422	34.4	876	36.5	331	26.6
莫西沙星	509	22.8	422	31.8	854	35.2	232	16.8
复方新诺明	509	8.4	422	7.6	876	10.4	332	7.8
克林霉素	509	22	421	18.1	868	18.1	334	16.5
红霉素	509	58.3	422	54.5	854	59.1	79	60.8
呋喃妥因	36	5.6	421	0.5	687	0.3	334	0
利奈唑胺	507	0	416	0	867	0	331	0
万古霉素	509	0	422	0	875	0	329	0
四环素	509	26.1	421	23.8	876	33.7	334	27.2
替加环素	501	0	420	0	859	0	331	0

抗生素名称	浙江大学医学院附属妇产科医院		浙江大学医学院附属儿童医院		浙江省中医院		浙江医院	
	菌株数（株）	%R	菌株数（株）	%R	菌株数（株）	%R	菌株数（株）	%R
青霉素 G	61	91.8	902	91.9	456	87.7	177	90.4
苯唑西林	61	24.6	902	32.8	455	32.5	177	45.2
庆大霉素	61	6.6	902	3.8	456	3.5	177	8.5
利福平	61	1.6	902	0.1	456	0.4	176	1.1
环丙沙星	60	0	902	3.4	456	12.1	177	37.3
左氧氟沙星	61	0	902	3.4	456	12.1	177	36.7
莫西沙星	61	0	902	2.9	456	11	177	35.6
复方新诺明	61	98.4	902	8.4	456	6.6	177	10.2
克林霉素	61	24.6	901	27.5	455	23.3		
红霉素	60	45	902	60.3	456	52.9	177	55.9
呋喃妥因	61	0	125	0.8	456	0	177	0
利奈唑胺	61	0	902	0	456	0	177	0
万古霉素	61	0	902	0	456	0	172	0
四环素	61	6.6	902	12.7	456	17.5	177	15.8
替加环素	61	0	902	0	456	0	175	0

抗生素名称	浙江省肿瘤医院		浙江省立同德医院		浙江省新华医院		杭州市第一人民医院	
	菌株数（株）	%R	菌株数（株）	%R	菌株数（株）	%R	菌株数（株）	%R
青霉素 G	318	96.9	503	91.5	246	92.7	1050	88.5
苯唑西林	322	30.4			246	46.7	1051	26.5
庆大霉素	322	5.9	503	5.2	246	6.5	1049	3.9
利福平	322	0.9	503	1	246	1.2	1050	0.9
环丙沙星	322	15.5	503	32.8	246	35.8	1049	11.3
左氧氟沙星	322	14.9	503	32.6	246	35.4	1050	11.3
莫西沙星	322	14			246	32.5	1050	10.5
复方新诺明	322	9.6	503	8.5	245	100.0	1051	8.6
克林霉素	322	23.3	503	59.2	246	10.6	1050	21
红霉素	320	51.6			116	59.5	1050	52.6
呋喃妥因	322	0.6	503	0	80	0	1050	0.2
利奈唑胺	320	0	499	0	246	0	1048	0
万古霉素	322	0	500	0	246	0	1050	0
四环素	322	11.8	503	19.7	246	19.1	1049	17.3
替加环素	322	0	501	0	245	0	1043	0

续表

抗生素名称	杭州市第二人民医院		杭州市第三人民医院		杭州市红十字会医院		杭州市儿童医院	
	菌株数(株)	%R	菌株数(株)	%R	菌株数(株)	%R	菌株数(株)	%R
青霉素G	299	93.3	1363	89	376	92.3	344	89.8
苯唑西林	299	42.1	1361	25.6	376	40.4	344	28.5
庆大霉素	299	7.4	1363	5.4	374	6.4	344	4.9
利福平	299	2.3	1363	0.5	376	2.4	345	0.6
环丙沙星	299	26.1	1363	14.2	376	31.4	344	4.7
左氧氟沙星	299	25.8	1363	14	376	31.6	344	4.7
莫西沙星	299	24.4	1363	11.7	376	29.5	345	4.1
复方新诺明	299	8.7	1363	10.9	376	8	345	8.1
克林霉素	299	25.4	1363	20.2	376	18.4	345	24.3
红霉素	299	57.2	1363	53.9	376	58.5	344	50
呋喃妥因	96	0	1363	0.1	376	0.3		
利奈唑胺	153	0	1362	0	376	0	344	0
万古霉素	299	0	1363	0	374	0	323	0
四环素	299	16.4	1363	18	376	26.9	344	10.8
替加环素	299	0	1360	0	376	0	345	0

抗生素名称	中国人民解放军第一一七医院		武警浙江总队杭州医院		杭州市西溪医院		余杭区第一人民医院	
	菌株数(株)	%R	菌株数(株)	%R	菌株数(株)	%R	菌株数(株)	%R
青霉素G	60	96.7	444	96.6	210	90	267	97.4
苯唑西林	60	38.3	445	70.3	211	39.3	267	36.7
庆大霉素	59	8.5	445	15.3	210	8.6	267	12.7
利福平	59	3.4	444	1.4	157	0.6	268	3.7
环丙沙星			444	59	156	21.8	266	11.7
左氧氟沙星	59	22			210	24.3		
莫西沙星	59	20.3			157	22.3		
复方新诺明	60	8.3	444	5.9	211	6.2	266	7.9
克林霉素	60	18.3	445	14.4	211	15.2	255	19.2
红霉素	60	50	445	75.3	211	53.6	268	48.1
呋喃妥因			367	0	157	0	267	1.1
利奈唑胺	61	0	445	0	211	0	265	0
万古霉素	60	0	445	0	211	0	268	0
四环素	59	33.9	445	51.2	211	22.7		
替加环素	58	0			157	0		

续表

抗生素名称	淳安县第一人民医院		桐庐县第一人民医院		杭州市中医院		杭州市肿瘤医院	
	菌株数（株）	%R	菌株数（株）	%R	菌株数（株）	%R	菌株数（株）	%R
青霉素 G	242	92.6	171	91.2	874	92.6	142	96.5
苯唑西林	242	34.3	170	47.6	872	55.5	142	48.6
庆大霉素	242	3.3	171	4.1	875	15.8	142	9.2
利福平	242	0.8	171	0	875	0.2	142	0.7
环丙沙星	242	20.7	171	28.7	875	48.1	142	39.4
左氧氟沙星	242	20.7	171	28.7	834	48.4	142	39.4
莫西沙星	242	18.6	171	25.1	839	48.2	142	37.3
复方新诺明	242	4.5	171	5.8	874	5.4	142	12.7
克林霉素	242	15.7	171	21.1	874	19.9	142	33.1
红霉素	242	54.5	171	62	875	69	135	60.7
呋喃妥因	241	0.8	171	0	875	1	9	0
利奈唑胺	242	0	168	0	873	0	142	0
万古霉素	241	0	169	0	875	0	142	0
四环素	242	16.9	171	26.3	875	11.9	142	27.5
替加环素	237	0	169	0	830	0	140	0

湖州地区金黄色葡萄球菌

抗生素名称	德清县人民医院		湖州市第一人民医院	
	菌株数（株）	%R	菌株数（株）	%R
青霉素 G	117	92.3	158	90.5
苯唑西林	117	35	157	22.9
庆大霉素	117	6	158	5.1
利福平	117	0.9	158	0.6
环丙沙星	117	17.1	158	7
左氧氟沙星	117	17.1	158	7
莫西沙星	117	17.1	158	6.3
复方新诺明	117	10.3	158	7.6
克林霉素	117	17.1	158	16.5
红霉素	117	47.9	158	46.2
呋喃妥因	117	3.4	158	0
利奈唑胺	116	0	158	0
万古霉素	113	0	158	0
四环素	117	23.1	158	20.9
替加环素	117	0	157	0

嘉兴地区金黄色葡萄球菌

抗生素名称	海盐县人民医院		海宁市人民医院		嘉善县第一人民医院		嘉兴市妇幼保健院	
	菌株数（株）	%R	菌株数（株）	%R	菌株数（株）	%R	菌株数（株）	%R
青霉素 G	400	87.8	262	90.5	160	92.5	441	89.6
苯唑西林	400	24.8	262	31.7	159	17	450	17.8
庆大霉素	400	4.5	262	7.6	159	9.4	450	5.3
利福平	400	0	262	1.1	160	0.6	450	0.9
环丙沙星	221	17.2	262	20.6	159	15.7	448	3.6
左氧氟沙星	400	14.2	262	20.6	159	15.1		
莫西沙星	400	13.8	262	18.3	159	8.8		
复方新诺明	400	10.2	262	11.1	158	19	448	12.9
克林霉素	400	16	262	18.3	158	27.8	428	21.7
红霉素	400	48.8	262	53.1	137	56.9	450	55.6
呋喃妥因	14	0	44	0	34	0	450	0
利奈唑胺	400	0	262	0	160	0	450	0
万古霉素	400	0	262	0	160	0	450	0
四环素	221	14.9	262	19.1	159	14.5	449	10.9
替加环素	400	0	261	0	159	0		

抗生素名称	嘉兴市第二医院		嘉兴市第一医院		嘉兴市中医院		平湖市第一人民医院	
	菌株数（株）	%R	菌株数（株）	%R	菌株数（株）	%R	菌株数（株）	%R
青霉素 G	819	91.3	473	89.4	83	96.4	276	90.6
苯唑西林	819	23.7	473	24.7	83	47	276	30.8
庆大霉素	818	11.6	473	7.4	83	25.3	276	4
利福平	818	1.1	473	0.6	83	20.5	276	0
环丙沙星	818	14.2	473	15.2	83	28.9	276	12.3
左氧氟沙星	66	12.1	472	15.3	83	28.9	276	12.3
莫西沙星	66	10.6	472	12.7	83	27.7	276	10.9
复方新诺明	819	8.2	470	11.1	83	97.6	276	7.6
克林霉素	818	16.9	473	21.4	83	19.3	274	21.5
红霉素	819	54.7	472	53.8	83	50.6	276	53.6
呋喃妥因	216	0	366	0.5	83	0	14	0
利奈唑胺	818	0	472	0	83	0	276	0
万古霉素	819	0	473	0	83	0	276	0
四环素	818	13.3	473	15.4	83	28.9	276	17
替加环素	65	0	471	0	83	0	276	0

续表

抗生素名称	桐乡市第二人民医院		浙江省荣军医院		桐乡市第一人民医院	
	菌株数（株）	%R	菌株数（株）	%R	菌株数（株）	%R
青霉素 G	96	87.5	309	95.8	114	89.5
苯唑西林	97	20.6	306	64.4	114	28.9
庆大霉素	97	5.2	309	4.5	114	4.4
利福平	96	1	309	2.9	114	1.8
环丙沙星	96	5.2	295	52.5	114	17.5
左氧氟沙星	97	5.2	309	52.1	114	17.5
莫西沙星	97	5.2	309	49.2	114	16.7
复方新诺明	97	7.2	309	2.9	114	7
克林霉素	96	11.5	309	47.6	114	17.5
红霉素	96	42.7	309	67.6	114	51.8
呋喃妥因	96	0	139	0	114	0
利奈唑胺	96	0	308	0	113	0
万古霉素	97	0	309	0	114	0
四环素	97	17.5	295	11.5	114	12.3
替加环素	96	0	304	0	114	0

金华地区金黄色葡萄球菌

抗生素名称	东阳市人民医院		金华市人民医院		金华市中心医院		兰溪市人民医院	
	菌株数（株）	%R	菌株数（株）	%R	菌株数（株）	%R	菌株数（株）	%R
青霉素 G	437	93.8	274	92	815	93.4	391	93.6
苯唑西林	433	29.6	272	38.6	813	33.2	391	30.9
庆大霉素	434	5.3	275	3.3	815	7.9	391	4.1
利福平	434	1.2	275	1.8	813	1.7	391	0
环丙沙星	435	12.9	255	12.2	814	14.1	391	11.5
左氧氟沙星	436	13.1	275	12	815	14.2	391	11.5
莫西沙星	437	11.2	275	11.6	813	12.8	391	10.5
复方新诺明	434	11.8	275	11.6	814	12.8	391	8.7
克林霉素	437	19.7	273	26.7	815	28.2	391	21.7
红霉素	435	54.9	275	54.2	815	59	391	56.5
呋喃妥因	432	1.9	255	0.8	220	0.5	383	0.3
利奈唑胺	435	0	270	0	798	0	391	0
万古霉素	436	0	275	0	812	0	391	0
四环素	437	19.7	255	22	815	19	391	15.1
替加环素	434	0	273	0	810	0	391	0

续表

抗生素名称	磐安县人民医院		浦江县人民医院		武义县第一人民医院		永康市第一人民医院		义乌市中心医院	
	菌株数（株）	%R	菌株数（株）	%R	菌株数（株）	%R	菌株数（株）	%R	菌株数（株）	%R
青霉素 G	60	95					332	92.8	143	95.8
苯唑西林	60	38.3	75	21.3	224	18.8	331	28.4	143	32.2
庆大霉素	60	11.7	76	5.3	224	8.9	331	12.1	143	7.7
利福平	60	3.3	76	0	224	0.9	331	1.2	143	2.1
环丙沙星	60	16.7	76	15.8	224	10.7	333	14.1	143	14
左氧氟沙星	60	18.3	19	63.2	224	10.7			143	14
莫西沙星	60	20	76	15.8	224	9.4			143	11.2
复方新诺明	60	18.3	76	100.0	224	14.3	332	12	143	9.8
克林霉素	58	20.7	20	80	224	21.4	333	17.1		
红霉素	60	63.3	46	71.7	224	51.3	325	55.7	143	64.3
呋喃妥因	60	0			224	0.9	329	0.3	143	0
利奈唑胺	60	0	76	0	224	0	160	0	142	0
万古霉素	58	0	76	0	224	0	331	0	143	0
四环素	60	18.3	75	18.7	224	22.8	333	18	143	20.3
替加环素	59	0			220	0			142	0

丽水地区金黄色葡萄球菌

抗生素名称	丽水市中心医院		景宁县人民医院		丽水市第二人民医院		缙云县人民医院	
	菌株数（株）	%R	菌株数（株）	%R	菌株数（株）	%R	菌株数（株）	%R
青霉素 G	488	93.9	212	91	33	100.0	64	93.8
苯唑西林	488	39.5	212	18.4	32	75	64	31.2
庆大霉素	487	10.9	212	15.1	48	81.2	64	15.6
利福平	488	0.6	212	0.5	33	0	64	0
环丙沙星	487	30.4	212	12.7				
左氧氟沙星	488	30.5	212	12.7	33	72.7	64	12.5
莫西沙星	487	29	212	11.8				
复方新诺明	488	13.9	212	25.9	36	11.1	64	23.4
克林霉素	488	22.3	212	30.7			64	48.4
红霉素	488	64.5	212	59.4	33	42.4	64	65.6
呋喃妥因	21	9.5	212	0	9	0	60	0
利奈唑胺	488	0	212	0	32	0	64	0
万古霉素	488	0	212	0	33	0	64	0
四环素	488	35	212	21.7	32	0	64	37.5
替加环素	487	0	212	0	28	10.7		

宁波地区金黄色葡萄球菌

抗生素名称	慈溪市人民医院		象山县第一人民医院		宁波大学医学院附属医院		宁波市北仑区人民医院	
	菌株数（株）	%R	菌株数（株）	%R	菌株数（株）	%R	菌株数（株）	%R
青霉素 G	181	87.8	116	92.2	478	93.9	243	88.1
苯唑西林	177	31.6	59	20.3	479	43	252	38.1
庆大霉素	179	7.8	153	9.8	478	3.3	252	5.6
利福平	181	0	22	0	478	1	252	0.4
环丙沙星	174	21.8	141	31.9	478	13.8	252	10.7
左氧氟沙星	176	21	153	29.4	477	13.2	252	10.3
莫西沙星	179	17.3	116	31	477	11.3	253	10.3
复方新诺明	177	9.6	148	10.1	477	100.0	253	7.1
克林霉素	177	28.8	153	43.1	478	26.4	241	32
红霉素	177	57.1	75	44	478	55	251	50.2
呋喃妥因	178	0	141	0	477	0.2	252	0
利奈唑胺	180	0	153	0	476	0		
万古霉素	176	0	153	0	478	0	253	0
四环素	177	17.5	22	13.6	478	17.6	253	13
替加环素	174	0	149	0	477	0	240	0

抗生素名称	宁波市第二医院		宁波市第一医院		宁波市妇女儿童医院		宁波市医疗中心李惠利医院	
	菌株数（株）	%R	菌株数（株）	%R	菌株数（株）	%R	菌株数（株）	%R
青霉素 G	527	92.8	337	93.8	344	92.4	149	93.3
苯唑西林	526	53.8	337	40.1	344	34.3	148	45.3
庆大霉素	526	24.1	336	7.1	344	3.5	149	7.4
利福平	526	1	316	1.3	344	0.6	149	0
环丙沙星	526	43.3	336	25.6	344	3.2	149	36.2
左氧氟沙星	526	43.3	337	24.9	344	3.2	149	35.6
莫西沙星	526	41.4	336	22.3	344	2.3	149	32.9
复方新诺明	527	26.9	305	10.2	344	7.6	149	9.4
克林霉素	524	42.4			344	25	148	33.1
红霉素	527	60.7	336	52.4	344	55.8	149	56.4
呋喃妥因	525	0.2	331	0.3	344	0.3	137	2.2
利奈唑胺	526	0	332	0	343	0	147	0
万古霉素	526	0	336	0	344	0	149	0
四环素	526	30	336	16.4	344	19.8	149	21.5
替加环素	527	0	318	0	344	0	147	0

续表

抗生素名称	宁波市鄞州人民医院		宁波市镇海区人民医院	
	菌株数（株）	%R	菌株数（株）	%R
青霉素 G	413	94.7	167	97
苯唑西林	425	30.6	167	35.3
庆大霉素	425	6.4	167	10.2
利福平	425	0.2	167	0.6
环丙沙星	425	15.3	167	19.8
左氧氟沙星	425	15.3	167	19.8
莫西沙星	425	14.1	167	16.2
复方新诺明	425	8.9	167	12
克林霉素	425	20.7		
红霉素	425	42.8	167	45.5
呋喃妥因	425	0	167	0
利奈唑胺	424	0	167	0
万古霉素	425	0	167	0
四环素	425	14.8	167	15.6
替加环素	425	0	167	0

衢州地区金黄色葡萄球菌

抗生素名称	江山市人民医院		龙游县人民医院		浙江衢化医院		衢州市人民医院		衢州市柯城区人民医院	
	菌株数（株）	%R	菌株数（株）	%R	菌株数（株）	%R	菌株数（株）	%R	菌株数（株）	%R
青霉素 G	208	97.1	149	96	102	96.1	619	93.2	174	96.6
苯唑西林	3	66.7	149	45	102	45.1	619	38	173	39.3
庆大霉素	208	23.1	149	9.4	101	31.7	619	20.7	173	10.4
利福平	5	0	147	0	102	7.8	619	0.8	174	3.4
环丙沙星	207	36.7	149	39.6	100.0	36	619	29.2	13	23.1
左氧氟沙星			149	38.9			619	27.3	173	31.8
莫西沙星			149	35.6			619	26.7	174	25.9
复方新诺明	201	11.9	149	6.7	102	17.6	619	4.5	173	9.2
克林霉素	206	46.1	149	19.5	102	21.6	619	19.5	174	24.1
红霉素	207	63.8	149	63.1	102	62.7	619	58.2	174	56.3
呋喃妥因			149	0	98	2	619	0.2	173	1.7
利奈唑胺	4	0	149	0	102	0	619	0	174	0
万古霉素	208	0	142	0	102	0	619	0	174	0
四环素	103	22.3	149	26.2			619	21.6	174	27.6
替加环素			149						174	0

绍兴地区金黄色葡萄球菌

抗生素名称	绍兴市上虞人民医院		绍兴第二医院		绍兴市妇幼保健院		绍兴市人民医院	
	菌株数（株）	%R	菌株数（株）	%R	菌株数（株）	%R	菌株数（株）	%R
青霉素 G	238	92.4	535	93.3	443	86.9	234	95.3
苯唑西林	237	41.4	535	21.9	442	11.3	235	39.1
庆大霉素	238	5	535	6.2	398	1.3	178	39.3
利福平	238	0	535	0.2	354	0.8	235	7.7
环丙沙星	238	26.5	535	14.6	429	6.8	235	1.3
左氧氟沙星	238	26.5	535	14.8	346	6.4	235	17.4
莫西沙星	238	25.6	531	12.1	331	4.5	235	17.4
复方新诺明	238	7.1	535	9.5	440	4.8	235	16.2
克林霉素	238	22.3	535	17.9	442	19	235	13.2
红霉素	238	58	535	48.2	444	41.9	235	53.2
呋喃妥因	238	0.8	535	0	338	0.9	235	1.3
利奈唑胺	235	0	535	0	330	0	235	0
万古霉素	238	0	526	0	444	0	235	0
四环素	238	20.2	535	16.3	336	14.3		
替加环素	237	0	535	0	331	0	235	0

抗生素名称	嵊州市人民医院		诸暨市人民医院	
	菌株数（株）	%R	菌株数（株）	%R
青霉素 G	159	93.7	1034	98.5
苯唑西林	159	37.7	1034	32.9
庆大霉素	159	4.4	1033	4.3
利福平	159	0.6	1034	1.1
环丙沙星	159	29.6	1036	15.9
左氧氟沙星	159	29.6	1032	16.3
莫西沙星	159	28.3	1032	12.8
复方新诺明	6	100.0	1035	99.9
克林霉素	159	18.9	1035	25.5
红霉素	159	56.6	1034	58.7
呋喃妥因	159	0	1030	0.7
利奈唑胺	159	0	1027	0
万古霉素	159	0	1034	0
四环素	159	9.4	1035	16
替加环素	158	0	1017	0

台州地区金黄色葡萄球菌

抗生素名称	温岭市第一人民医院		台州市立医院		玉环县人民医院		浙江省台州医院	
	菌株数（株）	%R	菌株数（株）	%R	菌株数（株）	%R	菌株数（株）	%R
青霉素 G	56	92.9	532	88.7	147	96.6	889	93.3
苯唑西林	56	41.1	533	31.5	146	38.4	898	28.6
庆大霉素	56	19.6	533	6	147	21.8	890	6.4
利福平	56	10.7	535	0.7	147	0	898	0.6
环丙沙星	316	23.1	285	14.4	147	30.6	657	11.3
左氧氟沙星	56	37.5	533	12.2	147	30.6	889	12.5
莫西沙星	56	35.7	533	10.5	147	29.3	901	10.5
复方新诺明	315	9.2	534	9	147	5.4	899	13.5
克林霉素	56	35.7	533	21.6	147	24.5	893	24.7
红霉素	56	62.5	531	53.3	147	61.2	907	57.6
呋喃妥因			285	0	147	0	663	0.2
利奈唑胺	312	0	533	0	147	0	895	0
万古霉素	56	0	530	0	147	0	899	0
四环素	56	23.2	283	18.4	147	34.7	655	15.1
替加环素			534	0	140	0	893	0

温州地区金黄色葡萄球菌

抗生素名称	温州市人民医院		温州市中西医结合医院		温州医科大学附属第二医院		温州医科大学附属第一医院		苍南县人民医院	
	菌株数（株）	%R	菌株数（株）	%R	菌株数（株）	%R	菌株数（株）	%R	菌株数（株）	%R
青霉素 G	312	92	252	93.3	1367	94.1	681	93	192	92.7
苯唑西林	311	41.2	252	36.5	1367	40.2	679	34.5	192	31.2
庆大霉素	311	25.7	252	11.5	1367	14.7	681	15.4	192	8.9
利福平	312	18.9	252	1.2	1367	1.8	681	1.9	192	0.5
环丙沙星	310	33.2	252	17.1	1367	16.8	669	19.3	178	8.4
左氧氟沙星	311	32.5	252	9.9	1367	11.9	681	18.9	191	7.9
莫西沙星	305	31.5	252	12.7	14	0	681	17.8	176	5.7
复方新诺明	311	12.9	252	12.7	1367	2.6	681	15.4	192	14.1
克林霉素	110	33.6			1358	61.3	681	53.9	192	34.4
红霉素	312	46.5	200	0	1358	63.1	681	58.4	191	56.5
呋喃妥因	311	1	252	0.4	23	4.3	669	0	45	0
利奈唑胺	311	0	251	0	1367	0	681	0	178	0
万古霉素	312	0	252	0	1367	0	681	0	192	0
四环素	312	33.7	252	22.6	1367	18.5	669	22.9	192	19.3
替加环素	293	0	252	0	13	0				

舟山地区金黄色葡萄球菌

抗生素名称	舟山医院	
	菌株数（株）	%R
青霉素 G	492	96.5
苯唑西林	494	60.7
庆大霉素	494	10.3
利福平	494	1.2
环丙沙星	493	14.4
左氧氟沙星		
莫西沙星		
复方新诺明	494	7.5
克林霉素	480	31.5
红霉素	494	52.4
呋喃妥因	493	0.2
利奈唑胺	494	0
万古霉素	494	0
四环素	494	11.3
替加环素		

（统计编辑：丁仕标）

附：特殊耐药菌分布情况

2017 年浙江省各医院耐甲氧西林金黄色葡萄球菌（MRSA）分离率

医院	菌株数（株）	MRSA（%）	医院	菌株数（株）	MRSA（%）
丽水市第二人民医院	32	75.0	宁波市镇海区人民医院	167	35.3
武警浙江总队杭州医院	445	70.3	德清县人民医院	117	35.0
浙江省荣军医院	306	64.4	温州医科大学附属第一医院	679	34.5
舟山医院	494	60.7	淳安县第一人民医院	242	34.3
杭州市中医院	872	55.5	宁波市妇女儿童医院	344	34.3
宁波市第二医院	526	53.8	金华市中心医院	813	33.2
杭州市肿瘤医院	142	48.6	诸暨市人民医院	1034	32.9
桐庐县第一人民医院	170	47.6	浙江大学医学院附属儿童医院	902	32.8
嘉兴市中医院	83	47.0	浙江省中医院	455	32.5
浙江省新华医院	246	46.7	义乌市中心医院	143	32.2
浙江大学医学院附属第二医院	876	46.6	海宁市人民医院	262	31.7
宁波市医疗中心李惠利医院	148	45.3	慈溪市人民医院	177	31.6
浙江医院	177	45.2	台州市立医院	533	31.5
浙江衢化医院	102	45.1	苍南县人民医院	192	31.2
龙游县人民医院	149	45.0	缙云县人民医院	64	31.2
浙江大学医学院附属第一医院	420	43.6	兰溪市人民医院	391	30.9
宁波大学医学院附属医院	479	43.0	平湖市第一人民医院	276	30.8
杭州市第二人民医院	299	42.1	宁波市鄞州人民医院	425	30.6
乐清市人民医院	357	41.7	浙江省肿瘤医院	322	30.4
绍兴市上虞人民医院	237	41.4	东阳市人民医院	433	29.6
温州市人民医院	311	41.2	桐乡市第一人民医院	114	28.9
温岭市第一人民医院	56	41.1	浙江省台州医院	898	28.6
浙江省人民医院	508	40.9	杭州市儿童医院	344	28.5
慈溪妇幼保健院	59	40.7	永康市第一人民医院	331	28.4
杭州市红十字会医院	376	40.4	杭州市第一人民医院	1051	26.5
温州医科大学附属第二医院	1367	40.2	杭州市第三人民医院	1361	25.6
宁波市第一医院	337	40.1	海盐县人民医院	400	24.8

续表

医院	菌株数（株）	MRSA（%）	医院	菌株数（株）	MRSA（%）
丽水市中心医院	488	39.5	嘉兴市第一医院	473	24.7
衢州市柯城区人民医院	173	39.3	浙江大学医学院附属妇产科医院	61	24.6
杭州市西溪医院	211	39.3	嘉兴市第二医院	819	23.7
绍兴市人民医院	235	39.1	湖州市第一人民医院	157	22.9
金华市人民医院	272	38.6	绍兴第二医院	535	21.9
玉环县人民医院	146	38.4	浦江县人民医院	75	21.3
磐安县人民医院	60	38.3	桐乡市第二人民医院	97	20.6
中国人民解放军第一一七医院	60	38.3	象山县第一人民医院	59	20.3
宁波市北仑区人民医院	252	38.1	武义县第一人民医院	224	18.8
衢州市人民医院	619	38.0	景宁县人民医院	212	18.4
嵊州市人民医院	159	37.7	嘉兴市妇幼保健院	450	17.8
余杭区第一人民医院	267	36.7	嘉善县第一人民医院	159	17.0
浙江大学医学院附属邵逸夫医院	334	36.5	绍兴市妇幼保健院	442	11.3
温州市中西医结合医院	252	36.5			

（统计编辑：吴盛海）

杭州地区粪肠球菌(尿标本)

抗生素名称	浙江大学附属第一医院		浙江大学医学院附属第二医院		浙江大学医学院附属邵逸夫医院		浙江省人民医院	
	菌株数（株）	%R	菌株数（株）	%R	菌株数（株）	%R	菌株数（株）	%R
青霉素 G	170	3.5	234	4.7	112	2.7	229	6.6
氨苄西林	171	3.5	236	2.5	112	0.9	228	5.3
高浓度庆大霉素	168	43.5	26	0	110	41.8	225	0
高浓度链霉素	167	27.5	26	0	111	29.7	208	0
环丙沙星	171	22.8	238	23.5	112	19.6	228	28.9
左氧氟沙星	170	21.8	238	22.3	112	20.5	229	27.5
呋喃妥因	169	2.4	238	2.5	111	0	226	2.2
利奈唑胺	159	2.5	230	1.7	106	3.8	207	0
万古霉素	167	0	235	0	111	0	227	1.8
四环素	171	80.7	238	85.7	112	90.2	229	78.6

续表

抗生素名称	浙江医院		浙江省立同德医院		浙江省中医院		浙江省新华医院	
	菌株数（株）	%R	菌株数（株）	%R	菌株数（株）	%R	菌株数（株）	%R
青霉素 G	39	7.7	130	18.5	56	1.8	116	15.5
氨苄西林	39	5.1	130	13.8	56	1.8	117	8.5
高浓度庆大霉素					56	0	113	0.9
高浓度链霉素					56	0	111	0
环丙沙星	39	23.1	130	38.5	56	21.4	117	43.6
左氧氟沙星	39	23.1	130	36.9	56	21.4	115	42.6
呋喃妥因	39	2.6	130	10.8	56	1.8	117	6
利奈唑胺	36	0	119	0	56	1.8	117	0.9
万古霉素	38	0	130	0.8	56	0	117	0.9
四环素	39	82.1	130	78.5	56	82.1	117	84.6

抗生素名称	浙江省肿瘤医院		浙江大学医学院附属妇产科医院		浙江大学医学院附属儿童医院		中国人民解放军第一一七医院	
	菌株数（株）	%R	菌株数（株）	%R	菌株数（株）	%R	菌株数（株）	%R
青霉素 G	191	1.6	4	0	36	2.8	12	33.3
氨苄西林	190	1.6	4	0	36	2.8	12	8.3
高浓度庆大霉素	192	0	3	0	36	52.8		
高浓度链霉素	189	0	3	0	36	19.4		
环丙沙星	193	16.6	4	0	36	11.1	12	58.3
左氧氟沙星	193	13.5	4	0	36	11.1	12	58.3
呋喃妥因	191	1	3	0	35	0	12	25
利奈唑胺	186	4.8	4	0	36	0	13	0
万古霉素	192	0	4	0	36	0	12	0
四环素	190	76.3	4	100.0	36	91.7	12	50

抗生素名称	杭州市第一人民医院		杭州市第二人民医院		杭州市第三人民医院		杭州市红十字会医院	
	菌株数（株）	%R	菌株数（株）	%R	菌株数（株）	%R	菌株数（株）	%R
青霉素 G	168	4.2	41	12.2	132	4.5	100.0	4
氨苄西林	168	1.2	40	10	132	3	101	1
高浓度庆大霉素	167	0	20	45	132	40.2	100.0	0
高浓度链霉素	166	0	5	40	132	20.5	99	0
环丙沙星	168	21.4	41	34.1	132	27.3	101	31.7
左氧氟沙星	168	21.4	41	34.1	132	27.3	101	31.7
呋喃妥因	168	1.2	41	9.8	132	3.8	100.0	1
利奈唑胺	161	0	18	0	132	3	96	2.1
万古霉素	167	0	41	0	132	0	99	0
四环素	168	87.5	41	85.4	132	86.4	101	90.1

抗生素名称	杭州市中医院		杭州市西溪医院		杭州市肿瘤医院		武警浙江总队杭州医院	
	菌株数（株）	%R	菌株数（株）	%R	菌株数（株）	%R	菌株数（株）	%R
青霉素 G	171	30.4	74	1.4	73	5.5	116	100.0
氨苄西林	170	15.9	74	1.4	73	2.7	127	7.1
高浓度庆大霉素			49	0	72	0		
高浓度链霉素			49	0	71	0		
环丙沙星	172	42.4	73	24.7	73	57.5	125	53.6
左氧氟沙星	149	43	74	24.3	73	56.2		
呋喃妥因	170	13.5	49	0	72	1.4	101	4
利奈唑胺	173	3.5	73	0	67	0	127	0
万古霉素	170	6.5	74	0	72	0	127	0
四环素	173	68.8	72	70.8	73	84.9	127	85.8

抗生素名称	余杭区第一人民医院		淳安县第一人民医院		桐庐县第一人民医院	
	菌株数（株）	%R	菌株数（株）	%R	菌株数（株）	%R
青霉素 G	24	100.0	30	0	31	3.2
氨苄西林	30	13.3	30	0	31	3.2
高浓度庆大霉素					31	0
高浓度链霉素			30	0		
环丙沙星	29	48.3	30	13.3	31	32.3
左氧氟沙星			30	13.3	31	32.3
呋喃妥因	30	3.3	30	0	31	0
利奈唑胺	30	3.3	30	3.3	31	0
万古霉素	30	3.3	30	0	31	0
四环素			30	70	31	87.1

杭州地区粪肠球菌（非尿标本）

抗生素名称	浙江大学附属第一医院		浙江大学医学院附属第二医院		浙江大学医学院附属邵逸夫医院		浙江省人民医院	
	菌株数（株）	%R	菌株数（株）	%R	菌株数（株）	%R	菌株数（株）	%R
青霉素 G	185	5.9	137	5.8	174	1.1	114	5.3
氨苄西林	185	3.8	138	2.9	174	0.6	111	2.7
高浓度庆大霉素	184	26.1	12	0	175	24.6	108	0
高浓度链霉素	183	24	12	0	176	27.8	102	0
利奈唑胺	176	2.8	135	1.5	170	3.5	101	0
万古霉素	184	0.5	140	0	177	0	111	0.9

抗生素名称	浙江医院		浙江省立同德医院		浙江省中医院		浙江省新华医院	
	菌株数（株）	%R	菌株数（株）	%R	菌株数（株）	%R	菌株数（株）	%R
青霉素 G	16	6.2	82	8.5	28	0	14	7.1
氨苄西林	16	0	82	8.5	28	0	14	0
高浓度庆大霉素					28	0	14	0
高浓度链霉素					28	0	14	0
利奈唑胺	14	7.1	76	0	28	3.6	14	0
万古霉素	16	0	81	1.2	28	0	14	0

抗生素名称	浙江省肿瘤医院		浙江大学医学院附属妇产科医院		浙江大学医学院附属儿童医院		中国人民解放军第一一七医院	
	菌株数（株）	%R	菌株数（株）	%R	菌株数（株）	%R	菌株数（株）	%R
青霉素 G	268	1.9	133	0	37	5.4	13	0
氨苄西林	268	1.9	133	0	37	5.4	13	0
高浓度庆大霉素	265	0	125	32.8	37	21.6		
高浓度链霉素	266	0	125	21.6	37	8.1		
利奈唑胺	264	4.5	126	0	37	0	13	7.7
万古霉素	265	0	133	0	37	0	13	7.7

抗生素名称	杭州市第一人民医院		杭州市第二人民医院		杭州市第三人民医院		杭州市红十字会医院	
	菌株数（株）	%R	菌株数（株）	%R	菌株数（株）	%R	菌株数（株）	%R
青霉素 G	178	3.9	23	4.3	544	0.9	52	15.4
氨苄西林	178	1.7	24	4.2	545	0.4	52	3.8
高浓度庆大霉素	178	0	14	21.4	545	36.7	52	0
高浓度链霉素	178	0	3	33.3	545	23.7	51	0
利奈唑胺	163	0	13	0	540	3.9	51	2
万古霉素	178	0	24	0	545	0	51	0

抗生素名称	杭州市中医院		杭州市西溪医院		杭州市肿瘤医院		武警浙江总队杭州医院	
	菌株数（株）	%R	菌株数（株）	%R	菌株数（株）	%R	菌株数（株）	%R
青霉素 G	39	30.7	275	0.4	22	0	27	100.0
氨苄西林	41	4.9	276	1.1	22	0	27	0
高浓度庆大霉素			217	0	22	0		
高浓度链霉素			217	0	22	0		
利奈唑胺	41	9.8	275	0.4	19	0	28	10.7
万古霉素	41	4.9	276	0	22	0	27	0

抗生素名称	余杭区第一人民医院		淳安县第一人民医院		桐庐县第一人民医院	
	菌株数（株）	%R	菌株数（株）	%R	菌株数（株）	%R
青霉素 G	19	100.0	24	0	20	0
氨苄西林	22	36.3	24	0	20	0
高浓度庆大霉素					20	0
高浓度链霉素			24	0		
利奈唑胺	22	0	24	20.8	18	0
万古霉素	22	0	24	0	20	0

杭州地区屎肠球菌(尿标本)

抗生素名称	浙江大学附属第一医院		浙江大学医学院附属第二医院		浙江大学医学院附属邵逸夫医院		浙江省人民医院	
	菌株数(株)	%R	菌株数(株)	%R	菌株数(株)	%R	菌株数(株)	%R
青霉素 G	167	97	136	96.3	126	97.6	162	97.5
氨苄西林	169	95.3	141	95	127	97.6	163	95.7
高浓度庆大霉素	168	46.4	15	0	127	49.6	160	0
高浓度链霉素	167	68.9	15	0	127	70.9	146	0
环丙沙星	168	97	141	96.5	127	97.6	163	97.5
左氧氟沙星	169	96.4	140	97.1	126	96.8	164	97
呋喃妥因	169	64.5	140	55.7	126	69	163	68.1
利奈唑胺	162	0.6	140	0	125	0	156	0
万古霉素	167	1.2	141	0.7	126	0	162	0.6
四环素	168	25.6	140	17.1	127	11.8	164	18.3

抗生素名称	浙江医院		浙江省立同德医院		浙江省中医院		浙江省新华医院	
	菌株数(株)	%R	菌株数(株)	%R	菌株数(株)	%R	菌株数(株)	%R
青霉素 G	70	100.0	171	93.6	80	97.5	158	92.4
氨苄西林	70	98.6	173	92.5	80	96.2	159	89.3
高浓度庆大霉素					79	0	155	0.6
高浓度链霉素					79	0	155	0
环丙沙星	70	100.0	174	93.1	80	96.2	159	97.5
左氧氟沙星	70	100.0	174	93.1	80	95	158	97.5
呋喃妥因	70	48.6	174	70.7	80	82.5	159	70.4
利奈唑胺	67	0	162	0	80	1.2	158	0
万古霉素	68	0	172	1.7	80	1.2	159	0.6
四环素	70	25.7	172	23.8	80	21.2	159	10.7

抗生素名称	浙江省肿瘤医院		桐庐县第一人民医院		浙江大学医学院附属儿童医院		中国人民解放军第一一七医院	
	菌株数(株)	%R	菌株数(株)	%R	菌株数(株)	%R	菌株数(株)	%R
青霉素 G	28	82.1	60	100.0	151	98.7	16	100.0
氨苄西林	28	82.1	60	100.0	151	98	16	75
高浓度庆大霉素	27	0	59	0	151	60.9		
高浓度链霉素	27	0			150	8.7		
环丙沙星	28	85.7	60	100.0	151	82.1	16	100.0
左氧氟沙星	28	85.7	60	100.0	151	75.5	16	100.0
呋喃妥因	28	67.9	60	71.7	147	6.8	16	87.5
利奈唑胺	28	3.6	57	0	149	0	16	0
万古霉素	28	0	59	0	151	0	16	0
四环素	28	32.1	60	8.3	151	76.2	16	12.5

续表

抗生素名称	杭州市第一人民医院		杭州市第二人民医院		杭州市第三人民医院		杭州市红十字会医院	
	菌株数（株）	%R	菌株数（株）	%R	菌株数（株）	%R	菌株数（株）	%R
青霉素 G	283	96.5	105	100.0	151	96	175	100.0
氨苄西林	288	95.8	106	99.1	151	96	177	100.0
高浓度庆大霉素	280	0.4	48	31.2	151	49.7	175	0
高浓度链霉素	279	0	21	76.2	151	52.3	177	0
环丙沙星	288	96.9	106	99.1	151	95.4	177	99.4
左氧氟沙星	288	95.8	106	98.1	151	94.7	177	99.4
呋喃妥因	285	73.7	106	74.5	151	65.6	177	65.5
利奈唑胺	275	0	49	0	150	0	173	0
万古霉素	286	0.3	106	0	151	0	177	0
四环素	287	23.3	106	11.3	151	29.8	177	16.9

抗生素名称	杭州市中医院		杭州市西溪医院		杭州市肿瘤医院		武警浙江总队杭州医院	
	菌株数（株）	%R	菌株数（株）	%R	菌株数（株）	%R	菌株数（株）	%R
青霉素 G	232	86.6	56	98.2	123	96.7	203	98.5
氨苄西林	238	84.9	56	96.4	123	95.9	219	90
高浓度庆大霉素			39	0	121	0		
高浓度链霉素			39	0	121	0		
环丙沙星	238	91.6	56	94.6	123	98.4	220	98.6
左氧氟沙星	217	90.3	56	92.9	123	98.4		
呋喃妥因	236	65.7	39	56.4	122	73.8	179	79.3
利奈唑胺	236	0.8	56	0	118	0	220	0
万古霉素	235	9.8	56	0	123	0	219	0.5
四环素	238	26.9	56	21.4	123	20.3	220	21.8

抗生素名称	余杭区第一人民医院		淳安县第一人民医院	
	菌株数（株）	%R	菌株数（株）	%R
青霉素 G	11	100.0	129	98.4
氨苄西林	14	85.7	129	97.7
高浓度庆大霉素				
高浓度链霉素			129	0
环丙沙星	14	100.0	130	96.2
左氧氟沙星			130	93.8
呋喃妥因	14	85.7	130	59.2
利奈唑胺	14	0	130	0
万古霉素	14	0	130	0
四环素			129	15.5

杭州地区屎肠球菌(非尿标本)

抗生素名称	浙江大学附属第一医院		浙江大学医学院附属第二医院		浙江大学医学院附属邵逸夫医院		浙江省人民医院	
	菌株数(株)	%R	菌株数(株)	%R	菌株数(株)	%R	菌株数(株)	%R
青霉素 G	312	86.9	131	81.7	148	83.8	118	82.2
氨苄西林	312	85.9	131	77.1	149	79.2	118	78
高浓度庆大霉素	312	44.6	12	0	149	36.2	118	0
高浓度链霉素	309	65.7	12	0	149	51.7	103	0
利奈唑胺	293	0	128	1.6	144	0	112	0
万古霉素	309	1	131	0.8	149	2	118	0

抗生素名称	浙江医院		浙江省立同德医院		浙江省中医院		浙江省新华医院	
	菌株数(株)	%R	菌株数(株)	%R	菌株数(株)	%R	菌株数(株)	%R
青霉素 G	14	100.0	52	84.6	25	88	31	83.9
氨苄西林	14	92.9	53	84.9	25	88	31	80.6
高浓度庆大霉素					25	0	31	0
高浓度链霉素					25	0	31	0
利奈唑胺	13	0	50	0	25	0	30	0
万古霉素	13	0	51	2	25	4	31	0

抗生素名称	浙江省肿瘤医院		浙江大学医学院附属妇产科医院		浙江大学医学院附属儿童医院		中国人民解放军第一一七医院	
	菌株数(株)	%R	菌株数(株)	%R	菌株数(株)	%R	菌株数(株)	%R
青霉素 G	39	69.2	11	72.7	85	92.9	2	100.0
氨苄西林	39	69.2	11	72.7	85	90.6	2	100.0
高浓度庆大霉素	37	0	11	27.3	85	47.1		
高浓度链霉素	38	0	11	27.3	85	10.6		
利奈唑胺	38	0	11	0	83	1.2	2	0
万古霉素	39	0	11	0	85	0	2	0

抗生素名称	杭州市第一人民医院		杭州市第二人民医院		杭州市第三人民医院		杭州市红十字会医院	
	菌株数(株)	%R	菌株数(株)	%R	菌株数(株)	%R	菌株数(株)	%R
青霉素 G	257	80.9	40	82.5	65	67.7	42	92.9
氨苄西林	255	77.6	39	82.1	65	61.5	42	90.5
高浓度庆大霉素	255	0	21	42.9	65	32.3	42	0
高浓度链霉素	255	0	7	42.9	65	41.5	42	0
利奈唑胺	250	0	21	0	64	1.6	42	2.4
万古霉素	256	0	40	0	65	1.5	41	2.4

抗生素名称	杭州市中医院		杭州市西溪医院		杭州市肿瘤医院		杭州市儿童医院	
	菌株数（株）	%R	菌株数（株）	%R	菌株数（株）	%R	菌株数（株）	%R
青霉素 G	44	86.3	50	86	37	0	28	100.0
氨苄西林	45	84.4	50	84	37	94.6	28	100.0
高浓度庆大霉素			36	0	37	0		
高浓度链霉素			36	0	37	0		
利奈唑胺	45	2.2	50	0	35	0	27	0
万古霉素	45	6.7	51	0	37	0	28	0

抗生素名称	武警浙江总队杭州医院		余杭区第一人民医院		淳安县第一人民医院		桐庐县第一人民医院	
	菌株数（株）	%R	菌株数（株）	%R	菌株数（株）	%R	菌株数（株）	%R
青霉素 G	13	92.3	8	100.0	37	91.9	15	80
氨苄西林	14	71.4	11	90.9	36	91.7	15	66.7
高浓度庆大霉素							15	0
高浓度链霉素					35	0		
利奈唑胺	14	0	11	0	37	0	14	0
万古霉素	14	0	11	0	36	0	15	0

湖州地区粪肠球菌（尿标本）

抗生素名称	湖州市第一人民医院		德清县人民医院	
	菌株数（株）	%R	菌株数（株）	%R
青霉素 G	67	7.5	65	12.3
氨苄西林	67	3	65	3.1
高浓度庆大霉素	12	25	65	0
高浓度链霉素	12	25	65	0
环丙沙星	67	28.4	65	36.9
左氧氟沙星	67	28.4	65	36.9
呋喃妥因	66	1.5	65	3.1
利奈唑胺	67	6	65	7.7
万古霉素	66	1.5	65	0
四环素	67	77.6	65	89.2

湖州地区粪肠球菌(非尿标本)

抗生素名称	湖州市第一人民医院		德清县人民医院	
	菌株数(株)	%R	菌株数(株)	%R
青霉素 G	47	2.1	28	3.6
氨苄西林	47	0	28	3.6
高浓度庆大霉素	14	50	26	0
高浓度链霉素	13	38.5	26	0
利奈唑胺	47	8.5	28	3.6
万古霉素	47	4.3	28	0

湖州地区屎肠球菌(尿标本)

抗生素名称	湖州市第一人民医院		德清县人民医院	
	菌株数(株)	%R	菌株数(株)	%R
青霉素 G	45	93.3	85	97.6
氨苄西林	45	95.6	87	97.7
高浓度庆大霉素	14	57.1	83	0
高浓度链霉素	13	61.5	82	0
环丙沙星	45	93.3	87	97.7
左氧氟沙星	45	91.1	87	97.7
呋喃妥因	45	42.2	85	74.1
利奈唑胺	45	2.2	87	1.1
万古霉素	45	0	85	0
四环素	45	22.2	87	12.6

湖州地区屎肠球菌(非尿标本)

抗生素名称	湖州市第一人民医院		德清县人民医院	
	菌株数(株)	%R	菌株数(株)	%R
青霉素 G	31	67.7	7	85.7
氨苄西林	31	58.1	7	85.7
高浓度庆大霉素	5	0	7	0
高浓度链霉素	5	20	7	0
利奈唑胺	31	6.5	7	14.3
万古霉素	31	0	7	0

嘉兴地区粪肠球菌(尿标本)

抗生素名称	嘉兴市第一医院		嘉兴市第二医院		嘉兴市妇幼保健院		嘉兴市中医医院	
	菌株数（株）	%R	菌株数（株）	%R	菌株数（株）	%R	菌株数（株）	%R
青霉素 G	188	0.5	15	0	4	100.0	26	3.8
氨苄西林	193	0	191	9.4	29	10.3	25	0
高浓度庆大霉素	180	0	192	41.1	29	37.9	25	0
高浓度链霉素	192	0	15	0			25	0
环丙沙星	193	21.2	189	33.3	28	39.3	26	19.2
左氧氟沙星	193	19.2	15	20			26	19.2
呋喃妥因	191	0	192	7.8	29	3.4	26	0
利奈唑胺	185	4.9	192	1.6	29	10.3	26	0
万古霉素	193	0	192	0	29	0	26	0
四环素	193	80.3	186	80.1	29	79.3	26	92.3

抗生素名称	嘉善县第一人民医院		海盐县人民医院		海宁市人民医院		平湖市第一人民医院	
	菌株数（株）	%R	菌株数（株）	%R	菌株数（株）	%R	菌株数（株）	%R
青霉素 G	98	3.1	34	2.9	99	10.1	37	27
氨苄西林	98	0	34	2.9	100.0	1	37	0
高浓度庆大霉素	96	0	34	0	97	0	36	0
高浓度链霉素	97	0	13	0	95	0	37	0
环丙沙星	98	23.5	13	46.2	100.0	27	38	44.7
左氧氟沙星	98	23.5	34	32.4	100.0	26	38	44.7
呋喃妥因	95	0	13	0	98	0	37	0
利奈唑胺	95	1.1	34	2.9	100.0	6	38	5.3
万古霉素	98	0	34	2.9	99	0	37	0
四环素	97	82.5	13	84.6	100.0	82	38	100.0

抗生素名称	桐乡市第一人民医院		桐乡市第二人民医院		浙江省荣军医院	
	菌株数（株）	%R	菌株数（株）	%R	菌株数（株）	%R
青霉素 G	27	3.7	14	0	93	10.8
氨苄西林	27	0	14	0	97	1
高浓度庆大霉素	27	0	13	0	93	0
高浓度链霉素	27	0	13	0	79	0
环丙沙星	28	21.4	14	21.4	85	40
左氧氟沙星	28	21.4	14	14.3	97	41.2
呋喃妥因	27	0	13	0	80	0
利奈唑胺	23	0	14	0	93	0
万古霉素	27	0	13	0	97	0
四环素	28	78.6	14	85.7	86	83.7

嘉兴地区粪肠球菌(非尿标本)

抗生素名称	嘉兴市第一医院		嘉兴市第二医院		嘉兴市妇幼保健院		嘉兴市中医医院	
	菌株数(株)	%R	菌株数(株)	%R	菌株数(株)	%R	菌株数(株)	%R
青霉素 G	151	2.6	8	0	4	100.0	16	6.2
氨苄西林	152	0	88	3.4	58	1.7	16	0
高浓度庆大霉素	145	0	87	34.5	58	32.8	16	0
高浓度链霉素	148	0	6	0			16	0
利奈唑胺	139	5	88	3.4	58	12.1	16	0
万古霉素	152	0	88	1.1	58	0	16	0

抗生素名称	嘉善县第一人民医院		海盐县人民医院		海宁市人民医院		平湖市第一人民医院	
	菌株数(株)	%R	菌株数(株)	%R	菌株数(株)	%R	菌株数(株)	%R
青霉素 G	39	0	32	0	33	0	25	4
氨苄西林	39	0	32	0	33	0	25	0
高浓度庆大霉素	39	0	32	0	33	0	25	0
高浓度链霉素	38	0	15	0	32	0	25	0
利奈唑胺	36	8.3	32	3.1	33	0	24	12.5
万古霉素	39	0	32	0	33	0	25	4

抗生素名称	桐乡市第一人民医院		桐乡市第二人民医院		浙江省荣军医院	
	菌株数(株)	%R	菌株数(株)	%R	菌株数(株)	%R
青霉素 G	18	0	36	2.8	35	14.3
氨苄西林	18	0	36	2.8	35	0
高浓度庆大霉素	18	0	36	0	35	2.9
高浓度链霉素	18	0	36	0	32	0
利奈唑胺	12	0	36	13.9	33	0
万古霉素	17	0	36	0	35	0

嘉兴地区屎肠球菌(尿标本)

抗生素名称	嘉兴市第一医院		嘉兴市第二医院		嘉兴市妇幼保健院		嘉兴市中医医院	
	菌株数（株）	%R	菌株数（株）	%R	菌株数（株）	%R	菌株数（株）	%R
青霉素 G	140	97.1	11	90.9	4	75	24	100.0
氨苄西林	140	95.7	137	93.4	15	86.7	24	100.0
高浓度庆大霉素	118	0	149	37.6	15	60	24	0
高浓度链霉素	138	0	13	0	1	0	24	0
环丙沙星	140	97.1	148	96.6	15	66.7	24	100.0
左氧氟沙星	140	95.7	13	84.6	1	0	24	100.0
呋喃妥因	139	59.7	149	62.4	15	13.3	24	58.3
利奈唑胺	138	1.4	149	0.7	14	0	24	4.2
万古霉素	140	0	149	2.7	15	0	24	0
四环素	140	25	147	36.1	15	73.3	24	70.8

抗生素名称	嘉善县第一人民医院		海盐县人民医院		海宁市人民医院		平湖市第一人民医院	
	菌株数（株）	%R	菌株数（株）	%R	菌株数（株）	%R	菌株数（株）	%R
青霉素 G	92	95.7	52	96.2	75	94.7	41	100.0
氨苄西林	92	95.7	52	96.2	75	89.3	41	100.0
高浓度庆大霉素	91	0	52	0	74	0	41	0
高浓度链霉素	91	0	36	0	73	0	41	0
环丙沙星	92	93.5	36	100.0	75	96	41	100.0
左氧氟沙星	92	92.4	52	96.2	75	94.7	41	100.0
呋喃妥因	82	65.9	33	51.5	74	81.1	39	51.3
利奈唑胺	92	0	52	3.8	75	1.3	41	2.4
万古霉素	92	4.3	52	3.8	75	0	41	0
四环素	90	44.4	36	33.3	75	24	41	19.5

抗生素名称	桐乡市第一人民医院		桐乡市第二人民医院		浙江省荣军医院	
	菌株数（株）	%R	菌株数（株）	%R	菌株数（株）	%R
青霉素 G	37	100.0	43	93	91	95.6
氨苄西林	37	100.0	43	93	93	88.2
高浓度庆大霉素	37	0	42	0	91	0
高浓度链霉素	37	0	41	0	81	0
环丙沙星	37	100.0	43	95.3	83	96.4
左氧氟沙星	37	97.3	43	95.3	93	95.7
呋喃妥因	37	59.5	43	81.4	81	63
利奈唑胺	35	0	43	0	92	0
万古霉素	37	2.7	42	0	92	2.2
四环素	37	43.2	43	7	84	34.5

嘉兴地区屎肠球菌(非尿标本)

抗生素名称	嘉兴市第一医院		嘉兴市第二医院		嘉兴市妇幼保健院		嘉兴市中医医院	
	菌株数(株)	%R	菌株数(株)	%R	菌株数(株)	%R	菌株数(株)	%R
青霉素 G	87	66.7	12	50	1	0	6	66.7
氨苄西林	89	64	64	65.6	9	55.6	6	66.7
高浓度庆大霉素	83	0	65	30.8	9	11.1	5	0
高浓度链霉素	89	0	10	0			5	0
利奈唑胺	88	0	65	0	9	0	6	0
万古霉素	89	0	65	0	9	0	6	0

抗生素名称	嘉善县第一人民医院		海盐县人民医院		海宁市人民医院		平湖市第一人民医院	
	菌株数(株)	%R	菌株数(株)	%R	菌株数(株)	%R	菌株数(株)	%R
青霉素 G	11	72.7	20	50	12	75	7	85.7
氨苄西林	11	72.7	20	45	12	75	7	85.7
高浓度庆大霉素	11	0	20	0	12	0	7	0
高浓度链霉素	10	0	14	0	12	0	7	0
利奈唑胺	9	0	20	5	12	0	7	0
万古霉素	11	0	20	0	12	0	7	0

抗生素名称	桐乡市第一人民医院		桐乡市第二人民医院		浙江省荣军医院	
	菌株数(株)	%R	菌株数(株)	%R	菌株数(株)	%R
青霉素 G	15	100.0	10	50	11	72.7
氨苄西林	15	100.0	10	40	11	72.7
高浓度庆大霉素	15	0	10	0	11	0
高浓度链霉素	15	0	10	0	9	0
利奈唑胺	15	0	10	0	11	0
万古霉素	15	0	10	0	11	0

金华地区粪肠球菌(尿标本)

抗生素名称	义乌市中心医院		金华市中心医院		东阳市人民医院		兰溪市人民医院	
	菌株数（株）	%R	菌株数（株）	%R	菌株数（株）	%R	菌株数（株）	%R
青霉素 G	41	12.2	93	3.2	59	8.5	12	33.3
氨苄西林	41	9.8	93	2.2	58	5.2	12	0
高浓度庆大霉素	40	0	90	37.8	59	6.8	12	0
高浓度链霉素	40	0	89	25.8	59	6.8	12	0
环丙沙星	41	22	92	17.4	59	22	12	41.7
左氧氟沙星	41	19.5	93	17.2	58	20.7	12	41.7
呋喃妥因	41	4.9	57	5.3	59	5.1	12	0
利奈唑胺	38	0	88	0	49	0	12	0
万古霉素	41	0	93	0	58	0	12	0
四环素	41	82.9	92	89.1	59	83.1	12	100.0

抗生素名称	磐安县人民医院		浦江县人民医院		武义县第一人民医院		永康市第一人民医院	
	菌株数（株）	%R	菌株数（株）	%R	菌株数（株）	%R	菌株数（株）	%R
青霉素 G	21	38.1					52	98.1
氨苄西林	21	38.1	20	10	28	0	53	1.9
高浓度庆大霉素							53	32.1
高浓度链霉素	21	0	20	0				
环丙沙星	21	61.9	20	35	28	14.3	45	48.9
左氧氟沙星	21	61.9	20	30	28	10.7		
呋喃妥因	21	23.8			28	0	53	5.7
利奈唑胺	21	0	20	5	25	0	26	19.2
万古霉素	21	0	20	0	28	0	52	3.8
四环素	21	52.4	20	70	28	78.6	53	88.7

金华地区粪肠球菌(非尿标本)

抗生素名称	金华市人民医院		金华市中心医院		东阳市人民医院		兰溪市人民医院	
	菌株数(株)	%R	菌株数(株)	%R	菌株数(株)	%R	菌株数(株)	%R
青霉素 G	135	49.6	49	8.2	55	0	21	14.3
氨苄西林	133	38.3	49	2	55	0	21	4.8
高浓度庆大霉素	128	0	49	38.8	55	0	21	0
高浓度链霉素	123	0	49	34.7	55	3.6	21	0
利奈唑胺	125	1.6	43	0	50	2	19	0
万古霉素	127	0.8	47	0	55	0	21	0

抗生素名称	磐安县人民医院		浦江县人民医院		武义县第一人民医院		永康市第一人民医院	
	菌株数(株)	%R	菌株数(株)	%R	菌株数(株)	%R	菌株数(株)	%R
青霉素 G	9	22.2					17	88.2
氨苄西林	9	22.2	10	0	54	0	16	6.2
高浓度庆大霉素							17	17.6
高浓度链霉素	9	0	10	0				
利奈唑胺	9	0	10	0	45	0	9	11.1
万古霉素	9	0	10	0	54	0	17	11.8

抗生素名称	义乌市中心医院	
	菌株数(株)	%R
青霉素 G	28	3.6
氨苄西林	28	3.6
高浓度庆大霉素	27	0
高浓度链霉素	27	0
利奈唑胺	27	0
万古霉素	28	3.6

金华地区屎肠球菌(尿标本)

抗生素名称	义乌市中心医院		金华市中心医院		东阳市人民医院		兰溪市人民医院	
	菌株数(株)	%R	菌株数(株)	%R	菌株数(株)	%R	菌株数(株)	%R
青霉素 G	71	97.2	94	95.7	126	98.4	11	90.9
氨苄西林	70	95.7	94	95.7	126	98.4	11	90.9
高浓度庆大霉素	70	0	92	43.5	126	7.1	11	0
高浓度链霉素	69	0	90	75.6	126	11.1	11	0
环丙沙星	71	100.0	94	96.8	126	98.4	11	90.9
左氧氟沙星	71	98.6	94	96.8	126	96.8	11	81.8
呋喃妥因	71	62	53	64.2	126	56.3	11	54.5
利奈唑胺	67	0	86	0	120	0	11	0
万古霉素	71	0	92	0	126	0	11	0
四环素	71	22.5	94	31.9	126	30.2	11	36.4

抗生素名称	磐安县人民医院		浦江县人民医院		武义县第一人民医院		永康市第一人民医院	
	菌株数(株)	%R	菌株数(株)	%R	菌株数(株)	%R	菌株数(株)	%R
青霉素 G	17	100.0					61	98.4
氨苄西林	17	100.0	15	93.3	68	98.5	61	95.1
高浓度庆大霉素							60	50
高浓度链霉素	17	0	15	0				
环丙沙星	17	100.0	15	93.3	68	98.5	60	98.3
左氧氟沙星	17	100.0	15	93.3	68	97.1		
呋喃妥因	17	76.5			68	75	61	80.3
利奈唑胺	17	5.9	15	0	67	1.5	26	0
万古霉素	17	5.9	15	0	68	0	61	0
四环素	17	29.4	15	20	68	38.2	61	57.4

金华地区屎肠球菌(非尿标本)

抗生素名称	金华市人民医院		金华市中心医院		东阳市人民医院		兰溪市人民医院	
	菌株数(株)	%R	菌株数(株)	%R	菌株数(株)	%R	菌株数(株)	%R
青霉素 G	92	87	61	90.2	59	79.7	21	52.4
氨苄西林	91	84.6	60	85	59	74.6	21	47.6
高浓度庆大霉素	90	0	59	55.9	59	3.4	21	0
高浓度链霉素	77	0	59	55.9	58	8.6	21	0
利奈唑胺	87	0	56	0	54	0	21	0
万古霉素	90	0	61	0	59	0	21	0

续表

抗生素名称	磐安县人民医院		浦江县人民医院		武义县第一人民医院		永康市第一人民医院		义乌市中心医院	
	菌株数（株）	%R	菌株数（株）	%R	菌株数（株）	%R	菌株数（株）	%R	菌株数（株）	%R
青霉素 G	5	80					16	100.0	32	75
氨苄西林	5	80	11	100.0	34	82.4	17	76.5	32	71.9
高浓度庆大霉素							16	25	32	0
高浓度链霉素	5	0	11	0					32	0
利奈唑胺	5	20	11	0	32	0	7	0	31	0
万古霉素	5	20	11	0	34	0	17	0	32	0

丽水地区粪肠球菌(尿标本)

抗生素名称	丽水市中心医院		丽水市第二人民医院		景宁县人民医院		缙云县人民医院	
	菌株数（株）	%R	菌株数（株）	%R	菌株数（株）	%R	菌株数（株）	%R
青霉素 G	71	97.2	4	75	15	0	11	18.2
氨苄西林	70	95.7			15	0	11	0
高浓度庆大霉素	70	0			15	0		
高浓度链霉素	69	0			15	0		
环丙沙星	71	100.0			15	6.7		
左氧氟沙星	71	98.6			15	6.7	11	18.2
呋喃妥因	71	62	1	0	15	0	11	0
利奈唑胺	67	0			15	6.7	11	0
万古霉素	71	0			15	0	11	0
四环素	71	22.5			15	93.3		

丽水地区粪肠球菌(非尿标本)

抗生素名称	丽水市中心医院		丽水市第二人民医院		景宁县人民医院		缙云县人民医院	
	菌株数(株)	%R	菌株数(株)	%R	菌株数(株)	%R	菌株数(株)	%R
青霉素 G	62	8.1	2	100.0	16	6.2	14	14.3
氨苄西林	62	3.2			16	0	14	7.1
高浓度庆大霉素	61	0			16	0		
高浓度链霉素	60	0			16	0		
利奈唑胺	62	1.6			16	6.2	14	0
万古霉素	61	0			16	0	14	0

丽水地区屎肠球菌(尿标本)

抗生素名称	丽水市中心医院		丽水市第二人民医院		景宁县人民医院		缙云县人民医院	
	菌株数(株)	%R	菌株数(株)	%R	菌株数(株)	%R	菌株数(株)	%R
青霉素 G	49	93.9	2	100.0	11	100.0	22	100.0
氨苄西林	50	94	1	100.0	11	100.0	22	100.0
高浓度庆大霉素	49	2	1	0	11	0		
高浓度链霉素	46	0	1	0	11	0		
环丙沙星	47	95.7			11	100.0		
左氧氟沙星	50	94	2	100.0	11	100.0	22	100.0
呋喃妥因	48	64.6	6	16.7	11	63.6	22	81.8
利奈唑胺	50	0	2	0	11	0	22	0
万古霉素	50	0	2	0	11	0	22	0
四环素	50	48	2	0	11	27.3		

丽水地区屎肠球菌(非尿标本)

抗生素名称	丽水市中心医院		景宁县人民医院		缙云县人民医院	
	菌株数(株)	%R	菌株数(株)	%R	菌株数(株)	%R
青霉素 G	79	81	6	83.3	12	75
氨苄西林	79	79.7	6	83.3	12	75
高浓度庆大霉素	78	5.1	6	0		
高浓度链霉素	70	0	6	0		
利奈唑胺	79	0	6	0	12	0
万古霉素	79	0	6	0	12	0

宁波地区粪肠球菌(尿标本)

抗生素名称	宁波市第一医院		宁波市第二医院		宁波市医疗中心李惠利医院		宁波大学医学院附属医院	
	菌株数（株）	%R	菌株数（株）	%R	菌株数（株）	%R	菌株数（株）	%R
青霉素 G	71	1.4	79	6.3	54	1.9	48	2.1
氨苄西林	73	1.4	79	0	53	1.9	48	2.1
高浓度庆大霉素	73	0	79	0	53	0	47	0
高浓度链霉素	73	0	79	0	53	0	48	0
环丙沙星	73	31.5	79	39.2	54	27.8	48	29.2
左氧氟沙星	73	30.1	79	39.2	54	27.8	48	31.2
呋喃妥因	68	0	79	0	52	1.9	48	4.2
利奈唑胺	71	9.9	74	12.2	48	0	43	0
万古霉素	73	0	79	0	53	0	48	0
四环素	73	86.3	79	91.1	54	92.6	48	83.3

抗生素名称	宁波市妇女儿童医院		宁波市镇海区人民医院		宁波市北仑区人民医院		象山县第一人民医院	
	菌株数（株）	%R	菌株数（株）	%R	菌株数（株）	%R	菌株数（株）	%R
青霉素 G	168	1.2	26	3.8	22	0	23	8.7
氨苄西林	169	0	26	0	22	0	31	0
高浓度庆大霉素			26	0	20	5		
高浓度链霉素					20	0		
环丙沙星	168	6.5	26	38.5	22	45.5	28	32.1
左氧氟沙星	169	4.7	26	38.5	22	45.5	32	53.1
呋喃妥因	169	0.6	26	0	20	0	26	0
利奈唑胺	167	4.8	26	3.8			28	3.6
万古霉素	169	0.6	26	0	20	0	30	0
四环素	169	81.1	26	80.8	22	81.8	5	80

抗生素名称	宁波市鄞州人民医院		慈溪市人民医院	
	菌株数（株）	%R	菌株数（株）	%R
青霉素 G	172	1.7	23	8.7
氨苄西林	172	0.6	24	8.3
高浓度庆大霉素	171	50.9	23	0
高浓度链霉素	171	29.8	22	0
环丙沙星	172	22.7	23	21.7
左氧氟沙星	172	22.7	24	20.8
呋喃妥因	171	0.6	24	4.2
利奈唑胺	155	0	23	0
万古霉素	171	0	23	0
四环素	172	84.9	24	83.3

宁波地区粪肠球菌(非尿标本)

抗生素名称	宁波市第一医院		宁波市第二医院		宁波市医疗中心李惠利医院		宁波大学医学院附属医院	
	菌株数（株）	%R	菌株数（株）	%R	菌株数（株）	%R	菌株数（株）	%R
青霉素 G	83	2.4	63	3.2	40	5	36	5.6
氨苄西林	83	2.4	63	0	40	0	36	2.8
高浓度庆大霉素	83	0	63	0	40	0	36	2.8
高浓度链霉素	83	0	63	0	40	0	36	0
利奈唑胺	82	7.3	59	0	36	5.6	31	0
万古霉素	83	0	63	0	40	0	36	0

抗生素名称	宁波市妇女儿童医院		宁波市镇海区人民医院		宁波市北仑区人民医院		象山县第一人民医院	
	菌株数（株）	%R	菌株数（株）	%R	菌株数（株）	%R	菌株数（株）	%R
青霉素 G	115	0	11	0	11	0	17	5.9
氨苄西林	116	0	11	0	11	0	23	4.3
高浓度庆大霉素			11	0	11	0		
高浓度链霉素					11	0		
利奈唑胺	115	2.6	12	0			18	0
万古霉素	116	0	12	0	11	0	23	26.1

抗生素名称	宁波市鄞州人民医院		慈溪市妇幼保健院		宁波市奉化区人民医院		慈溪市人民医院	
	菌株数（株）	%R	菌株数（株）	%R	菌株数（株）	%R	菌株数（株）	%R
青霉素 G	160	1.2	24	4.2	1	0	19	5.3
氨苄西林	160	0	24	20.8	1	0	18	0
高浓度庆大霉素	157	27.4					19	0
高浓度链霉素	157	19.7					19	0
利奈唑胺	142	0	23	0	1	0	19	0
万古霉素	158	0	24	0	1	0	19	0

宁波地区屎肠球菌(尿标本)

抗生素名称	宁波市第一医院		宁波市第二医院		宁波市医疗中心李惠利医院		宁波大学医学院附属医院	
	菌株数(株)	%R	菌株数(株)	%R	菌株数(株)	%R	菌株数(株)	%R
青霉素 G	55	100.0	99	99	59	98.3	83	94
氨苄西林	56	100.0	100	99	60	96.7	83	91.6
高浓度庆大霉素	56	0	100	0	58	0	80	1.2
高浓度链霉素	56	0	100	0	58	0	81	1.2
环丙沙星	56	100.0	100	99	60	95	83	95.2
左氧氟沙星	56	100.0	100	100	60	93.3	83	91.6
呋喃妥因	53	52.8	100	44	60	43.3	83	27.7
利奈唑胺	56	0	100	0	57	1.8	79	0
万古霉素	56	0	100	0	60	0	83	0
四环素	56	35.7	100	13	60	35	83	51.8

抗生素名称	宁波市妇女儿童医院		宁波市镇海区人民医院		宁波市北仑区人民医院		象山县第一人民医院	
	菌株数(株)	%R	菌株数(株)	%R	菌株数(株)	%R	菌株数(株)	%R
青霉素 G	55	98.2	54	96.3	37	97.3	21	95.2
氨苄西林	55	98.2	54	98.1	37	97.3	28	89.3
高浓度庆大霉素			51	0	38	2.6		
高浓度链霉素					38	0		
环丙沙星	55	90.9	52	100.0	37	97.3	26	100.0
左氧氟沙星	55	81.8	55	100.0	37	97.3	28	67.9
呋喃妥因	55	0	51	62.7	38	7.9	25	24
利奈唑胺	55	0	55	1.8			26	26.9
万古霉素	55	0	55	1.8	38	0	28	0
四环素	55	89.1	53	11.3	37	37.8	9	66.7

抗生素名称	宁波市鄞州人民医院		慈溪市人民医院		宁波市奉化区人民医院	
	菌株数(株)	%R	菌株数(株)	%R	菌株数(株)	%R
青霉素 G	103	98.1	31	96.8	1	100.0
氨苄西林	103	95.1	31	93.5	1	100.0
高浓度庆大霉素	103	36.9	30	0		
高浓度链霉素	103	55.3	30	0		
环丙沙星	103	92.2	29	93.1	1	100.0
左氧氟沙星	103	89.3	30	93.3	1	100.0
呋喃妥因	103	38.8	29	27.6	1	0
利奈唑胺	99	0	30	3.3	1	0
万古霉素	103	0	30	0	1	0
四环素	103	31.1	30	40	1	100.0

宁波地区屎肠球菌(非尿标本)

抗生素名称	宁波市第一医院		宁波市第二医院		宁波市医疗中心 李惠利医院		宁波大学医学院 附属医院	
	菌株数 （株）	%R	菌株数 （株）	%R	菌株数 （株）	%R	菌株数 （株）	%R
青霉素 G	66	74.2	49	95.9	50	86	33	72.7
氨苄西林	65	70.8	49	93.9	51	84.3	34	64.7
高浓度庆大霉素	65	0	49	0	51	0	34	2.9
高浓度链霉素	64	0	49	0	51	0	33	0
利奈唑胺	65	1.5	48	0	50	0	32	0
万古霉素	66	0	48	0	52	0	34	0

抗生素名称	宁波市妇女儿童医院		宁波市镇海区 人民医院		宁波市北仑区 人民医院		象山县第一 人民医院	
	菌株数 （株）	%R	菌株数 （株）	%R	菌株数 （株）	%R	菌株数 （株）	%R
青霉素 G	27	77.8	11	81.8	18	77.8	13	76.9
氨苄西林	27	77.8	11	81.8	18	77.8	21	61.9
高浓度庆大霉素			11	0	18	11.1		
高浓度链霉素					18	5.6		
利奈唑胺	27	0	11	0			20	5
万古霉素	27	0	11	0	18	0	21	4.8

抗生素名称	宁波市鄞州 人民医院		慈溪市妇幼 保健院		慈溪市人民医院	
	菌株数 （株）	%R	菌株数 （株）	%R	菌株数 （株）	%R
青霉素 G	78	71.8			7	100
氨苄西林	78	70.5	12	66.7	7	100
高浓度庆大霉素	78	32.1	12	16.7	6	0
高浓度链霉素	78	44.9			6	0
利奈唑胺	74	0	12	0	6	0
万古霉素	77	0	12	0	6	0

衢州地区粪肠球菌(尿标本)

抗生素名称	衢州市人民医院		江山市人民医院		浙江衢化医院		龙游县人民医院		衢州市柯城区人民医院	
	菌株数(株)	%R	菌株数(株)	%R	菌株数(株)	%R	菌株数(株)	%R	菌株数(株)	%R
青霉素 G	114	2.6	15	60	35	100.0	19	5.3	34	5.9
氨苄西林	114	1.8	31	22.6	35	11.4	18	0	34	5.9
高浓度庆大霉素	114	40.4	31	35.5	35	62.9	18	0	34	41.2
高浓度链霉素	113	25.7	13	69.2			18	0	34	20.6
环丙沙星	114	23.7	19	78.9	34	61.8	18	11.1	34	23.5
左氧氟沙星	114	22.8	11	72.7			18	11.1	34	23.5
呋喃妥因	114	0	16	12.5	33	6.1	18	0	34	0
利奈唑胺	114	0.9	15	0	35	2.9	19	5.3	34	2.9
万古霉素	113	0	33	3	35	0	19	0	34	0
四环素	114	81.6	25	60			19	84.2	34	64.7

衢州地区粪肠球菌(非尿标本)

抗生素名称	衢州市人民医院		江山市人民医院		浙江衢化医院		龙游县人民医院		衢州市柯城区人民医院	
	菌株数(株)	%R	菌株数(株)	%R	菌株数(株)	%R	菌株数(株)	%R	菌株数(株)	%R
青霉素 G	89	4.5	8	62.5	37	100.0	24	0		
氨苄西林	89	2.2	12	25	37	10.8	24	0	9	0
高浓度庆大霉素	89	27	13	30.8	37	32.4	24	0	11	9.1
高浓度链霉素	88	22.7	4	50			24	0	11	9.1
利奈唑胺	89	0	7	14.3	37	5.4	24	8.3	11	0
万古霉素	89	0	14	7.1	37	5.4	24	0	11	0

衢州地区屎肠球菌(尿标本)

抗生素名称	衢州市人民医院		江山市人民医院		浙江衢化医院		龙游县人民医院		衢州市柯城区人民医院	
	菌株数(株)	%R	菌株数(株)	%R	菌株数(株)	%R	菌株数(株)	%R	菌株数(株)	%R
青霉素 G	102	98	18	88.9	81	97.5	31	100.0	24	87.5
氨苄西林	102	99	35	85.7	81	86.4	31	96.8	24	75
高浓度庆大霉素	102	47.1	45	51.1	81	53.1	30	0	24	33.3
高浓度链霉素	102	75.5	13	76.9			31	0	24	45.8
环丙沙星	102	99	37	94.6	81	98.8	31	100.0	24	83.3
左氧氟沙星	102	100.0	9	100.0			31	87.1	24	83.3
呋喃妥因	102	8.8	26	92.3	81	93.8	31	64.5	24	54.2
利奈唑胺	102	1	24	12.5	81	3.7	30	0	24	4.2
万古霉素	102	1	46	10.9	81	1.2	29	0	24	4.2
四环素	102	43.1	35	65.7			31	19.4	24	58.3

衢州地区屎肠球菌(非尿标本)

抗生素名称	衢州市人民医院		江山市人民医院		浙江衢化医院		龙游县人民医院		衢州市柯城区人民医院	
	菌株数(株)	%R	菌株数(株)	%R	菌株数(株)	%R	菌株数(株)	%R	菌株数(株)	%R
青霉素 G	78	71.8	4	100	12	100	8	62.5	6	50
氨苄西林	78	70.5	5	60	12	100	8	50	6	16.7
高浓度庆大霉素	78	34.6	6	33.3	12	75	7	0	7	14.3
高浓度链霉素	78	50	1	0			7	0	7	28.6
利奈唑胺	78	0	5	20	12	0	8	0	7	0
万古霉素	78	0	6	0	12	0	8	0	7	14.3

绍兴地区粪肠球菌(尿标本)

抗生素名称	绍兴市人民医院		绍兴第二医院		绍兴市妇幼保健院		绍兴市上虞人民医院	
	菌株数(株)	%R	菌株数(株)	%R	菌株数(株)	%R	菌株数(株)	%R
青霉素 G	106	5.7	84	4.8	100	4	37	5.4
氨苄西林	106	3.8	85	1.2	100	1	38	2.6
高浓度庆大霉素	106	0	83	38.6	99	16.2		
高浓度链霉素			82	26.8	97	12.4	18	5.6
环丙沙星	106	25.5	84	21.4	99	5.1	37	27
左氧氟沙星	106	25.5	85	20	100	5	37	27
呋喃妥因	106	4.7	85	4.7	100	1	37	2.7
利奈唑胺	106	4.7	85	3.5	96	1	33	0
万古霉素	106	0	84	0	100	0	37	0
四环素			85	76.5	100	70	38	65.8

续表

抗生素名称	嵊州市人民医院		诸暨市人民医院	
	菌株数（株）	%R	菌株数（株）	%R
青霉素 G	30	0	92	1.1
氨苄西林	30	0	92	1.1
高浓度庆大霉素	30	53.3	91	0
高浓度链霉素	30	26.7	91	0
环丙沙星	30	23.3	92	22.8
左氧氟沙星	30	23.3	92	20.7
呋喃妥因	30	3.3	91	0
利奈唑胺	30	0	84	0
万古霉素	30	0	89	0
四环素	30	83.3	91	83.5

绍兴地区粪肠球菌(非尿标本)

抗生素名称	绍兴市人民医院		绍兴第二医院		绍兴市妇幼保健院		绍兴市上虞人民医院	
	菌株数（株）	%R	菌株数（株）	%R	菌株数（株）	%R	菌株数（株）	%R
青霉素 G	84	4.8	74	1.4	254	2.4	44	2.3
氨苄西林	84	4.8	74	0	254	2	44	2.3
高浓度庆大霉素	84	0	74	27	249	36.5		
高浓度链霉素			74	16.2	244	21.3	29	0
利奈唑胺	83	4.8	74	4.1	242	2.5	38	2.6
万古霉素	84	0	73	0	253	0	43	0

抗生素名称	嵊州市人民医院		诸暨市人民医院	
	菌株数（株）	%R	菌株数（株）	%R
青霉素 G	19	10.5	49	6.1
氨苄西林	19	5.3	49	2
高浓度庆大霉素	19	31.6	49	0
高浓度链霉素	19	26.3	49	0
利奈唑胺	17	0	43	0
万古霉素	19	0	49	0

绍兴地区屎肠球菌（尿标本）

抗生素名称	绍兴市人民医院		绍兴第二医院		绍兴市妇幼保健院		绍兴市上虞人民医院	
	菌株数（株）	%R	菌株数（株）	%R	菌株数（株）	%R	菌株数（株）	%R
青霉素 G	99	97	78	97.4	58	93.1	57	100.0
氨苄西林	100	95	78	96.2	58	91.4	57	100.0
高浓度庆大霉素	99	0	76	47.4	56	28.6		
高浓度链霉素			77	42.9	48	2.1	26	0
环丙沙星	100	98	78	93.6	53	90.6	57	96.5
左氧氟沙星	100	94	78	93.6	57	86	57	98.2
呋喃妥因	100	54	77	53.2	55	5.5	57	73.7
利奈唑胺	100	1	78	0	47	2.1	56	0
万古霉素	100	1	78	3.8	58	0	57	0
四环素			78	33.3	54	90.7	57	24.6

抗生素名称	嵊州市人民医院		诸暨市人民医院	
	菌株数（株）	%R	菌株数（株）	%R
青霉素 G	27	96.3	106	98.1
氨苄西林	27	96.3	108	95.4
高浓度庆大霉素	27	70.4	105	0
高浓度链霉素	27	63	106	0
环丙沙星	27	92.6	107	97.2
左氧氟沙星	27	92.6	107	96.3
呋喃妥因	26	57.7	107	62.6
利奈唑胺	26	0	103	0
万古霉素	27	7.4	106	0
四环素	27	29.6	108	25.9

绍兴地区屎肠球菌（非尿标本）

抗生素名称	绍兴市人民医院		绍兴第二医院		绍兴市妇幼保健院		绍兴市上虞人民医院	
	菌株数（株）	%R	菌株数（株）	%R	菌株数（株）	%R	菌株数（株）	%R
青霉素 G	78	88.5	24	62.5	45	93.3	33	84.8
氨苄西林	78	83.3	23	56.5	46	93.5	33	84.8
高浓度庆大霉素	78	0	23	21.7	45	22.2		
高浓度链霉素			23	8.7	44	2.3	17	0
利奈唑胺	78	5.1	24	0	43	0	31	0
万古霉素	78	1.3	23	0	44	0	32	0

续表

抗生素名称	嵊州市人民医院		诸暨市人民医院	
	菌株数（株）	%R	菌株数（株）	%R
青霉素 G	19	84.2	46	78.3
氨苄西林	19	84.2	46	73.9
高浓度庆大霉素	19	57.9	45	0
高浓度链霉素	19	57.9	45	0
利奈唑胺	16	0	45	0
万古霉素	19	5.3	47	0

台州地区粪肠球菌(尿标本)

抗生素名称	台州市立医院		浙江省台州医院		玉环县人民医院	
	菌株数（株）	%R	菌株数（株）	%R	菌株数（株）	%R
青霉素 G	50	4	72	6.9	50	0
氨苄西林	49	4.1	72	1.4	50	0
高浓度庆大霉素			73	0	50	0
高浓度链霉素	12	0	52	0		
环丙沙星	22	36.4	52	32.7	50	40
左氧氟沙星	50	30	72	30.6	51	39.2
呋喃妥因	22	0	52	3.8	50	0
利奈唑胺	45	6.7	72	4.2	50	2
万古霉素	49	0	72	2.8	50	0
四环素	22	86.4	51	84.3	50	94

台州地区粪肠球菌(非尿标本)

抗生素名称	台州市立医院		浙江省台州医院		玉环县人民医院		温岭市第一人民医院	
	菌株数（株）	%R	菌株数（株）	%R	菌株数（株）	%R	菌株数（株）	%R
青霉素 G	143	2.1	116	6	32	12.5	7	28.6
氨苄西林	143	0	115	2.6	32	0	5	0
高浓度庆大霉素			113	0	32	0	6	16.7
高浓度链霉素	69	0	75	0			3	66.7
利奈唑胺	137	2.2	114	5.3	32	15.6	69	1.4
万古霉素	142	0	115	0	32	0	6	0

台州地区屎肠球菌（尿标本）

抗生素名称	台州市立医院		浙江省台州医院		玉环县人民医院	
	菌株数（株）	%R	菌株数（株）	%R	菌株数（株）	%R
青霉素 G	43	97.7	122	100.0	98	98
氨苄西林	43	95.3	121	99.2	99	98
高浓度庆大霉素			124	0	94	0
高浓度链霉素	12	0	94	0		
环丙沙星	28	96.4	96	97.9	100	98
左氧氟沙星	44	95.5	127	93.7	101	98
呋喃妥因	28	50	92	48.9	98	67.3
利奈唑胺	41	0	122	0.8	100	2
万古霉素	43	0	121	4.1	98	0
四环素	28	42.9	92	34.8	100	47

台州地区屎肠球菌（非尿标本）

抗生素名称	台州市立医院		浙江省台州医院		玉环县人民医院		温岭市第一人民医院	
	菌株数（株）	%R	菌株数（株）	%R	菌株数（株）	%R	菌株数（株）	%R
青霉素 G	31	74.2	73	79.5	42	90.5	12	100
氨苄西林	31	71	71	80.3	42	90.5	13	100
高浓度庆大霉素			74	0	42	0	11	63.6
高浓度链霉素	9	0	53	0			10	50
利奈唑胺	31	0	73	4.1	42	0	92	1.1
万古霉素	31	0	74	4.1	42	0	11	0

温州地区粪肠球菌（尿标本）

抗生素名称	温州医科大学附属第一医院		温州医科大学附属第二医院		温州市人民医院		乐清市人民医院	
	菌株数（株）	%R	菌株数（株）	%R	菌株数（株）	%R	菌株数（株）	%R
青霉素 G	109	1.8	84	1.2	166	2.4	85	3.5
氨苄西林	109	1.8	84	0	165	0.6	86	0
高浓度庆大霉素	108	45.4	84	48.8	78	0	85	0
高浓度链霉素	107	23.4	83	19.3	77	0	85	0
环丙沙星	109	23.9	84	22.6	167	26.3	86	19.8
左氧氟沙星	110	23.6	84	17.9	167	25.1	86	17.4
呋喃妥因	107	0.9	37	0	166	1.2	86	1.2
利奈唑胺	108	5.6	84	2.4	144	0	84	0
万古霉素	108	0	84	0	166	0	86	0
四环素	109	81.7	84	90.5	167	89.8	86	89.5

续表

抗生素名称	温州市中西医结合医院		苍南县人民医院	
	菌株数（株）	%R	菌株数（株）	%R
青霉素 G	15	0	41	2.4
氨苄西林	15	0	40	0
高浓度庆大霉素			41	56.1
高浓度链霉素			41	26.8
环丙沙星	15	13.3	41	17.1
左氧氟沙星	15	6.7	41	17.1
呋喃妥因	15	0	39	2.6
利奈唑胺	15	6.7	41	2.4
万古霉素	15	0	41	0
四环素	15	100.0	41	90.2

温州地区粪肠球菌（非尿标本）

抗生素名称	温州医科大学附属第一医院		温州医科大学附属第二医院		温州市人民医院		乐清市人民医院	
	菌株数（株）	%R	菌株数（株）	%R	菌株数（株）	%R	菌株数（株）	%R
青霉素 G	205	2.9	167	3	149	2.7	32	3.1
氨苄西林	207	2.9	167	1.2	149	0	32	3.1
高浓度庆大霉素	203	34	167	24.6	75	0	32	0
高浓度链霉素	193	20.2	164	14	75	0	32	0
利奈唑胺	205	6.3	167	2.4	137	0	29	0
万古霉素	206	0	167	0	149	0	32	0

抗生素名称	温州市中西医结合医院		苍南县人民医院	
	菌株数（株）	%R	菌株数（株）	%R
青霉素 G	27	14.8	43	4.7
氨苄西林	26	15.4	43	4.7
高浓度庆大霉素			43	39.5
高浓度链霉素			43	27.9
利奈唑胺	20	0	43	7
万古霉素	26	0	43	0

温州地区屎肠球菌(尿标本)

抗生素名称	温州医科大学附属第一医院		温州医科大学附属第二医院		温州市人民医院		乐清市人民医院	
	菌株数(株)	%R	菌株数(株)	%R	菌株数(株)	%R	菌株数(株)	%R
青霉素 G	70	100.0	162	99.4	132	97	65	100.0
氨苄西林	70	98.6	162	99.4	133	95.5	65	98.5
高浓度庆大霉素	67	59.7	162	43.2	59	1.7	65	0
高浓度链霉素	63	68.3	161	26.7	57	0	65	0
环丙沙星	67	100.0	162	96.9	134	94.8	65	98.5
左氧氟沙星	67	98.5	162	95.7	134	95.5	65	96.9
呋喃妥因	70	51.4	50	8	129	66.7	65	64.6
利奈唑胺	70	0	162	0	131	0	64	0
万古霉素	70	1.4	162	0	134	0	65	0
四环素	67	22.4	162	45.7	130	18.5	65	21.5

抗生素名称	温州市中西医结合医院		苍南县人民医院	
	菌株数(株)	%R	菌株数(株)	%R
青霉素 G	31	100.0	15	100
氨苄西林	31	100.0	15	100
高浓度庆大霉素			15	60
高浓度链霉素			15	73.3
环丙沙星	31	96.8	15	93.3
左氧氟沙星	31	93.5	15	93.3
呋喃妥因	31	38.7	15	53.3
利奈唑胺	30	0	15	0
万古霉素	31	0	15	0
四环素	31	45.2	15	20

温州地区屎肠球菌(非尿标本)

抗生素名称	温州医科大学附属第一医院		温州医科大学附属第二医院		温州市人民医院		乐清市人民医院	
	菌株数(株)	%R	菌株数(株)	%R	菌株数(株)	%R	菌株数(株)	%R
青霉素 G	174	88.5	126	77	60	78.3	21	95.2
氨苄西林	174	88.5	126	75.4	60	73.4	21	95.2
高浓度庆大霉素	171	45	126	42.9	30	0	21	0
高浓度链霉素	168	47	124	24.2	30	0	21	0
利奈唑胺	174	1.1	126	0	56	0	21	0
万古霉素	174	0.6	126	0	60	0	21	0

续表

抗生素名称	温州市中西医结合医院		苍南县人民医院	
	菌株数（株）	%R	菌株数（株）	%R
青霉素 G	9	88.9	14	92.9
氨苄西林	9	88.9	13	92.3
高浓度庆大霉素			14	57.1
高浓度链霉素			14	64.3
利奈唑胺	9	11.1	13	0
万古霉素	9	0	14	0

舟山地区粪肠球菌(尿标本)

抗生素名称	舟山医院	
	菌株数（株）	%R
青霉素 G	96	4.2
氨苄西林	105	2.9
高浓度庆大霉素	104	31.7
高浓度链霉素		
环丙沙星	100	35
左氧氟沙星	1	0
呋喃妥因	103	1.9
利奈唑胺	105	0
万古霉素	105	0
四环素	105	75.2

舟山地区粪肠球菌(非尿标本)

抗生素名称	舟山医院	
	菌株数（株）	%R
青霉素 G	74	0
氨苄西林	81	0
高浓度庆大霉素	81	22.2
高浓度链霉素		
利奈唑胺	80	0
万古霉素	81	0

舟山地区屎肠球菌（尿标本）

抗生素名称	舟山医院	
	菌株数（株）	%R
青霉素 G	82	91.5
氨苄西林	84	88.1
高浓度庆大霉素	85	48.2
高浓度链霉素		
环丙沙星	85	91.8
左氧氟沙星		
呋喃妥因	85	68.2
利奈唑胺	85	0
万古霉素	84	0
四环素	84	25

舟山地区屎肠球菌（非尿标本）

抗生素名称	舟山医院	
	菌株数（株）	%R
青霉素 G	34	50
氨苄西林	36	27.8
高浓度庆大霉素	37	16.2
高浓度链霉素		
利奈唑胺	37	0
万古霉素	37	0

（统计编辑：胡庆丰）

杭州地区大肠埃希菌

抗生素名称	浙江大学医学院附属第一医院		浙江大学医学院附属第二医院		浙江大学医学院附属邵逸夫医院		浙江省人民医院	
	菌株数量(株)	%/R	菌株数量(株)	%/R	菌株数量(株)	%/R	菌株数量(株)	%/R
ESBLs	912	53.7	852	46.2	858	49.7		
氨苄西林	944	82.3	902	75.8	858	78.8	1186	79.3
阿莫西林/克拉维酸	916	12.2	886	7.9			1187	13.2
头孢哌酮/舒巴坦	378	12.7	887	2.5	803	5.6		
氨苄西林/舒巴坦	32	59.4	17	47.1	858	57.2		
哌拉西林/他唑巴坦	946	4.5	900	1.4	855	2.6	1184	3.5
头孢唑啉	896	64.7	903	50.4	858	53.0	1188	56.8
头孢呋辛	113	67.3	16	50.0				
头孢他啶	565	33.3	791	17.6	858	22.1	1176	30.0
头孢曲松	948	59.2	886	48.0	859	51.1	1188	52.6
头孢噻肟			17	41.2				
头孢吡肟	947	20.2	900	12.6	860	19.4	1186	20.0
头孢替坦	32	9.4			859	2.4		
头孢西丁	916	16.9	901	12.4			1187	19.3
氨曲南	943	39.8	902	28.5	856	34.0	1185	35.7
厄他培南	929	4.5	876	1.1	853	1.5	1186	4.2
亚胺培南	946	4.7	898	1.1	860	1.5	1186	3.3
美罗培南	465	5.2	891	1.3	814	1.5	424	2.1
阿米卡星	947	3.7	902	3.0	857	2.9	1190	2.6
庆大霉素	945	34.7	902	30.3	857	35.5	1187	31.3
妥布霉素	945	14.8	903	10.9	855	12.4	1186	12.2
环丙沙星	945	58.3	901	47.6	856	49.8	1186	51.6
左氧氟沙星	948	56.2	901	45.3	857	48.4	1188	47.2
复方新诺明	947	49.2	901	46.5	857	46.7	1186	44.7
呋喃妥因	945	3.3	801	2.2	858	1.0	843	4.5
氯霉素			11	45.5				
米诺环素							400	22.3
四环素							2	50.0
替加环素	928	0	887	0.1	541	0	12	0

续表

抗生素名称	浙江医院		浙江省立同德医院		浙江省中医院		浙江省新华医院	
	菌株数（株）	%R	菌株数（株）	%R	菌株数（株）	%R	菌株数（株）	%R
ESBL	303	53.5	993	47.9	406	44.6	432	51.6
氨苄西林	308	78.2	997	79.3	406	75.4	433	81.3
阿莫西林/克拉维酸	309	8.1	999	7.9	406	11.1	433	14.3
头孢哌酮/舒巴坦					404	7.2	428	9.8
哌拉西林/他唑巴坦	309	1.9			404	3.2	433	4.6
头孢唑啉	246	69.5	829	65.9	404	50.0	433	61.2
头孢他啶					405	22.0	397	24.9
头孢曲松	309	54.7	999	51.6	405	48.4	433	57.3
头孢吡肟	309	16.8	999	16.2	405	14.3	433	20.8
头孢西丁	309	12.0	1000	10.8	406	12.8	433	19.4
氨曲南	309	35.0	999	32.3	403	30.8	433	41.8
厄他培南	300	0	963	0	405	5.7	433	4.2
亚胺培南	309	1.6	998	2.2	403	5.0	433	4.8
美罗培南							430	3.7
阿米卡星	309	1.3	999	1.7	406	3.0	433	2.8
庆大霉素	309	29.8	999	33.3	406	34.5	433	37.6
妥布霉素	309	9.4	998	9.7	405	10.9	433	16.6
环丙沙星	309	59.5	998	46.8	405	50.4	433	53.3
左氧氟沙星	309	56.6	999	43.9	405	48.4	433	50.1
复方新诺明	309	42.1	998	42.8	406	43.8	433	42.7
呋喃妥因	309	1.0	998	2.7	405	2.0	335	2.7
替加环素	309	0	983	0	406	0	433	0.9

续表

抗生素名称	浙江省肿瘤医院		浙江大学医学院附属妇产科医院		浙江大学医学院附属儿童医院		杭州市第一人民医院	
	菌株数（株）	%R	菌株数（株）	%R	菌株数（株）	%R	菌株数（株）	%R
ESBLs	755	58.0	153	49.0	1255	51.5	1361	49.4
氨苄西林	753	83.3	182	78.0	1260	82.7	1364	80.3
阿莫西林/克拉维酸	636	9.9			1260	5.8	1366	10.6
头孢哌酮/舒巴坦	16	25.0			936	2.4	656	8.2
氨苄西林/舒巴坦	119	58.8	182	33.0	903	29.8		
哌拉西林/他唑巴坦	751	1.9	182	0.5	1260	1.3	1366	3.1
头孢唑啉	504	94.8	169	52.7	1210	56.9	1348	55.7
头孢他啶	120	21.7	182	14.8	904	19.9	1219	29.4
头孢曲松	753	59.6	182	47.8	1260	52.9	1365	53.8
头孢吡肟	754	17.0	182	6.6	1259	13.0	1366	19.5
头孢替坦	117	1.7	182	0.5				
头孢西丁	635	12.9			1258	6.4	1364	14.3
氨曲南	752	37.8	182	25.8	1259	30.0	1364	35.2
厄他培南	743	0.3	182	0	1257	0.3	1353	1.8
亚胺培南	755	0.9	182	0	1259	0.5	1363	1.7
美罗培南	10	30.0			799	0.5	1176	1.8
阿米卡星	756	2.5	182	0.5	1260	0.8	1365	1.0
庆大霉素	755	36.8	182	25.8	1259	36.0	1367	32.6
妥布霉素	754	14.2	182	4.9	1260	8.7	1365	9.9
环丙沙星	755	48.6	182	37.9	1260	32.4	1364	49.6
左氧氟沙星	756	46.2	182	36.8	1260	29.4	1364	46.5
复方新诺明	756	51.7	182	100.0	1260	54.2	1365	45.6
呋喃妥因	734	1.5	182	1.1	452	1.3	1366	1.8
替加环素	634	0			1260	0	1359	0.1

续表

抗生素名称	杭州市第二人民医院		杭州市第三人民医院		杭州市红十字会医院		杭州市中医院	
	菌株数（株）	%R	菌株数（株）	%R	菌株数（株）	%R	菌株数（株）	%R
ESBLs	197	43.1	1257	50.0	1035	41.9	91	50.5
氨苄西林	725	73.2	1258	77.8	1036	75.5	915	82.4
阿莫西林/克拉维酸			1254	7.5	1036	5.3	881	15.0
头孢哌酮/舒巴坦	30	10.0	6	0	100.0			17.0
氨苄西林/舒巴坦	326	42.3	6	16.7			828	32.2
哌拉西林/他唑巴坦	325	3.7	1261	1.1	1036	0.9	915	11.4
头孢唑啉	681	49.0	1259	53.9	730	62.7	913	58.4
头孢他啶	725	16.6	6	50.0			828	29.2
头孢曲松	725	42.1	1254	51.7	1036	43.3	122	61.5
头孢噻肟			6	83.3			794	55.7
头孢吡肟	726	10.6	1254	9.3	1036	12.5	915	46.4
头孢替坦	724	2.2					35	2.9
头孢西丁			1260	12.1	1036	8.1	86	10.5
氨曲南	723	23.7	1253	29.1	1036	26.3	915	38.9
厄他培南	317	0.6	1259	1.1			121	9.1
亚胺培南	726	2.9	1262	1.0	1035	0.6	915	9.4
美罗培南							794	9.3
阿米卡星	725	1.5	1260	0.9	1036	0.7	913	4.9
庆大霉素	725	30.8	1260	31.7	1036	32.6	915	39.2
妥布霉素	725	8.3	1255	7.6	1036	8.3	108	20.4
环丙沙星	724	35.8	1260	39.6	1036	40.7	915	62.7
左氧氟沙星	725	32.8	1254	37.8	1036	38.6	122	53.3
复方新诺明	724	43.0	1259	44.7	1036	41.3	915	50.7
呋喃妥因	724	1.9	1254	2.4	1036	1.1	122	9.0
氯霉素							793	17.3
四环素							794	57.1
替加环素	30	0	1254	0.1	1035	0	87	0

续表

抗生素名称	杭州市西溪医院		杭州市肿瘤医院		杭州市儿童医院		中国人民解放军第一一七医院	
	菌株数（株）	%R	菌株数（株）	%R	菌株数（株）	%R	菌株数（株）	%R
ESBLs	545	39.1	440	55.9	142	41.5		
氨苄西林	545	77.4	439	86.6	142	77.5	107	80.4
阿莫西林/克拉维酸			440	10.9			3	100.0
头孢哌酮/舒巴坦							106	2.8
氨苄西林/舒巴坦	544	44.5			143	30.8	105	21.9
哌拉西林/他唑巴坦	545	1.1	439	3.6	143	0	106	4.7
头孢唑啉	545	41.5	440	60.7	115	50.4	107	0.9
头孢呋辛							105	45.7
头孢他啶	544	13.1			142	3.5	105	20.0
头孢曲松	545	40.0	440	58.0	142	40.8	105	47.6
头孢吡肟	545	9.2	440	19.5	141	3.5	107	36.4
头孢替坦	544	0.9			142	0		
头孢西丁			440	14.5			107	5.6
氨曲南	545	21.8	440	36.6	143	12.6		
厄他培南	552	0.9	429	0				
亚胺培南	552	0.5	440	2.5	137	0.7	107	2.8
美罗培南								
阿米卡星	545	1.3	440	4.1	142	0.7	107	8.4
庆大霉素	545	34.7	440	40.2	142	33.1	105	39.0
妥布霉素	545	8.6	438	12.6	142	11.3		
环丙沙星	545	39.4	440	63.0	142	17.6	107	36.4
左氧氟沙星	545	37.4	439	60.1	142	17.6	106	33.0
复方新诺明	545	48.3	440	44.1	142	42.3	107	59.8
呋喃妥因	545	0.7	348	1.4	13	0	67	25.4
氯霉素							105	20.0
米诺环素							105	1.9
替加环素			435	0				

续表

抗生素名称	武警浙江总队杭州医院		余杭区第一人民医院		淳安县第一人民医院		桐庐县第一人民医院	
	菌株数（株）	%R	菌株数（株）	%R	菌株数（株）	%R	菌株数（株）	%R
ESBL	912	53.7			336	37.5		
氨苄西林	944	82.3	620	78.9	252	73.4	289	81.3
阿莫西林/克拉维酸	916	12.2	621	5.8	337	11.0		
头孢哌酮/舒巴坦	378	12.7						
氨苄西林/舒巴坦	32	59.4	620	19.5			289	51.9
哌拉西林/他唑巴坦	946	4.5	621	1.6	337	3.0	289	4.2
头孢唑啉	896	64.7	568	46.0	253	40.3	214	77.1
头孢呋辛	113	67.3						
头孢他啶	565	33.3	621	11.3			289	28.4
头孢曲松	948	59.2			337	40.9		
头孢噻肟			621	38.8				
头孢吡肟	947	20.2	621	27.9	337	13.6	289	23.9
头孢替坦	32	9.4					289	2.1
头孢西丁	916	16.9			333	12.0		
氨曲南	943	39.8	619	22.9	253	20.6		
厄他培南	929	4.5			337	3.0		
亚胺培南	946	4.7	617	1.8	337	2.1	289	2.8
美罗培南	465	5.2	621	1.9				
阿米卡星	947	3.7	620	1.0	337	0.6	289	2.4
庆大霉素	945	34.7	621	34.5	252	37.3	289	36.7
妥布霉素	945	14.8			253	16.6	289	10.7
环丙沙星	945	58.3	620	32.9	252	42.5	289	44.6
左氧氟沙星	948	56.2	620	31.3	336	36.3	289	42.2
复方新诺明	947	49.2	620	52.7	337	39.8	289	45.7
呋喃妥因	945	3.3			251	1.6	289	1.4
氯霉素			620	26.6				
替加环素					337	0		

湖州地区大肠埃希菌

抗生素名称	湖州市第一人民医院		德清县人民医院	
	菌株数（株）	%R	菌株数（株）	%R
ESBL	428	49.5	625	41.1
氨苄西林	427	82.2	626	79.1
阿莫西林/克拉维酸			626	6.9
头孢哌酮/舒巴坦				
氨苄西林/舒巴坦	420	52.6		
哌拉西林/他唑巴坦	427	1.6	626	1.4
头孢唑啉	428	55.6	626	45.2
头孢他啶	420	21.4		
头孢曲松	427	54.1	626	43.5
头孢噻肟	109	51.4		
头孢吡肟	428	14.0	626	11.8
头孢替坦	421	2.4		
头孢西丁			625	9.3
氨曲南	427	31.6	625	25.9
厄他培南	428	2.1	626	1.4
亚胺培南	428	1.4	625	1.1
美罗培南				
阿米卡星	428	3.7	626	1.9
庆大霉素	427	35.1	626	33.4
妥布霉素	428	12.1	626	10.7
环丙沙星	428	51.6	626	40.7
左氧氟沙星	428	49.3	626	37.1
复方新诺明	426	46.9	626	49.4
呋喃妥因	427	2.3	626	2.4
替加环素			626	0.2

嘉兴地区大肠埃希菌

抗生素名称	嘉兴市第一医院		嘉兴市第二医院		嘉兴市妇幼保健院		嘉兴市中医院	
	菌株数（株）	%R	菌株数（株）	%R	菌株数（株）	%R	菌株数（株）	%R
ESBL	1335	44.3	1379	50.9	697	37.6	210	40.0
氨苄西林	1359	78.6	1380	80.9	698	75.9	210	73.3
阿莫西林/克拉维酸	1354	7.5	1361	6.8	697	3.7	210	9.5
头孢哌酮/舒巴坦	1350	0.1	1269	7.2			209	1.9
氨苄西林/舒巴坦	648	24.5	1380	21.5	698	13.5		
哌拉西林/他唑巴坦	1352	3.6	1383	3.5	698	0.3	210	2.4
头孢唑啉	1155	57.1	1383	52.1	294	92.2	210	41.0
头孢呋辛	1339	55.9						
头孢他啶	1336	24.1	1381	18.6	698	9.6	209	8.6
头孢曲松	707	46.1	23	56.5			210	40.0
头孢噻肟	650	43.4	1359	49.8	698	38.3		
头孢吡肟	1360	23.8	1383	40.2	697	31.6	210	8.6
头孢替坦			20	0				
头孢西丁	707	9.3					210	8.6
氨曲南	1357	28.6	1383	28.3	697	18.2	210	20.0
厄他培南	700	0.4	23	4.3			210	2.4
亚胺培南	1356	2.0	1383	0.9	698	0	210	2.4
美罗培南	1351	1.7	1360	0.7	698	0	209	2.4
阿米卡星	1357	2.2	1383	2.0	698	0.4	210	1.9
庆大霉素	1360	32.4	1383	36.9	698	28.8	210	31.9
妥布霉素	706	11.0	23	8.7			210	11.9
环丙沙星	1355	45.3	1382	44.3	697	27.1	210	39.0
左氧氟沙星	1358	42.2	1370	42.5	695	26.0	210	38.1
复方新诺明	1352	51.9	1382	55.4	698	54.9	210	44.3
呋喃妥因	569	2.6	12	16.7			210	1.4
氯霉素	651	30.4	1359	24.9	697	17.2		
四环素	646	60.7	1359	62.9	697	59.5		
替加环素	705	0.1	18	5.6			210	0

续表

抗生素名称	嘉善县第一人民医院		海盐县人民医院		平湖市第一人民医院		桐乡市第一人民医院	
	菌株数（株）	%R	菌株数（株）	%R	菌株数（株）	%R	菌株数（株）	%R
ESBL	503	50.1	797	38.6	267	44.2	10	100.0
氨苄西林	500	83.2	484	74.0	280	75.7	364	78.0
阿莫西林/克拉维酸	504	5.6	798	5.0	279	15.1	129	11.6
头孢哌酮/舒巴坦			316	3.2			324	5.9
氨苄西林/舒巴坦							235	48.1
哌拉西林/他唑巴坦	504	0.4	799	1.6	280	5.4	365	0.8
头孢唑啉	503	52.9	484	41.9	280	49.3	363	46.3
头孢呋辛			313	39.6				
头孢他啶			316	13.0			360	15.3
头孢曲松	504	51.6	798	40.5	280	47.1	365	44.1
头孢吡肟	504	9.1	798	10.8	280	15.0	363	9.6
头孢替坦							235	0.9
头孢西丁	504	12.1	798	5.6	279	16.5	129	14.0
氨曲南	504	28.8	486	20.6	280	28.9	363	26.2
厄他培南	501	0	798	0.8	280	6.1	364	1.1
亚胺培南	504	0.2	800	0.6	280	6.8	365	0.3
阿米卡星	504	2.8	800	1.6	280	7.1	364	1.6
庆大霉素	504	38.5	484	32.2	280	34.3	364	36.3
妥布霉素	503	13.5	486	9.1	280	17.5	363	8.3
环丙沙星	504	52.8	486	38.9	280	50.7	363	44.1
左氧氟沙星	504	49.8	800	34.9	280	47.9	365	41.6
复方新诺明	504	44.2	799	48.2	280	45.4	363	49.0
呋喃妥因	383	1.0	141	0.7	174	5.2	361	2.5
替加环素	494	0	800	0	279	0	129	0.8

续表

抗生素名称	桐乡市第二人民医院		浙江省荣军医院	
	菌株数（株）	%R	菌株数（株）	%R
ESBL	327	35.2	307	62.9
氨苄西林	330	79.1	300	84.3
阿莫西林/克拉维酸	330	7.0	288	13.9
头孢哌酮/舒巴坦			9	11.1
氨苄西林/舒巴坦			22	36.4
哌拉西林/他唑巴坦	331	2.7	309	5.5
头孢唑啉	330	40.6	299	68.9
头孢他啶			31	29.0
头孢曲松	330	36.7	309	67.6
头孢吡肟	330	7.9	309	23.0
头孢替坦			22	4.5
头孢西丁	330	9.1	285	14.4
氨曲南	331	19.9	300	45.0
厄他培南	330	0.9	308	7.8
亚胺培南	330	0.9	309	6.1
阿米卡星	332	1.2	308	3.6
庆大霉素	330	38.8	299	39.5
妥布霉素	331	7.6	299	13.4
环丙沙星	329	37.4	300	59.3
左氧氟沙星	330	34.5	309	57.0
复方新诺明	330	49.7	309	40.8
呋喃妥因	315	1.0	253	1.2
替加环素	333	0	286	0

金华地区大肠埃希菌

抗生素名称	金华市人民医院		金华市中心医院		东阳市人民医院		兰溪市人民医院	
	菌株数(株)	%R	菌株数(株)	%R	菌株数(株)	%R	菌株数(株)	%R
ESBL			1162	46.6	1346	39.8	548	40.9
氨苄西林	634	79.3	1165	76.7	1346	79.1	548	74.8
阿莫西林/克拉维酸	421	20.2	267	9.0	305	13.4	4	75.0
头孢哌酮/舒巴坦			1075	3.6	215	0	460	8.0
氨苄西林/舒巴坦	214	48.6	903	47.3	1340	45.9	548	44.5
哌拉西林/他唑巴坦	635	8.5	1165	1.8	1344	1.1	552	2.9
头孢唑啉	635	55.3	660	94.2	1233	46.6	548	49.1
头孢呋辛							5	40.0
头孢他啶	214	23.4	902	20.1	1347	14.5	553	18.4
头孢曲松	635	49.6	1163	48.3	1346	40.8	548	44.2
头孢噻肟							5	40.0
头孢吡肟	635	20.9	1162	12.7	1340	10.1	553	11.4
头孢替坦	214	7.9	902	1.9	1342	1.0	548	3.3
头孢西丁	421	21.6	266	16.5			5	20.0
氨曲南	635	34.6	1164	30.2	1345	23.1	552	26.6
厄他培南	574	1.7	1135	0	1330	0.1	540	1.7
亚胺培南	635	5.0	1165	0.9	1346	1.2	553	1.8
美罗培南					1308	0.2		
阿米卡星	635	2.4	1165	1.4	1334	0.8	553	1.1
庆大霉素	634	32.5	1164	32.6	1344	31.9	552	27.9
妥布霉素	635	11.7	1165	8.2	1346	7.7	548	6.6
环丙沙星	635	32.6	1165	41.5	1341	38.8	553	34.2
左氧氟沙星	635	30.1	1165	39.2	1344	35.8	553	32.2
复方新诺明	635	41.9	1165	45.9	1343	47.4	552	41.7
呋喃妥因	635	11.8	446	2.2	1343	1.6	532	1.9
氯霉素							3	0
米诺环素			3	0				
替加环素	420	1.0	266	0				

续表

抗生素名称	磐安县人民医院		浦江县人民医院		武义县第一人民医院		永康市第一人民医院	
	菌株数（株）	%R	菌株数（株）	%R	菌株数（株）	%R	菌株数（株）	%R
ESBL	118	59.3	256	44.9				
氨苄西林	120	85.0	255	79.6	244	82.4	642	79.9
阿莫西林/克拉维酸							641	6.1
头孢哌酮/舒巴坦					241	7.9	152	3.9
氨苄西林/舒巴坦	120	55.8	253	53.8	245	62.9	639	22.4
哌拉西林/他唑巴坦	120	8.3	256	0	245	4.5	633	3.2
头孢唑啉	103	68.0	216	55.1	245	50.2	638	49.5
头孢他啶	120	33.3	256	14.5	245	25.7	641	14.7
头孢曲松	119	56.3	255	45.5	245	46.9		
头孢噻肟							636	47.5
头孢吡肟	120	28.3	255	12.9	245	19.2	640	36.3
头孢替坦	120	4.2	255	0.4	245	4.5		
氨曲南	119	42.0	257	21.4	245	32.2	635	24.7
厄他培南	120	5.0	257	0	233	0.4		
亚胺培南	120	5.0	257	0	245	4.1	630	1.6
美罗培南							634	2.1
阿米卡星	120	0	258	0.4	245	2.0	630	1.6
庆大霉素	120	29.2	257	31.1	245	33.5	641	35.1
妥布霉素	120	8.3	252	9.5	245	9.8		
环丙沙星	120	51.7	257	39.7	245	42.0	633	38.5
左氧氟沙星	120	46.7	217	43.8	245	38.8	624	36.1
复方新诺明	120	50.0	256	100.0	245	52.7	636	53.6
呋喃妥因	120	1.7			245	1.6		
氯霉素							632	23.7
四环素							627	63.5
替加环素					245	0.4		

续表

抗生素名称	义乌市中心医院	
	菌株数（株）	%R
ESBL	604	41.7
氨苄西林	606	82.2
氨苄西林/舒巴坦	606	39.6
哌拉西林/他唑巴坦	608	1.6
头孢唑啉	609	58.1
头孢他啶	609	22.2
头孢曲松	609	55.0
头孢吡肟	609	15.8
头孢替坦	609	2.3
氨曲南	609	35.0
厄他培南	580	0
亚胺培南	609	1.0
阿米卡星	609	1.6
庆大霉素	609	30.4
妥布霉素	609	9.4
环丙沙星	609	47.8
左氧氟沙星	609	45.2
复方新诺明	609	45.3
呋喃妥因	609	2.5

丽水地区大肠埃希菌

抗生素名称	景宁县人民医院		丽水市第二人民医院		丽水市中心医院		缙云县人民医院	
	菌株数（株）	%R	菌株数（株）	%R	菌株数（株）	%R	菌株数（株）	%R
ESBL			30	50.0	790	51.8	238	38.7
氨苄西林	229	76.0	56	94.6	788	83.4	238	74.8
阿莫西林/克拉维酸			11	81.8			238	8.4
头孢哌酮/舒巴坦			53	1.9	330	6.1	238	6.3
氨苄西林/舒巴坦	229	45.9			458	55.5		
哌拉西林/他唑巴坦	229	0	58	8.6	788	4.2	238	5.5
头孢唑啉	229	38.9			458	54.8	238	42.0
头孢呋辛			52	55.8	330	54.2	237	42.2
头孢他啶	228	14.5	52	42.3	788	22.5	238	18.5
头孢曲松	229	36.7	5	60.0	458	53.7		
头孢噻肟			52	53.8	330	53.0	238	39.1
头孢吡肟	228	7.5	53	41.5	787	24.5	238	28.2
头孢替坦	229	0.4			458	2.8		
头孢西丁			58	12.1	329	8.8	238	4.2
氨曲南	229	21.8	52	42.3	786	31.8	238	26.1
厄他培南	229	0			458	2.6		
亚胺培南	229	0	52	0	788	1.9	237	2.1
美罗培南			52	0	331	1.5	238	2.1
阿米卡星	229	2.6	54	3.7	462	1.7	238	2.9
庆大霉素	229	37.1	51	39.2	788	36.0	238	29.4
妥布霉素	229	7.9	6	100.0	788	19.2	238	21.4
环丙沙星	229	34.5			459	51.4	238	38.7
左氧氟沙星	229	32.8	52	46.2	788	47.8		
复方新诺明	229	44.5	52	40.4	788	52.8	238	51.3
呋喃妥因	229	1.3	53	1.9	373	3.2	207	3.9
米诺环素					5	20.0	237	7.2
替加环素					4	0		

宁波地区大肠埃希菌

抗生素名称	宁波市第一医院		宁波市第二医院		宁波市医疗中心李惠利医院		宁波大学医学院附属医院	
	菌株数（株）	%R	菌株数（株）	%R	菌株数（株）	%R	菌株数（株）	%R
ESBL			763	55.7	431	64.7	644	52.0
氨苄西林	1130	82.4	835	85.4	446	85.9	648	80.6
阿莫西林/克拉维酸	1129	10.3					647	9.1
头孢哌酮/舒巴坦	1070	9.1	479	9.6	420	13.1	632	3.5
氨苄西林/舒巴坦					446	61.7		
哌拉西林/他唑巴坦	1128	3.0	832	4.6	445	4.5	646	3.6
头孢唑啉	1129	54.1	795	66.3	317	94.0	382	95.3
头孢他啶	574	93.4	2	50.0	446	36.1	571	21.2
头孢曲松	1130	52.8	835	59.2	446	64.8	648	55.4
头孢吡肟	1130	17.8	831	23.9	446	31.8	648	20.5
头孢替坦					446	4.7		
头孢西丁	1127	12.5					647	16.4
氨曲南	1128	35.2	834	41.1	446	51.1	647	36.9
厄他培南	1124	2.0	801	1.1	424	1.7	241	2.5
亚胺培南	1129	1.7	832	0.7	446	3.6	648	1.2
美罗培南							589	1.9
阿米卡星			835	4.0	446	5.6	647	2.5
庆大霉素	1130	39.3	833	39.7	445	40.0	648	33.0
妥布霉素	1128	13.6	836	20.7	446	21.7	648	12.2
环丙沙星	1080	50.0	835	69.6	444	63.1	648	48.0
左氧氟沙星	1110	46.2	836	65.0	445	60.7	648	45.5
复方新诺明	849	51.0	834	47.5	446	57.0	648	100.0
呋喃妥因	1078	2.6	830	4.5	420	3.3	648	2.5
替加环素	1023	0.2	836	0			644	0

续表

抗生素名称	宁波市妇女儿童医院		宁波市镇海区人民医院		宁波市北仑区人民医院		宁波市鄞州人民医院	
	菌株数（株）	%R	菌株数（株）	%R	菌株数（株）	%R	菌株数（株）	%R
ESBL	676	46.4	498	40.4	489	55.8		
氨苄西林	676	75.7	501	79.8	527	81.6	1114	76.8
阿莫西林/克拉维酸					524	7.4		
氨苄西林/舒巴坦	676	54.0	500	38.8	3	66.7	1114	49.2
哌拉西林/他唑巴坦	676	0.6	500	1.2	526	1.7	1115	2.3
头孢唑啉	490	66.5	421	51.5	526	57.6	940	56.5
头孢呋辛					37	56.8	1116	47.0
头孢他啶	676	15.2	501	15.8	37	29.7	1116	19.6
头孢曲松	676	46.9	500	42.4	523	55.6	1116	46.2
头孢噻肟					32	50.0		
头孢吡肟	676	11.2	500	7.6	527	19.5	1116	13.0
头孢替坦	676	0.4	499	0.8			1114	1.8
头孢西丁					526	9.9		
氨曲南	675	26.5	499	23.6	523	38.2	1113	28.3
厄他培南	676	0	499	1.4	521	0.2		
亚胺培南	675	0	501	1.2	527	0.4	1108	1.0
美罗培南			6	83.3	37	0	1112	0.9
阿米卡星	676	0.7	500	1.4	527	0.9	1116	2.0
庆大霉素	676	33.7	500	34.4	527	32.1	1115	33.4
妥布霉素	676	11.4	499	11.8	527	10.4	1114	10.1
环丙沙星	676	29.3	501	44.3	526	47.7	1114	42.4
左氧氟沙星	676	26.8	501	40.3	526	45.1	1116	40.2
复方新诺明	676	47.5	500	51.0	527	46.1	1114	46.1
呋喃妥因	676	0.4	499	1.4	492	2.0	1113	1.6
四环素					34	52.9		
替加环素					488	0		

续表

抗生素名称	慈溪市人民医院		象山县第一人民医院	
	菌株数（株）	%R	菌株数（株）	%R
ESBL	246	69.1		
氨苄西林	257	91.4	298	85.9
阿莫西林/克拉维酸	253	11.1	109	12.8
头孢哌酮/舒巴坦			109	6.4
氨苄西林/舒巴坦			285	60.4
哌拉西林/他唑巴坦	255	3.5	405	3.2
头孢唑啉	187	99.5	276	65.2
头孢呋辛			109	59.6
头孢他啶			407	27.8
头孢曲松	246	73.2	407	58.5
头孢吡肟	251	23.1	405	22.5
头孢替坦			298	4.4
头孢西丁	249	18.1	109	17.4
氨曲南	250	48.0	298	38.3
厄他培南	250	2.8	394	0.3
亚胺培南	251	2.8	407	0.7
阿米卡星	250	3.2	407	2.7
庆大霉素	253	43.1	298	38.6
妥布霉素	250	16.8	294	18.7
环丙沙星	246	58.9	298	60.1
左氧氟沙星	251	55.8	408	55.6
复方新诺明	253	58.5	387	53.2
呋喃妥因	251	2.8	298	0.7
替加环素	250	0	109	0

衢州地区大肠埃希菌

抗生素名称	衢州市人民医院		江山市人民医院		浙江衢化医院		龙游县人民医院	
	菌株数（株）	%R	菌株数（株）	%R	菌株数（株）	%R	菌株数（株）	%R
ESBL	1062	45.2					231	35.9
氨苄西林	1064	77.9	329	81.5	279	90.0	231	73.6
阿莫西林/克拉维酸	473	5.7	327	8.0	279	15.8		
头孢哌酮/舒巴坦	33	30.3						
氨苄西林/舒巴坦	591	36.2	324	24.1	279	38.7	231	45.0
哌拉西林/他唑巴坦	1064	2.8	330	6.1	279	14.3	231	2.2
头孢唑啉	1064	49.5	237	68.8	279	67.0	212	45.3
头孢呋辛	1064	47.3						
头孢他啶	1064	20.1	329	16.7	279	25.8	231	16.0
头孢曲松	1064	46.1					231	39.8
头孢噻肟	1064	46.8	333	46.2	279	61.3		
头孢吡肟	1064	43.0	329	41.0	279	58.4	231	9.5
头孢替坦	591	2.2					231	3.5
头孢西丁	1064	5.4	13	7.7				
氨曲南	1064	37.0	331	30.8	279	42.7	231	20.8
厄他培南	1064	1.2					231	1.7
亚胺培南	1064	1.0	331	5.1	279	7.9	231	1.7
美罗培南	1064	1.0	332	4.2	279	9.3		
阿米卡星	1064	1.2	329	1.8	279	1.4	231	0
庆大霉素	1064	32.3	330	36.4	278	47.5	231	33.8
妥布霉素	1064	24.1					231	6.5
环丙沙星	1064	40.8	327	42.2	279	52.7	231	37.7
左氧氟沙星	1064	36.9	331	41.1	278	51.8	231	35.1
复方新诺明	1064	52.0	330	53.0	279	53.0	231	48.9
呋喃妥因	591	3.0					231	1.7
氯霉素	591	18.4	320	33.1	279	31.2		
米诺环素	14	28.6						
四环素	1064	60.0	319	65.2				
替加环素	594	0						

续表

抗生素名称	衢州市柯城区人民医院	
	菌株数（株）	%R
ESBL		
氨苄西林	160	48.8
阿莫西林/克拉维酸	305	82.6
氨苄西林/舒巴坦	252	5.2
哌拉西林/他唑巴坦	306	31.0
头孢唑啉	306	2.3
头孢呋辛	300	63.0
头孢他啶	252	60.3
头孢曲松	305	23.9
头孢噻肟	306	57.2
头孢替坦	306	30.7
头孢西丁	54	0
氨曲南	252	7.9
厄他培南	54	31.5
亚胺培南	53	0
美罗培南	306	2.3
阿米卡星	252	1.2
庆大霉素	306	1.6
妥布霉素	306	39.5
环丙沙星	54	7.4
左氧氟沙星	306	49.0
复方新诺明	306	43.5
呋喃妥因	306	57.5
氯霉素	305	4.6
米诺环素	252	19.8
四环素	252	7.9

绍兴地区大肠埃希菌

抗生素名称	绍兴市人民医院		绍兴第二医院		绍兴市妇幼保健院		上虞市人民医院	
	菌株数（株）	%R	菌株数（株）	%R	菌株数（株）	%R	菌株数（株）	%R
ESBL	1087	53.0	659	41.9	1412	26.8	417	49.9
氨苄西林	1107	83.4	659	81.0	1419	64.8	417	83.0
阿莫西林/克拉维酸	1106	13.7			1411	1.4		
头孢哌酮/舒巴坦	748	10.4						
氨苄西林/舒巴坦			659	52.8				
哌拉西林/他唑巴坦	1106	1.7	659	2.7	1416	0.1	417	0.5
头孢唑啉	1107	60.2	659	48.3	1418	28.1	417	53.5
头孢他啶			659	19.7				
头孢曲松	1105	58.0	659	45.7	1410	27.7	417	50.8
头孢噻肟					9	44.4		
头孢吡肟	1107	18.2	659	14.6	1417	2.3		
头孢替坦			658	2.3				
头孢西丁	1107	18.6			1416	2.4	417	10.6
氨曲南	1106	38.8	659	27.2	1411	13.0	416	30.8
厄他培南	1105	4.3	657	2.0	1410	0.3	414	0.2
亚胺培南	1107	1.5	659	2.0	1417	0.1	411	0
美罗培南								
阿米卡星	1107	4.9	659	1.2	1418	0.5	417	1.4
庆大霉素	1105	33.4	659	34.9	1419	25.9	417	37.4
妥布霉素	1107	14.9	659	11.1	1411	3.5	417	12.5
环丙沙星	1107	54.5	659	41.0	1417	21.2	417	46.5
左氧氟沙星	1107	51.3	659	38.1	1412	19.1	417	44.1
复方新诺明	1101	42.9	659	44.8	1414	37.2	417	48.7
呋喃妥因	1107	3.8	659	0.9	1412	1.2	417	1.4
米诺环素			8	25.0				
替加环素	1105	0.7			1410	0	417	0

续表

抗生素名称	嵊州市人民医院		诸暨市人民医院	
	菌株数（株）	%R	菌株数（株）	%R
ESBL	337	50.1	941	50.7
氨苄西林	337	83.7	957	82.9
阿莫西林/克拉维酸			955	6.8
头孢哌酮/舒巴坦			941	7.8
氨苄西林/舒巴坦	337	58.5	4	75.0
哌拉西林/他唑巴坦	337	2.4	952	1.5
头孢唑啉	337	54.0	697	74.9
头孢呋辛			4	50.0
头孢他啶	337	24.6	4	50.0
头孢曲松	337	51.6	954	52.6
头孢噻肟			4	50.0
头孢吡肟	337	21.4	950	16.1
头孢替坦	337	1.5		
氨曲南	337	35.9	957	34.4
厄他培南	337	2.4	931	0
亚胺培南	337	2.4	960	1.1
美罗培南			4	0
阿米卡星	337	0.9	959	1.8
庆大霉素	337	36.5	963	35.8
妥布霉素	335	12.8	958	12.7
环丙沙星	337	51.0	957	49.2
左氧氟沙星	337	48.1	956	46.2
复方新诺明				
呋喃妥因	337	1.8	952	2.1
替加环素			952	0

台州地区大肠埃希菌

抗生素名称	浙江省台州医院		台州市立医院		温岭市第一人民医院		玉环县人民医院	
	菌株数（株）	%R	菌株数（株）	%R	菌株数（株）	%R	菌株数（株）	%R
ESBL	1240	44.4	824	44.2			547	51.9
氨苄西林	1235	79.7	457	81.2	85	82.4	577	83.0
阿莫西林/克拉维酸	1233	8.6	789	7.0				
头孢哌酮/舒巴坦	911	0.8	787	6.5				
氨苄西林/舒巴坦	910	8.0			85	40.0	577	55.8
哌拉西林/他唑巴坦	1236	1.3	814	2.2	469	6.4	577	2.6
头孢唑啉	748	79.7	442	49.1	85	64.7	330	96.7
头孢呋辛			336	49.7	80	61.3		
头孢他啶	1210	10.3	363	19.3	85	34.1	577	27.0
头孢曲松	1235	45.7	787	46.8	474	53.2	577	54.4
头孢噻肟					80	60.0		
头孢吡肟	1223	11.0	815	20.5	474	26.4	577	18.7
头孢替坦							577	1.6
头孢西丁	1229	10.0	789	8.7	87	12.6		
氨曲南	1227	27.1	490	29.0	85	44.7	577	36.4
厄他培南	1232	0.9	782	0.4	80	5.0	577	0.3
亚胺培南	1237	0.7	821	1.5	85	5.9	577	1.0
美罗培南	1159	0.5	33	9.1	80	3.8		
阿米卡星	1241	1.0	820	1.3	80	1.3	577	0.3
庆大霉素	1226	32.5	457	33.0	85	41.2	577	40.7
妥布霉素	1223	10.4	489	7.6	474	18.1	577	13.9
环丙沙星	1225	44.6	488	47.5	474	47.9	577	48.5
左氧氟沙星	1228	42.2	818	42.5	85	52.9	577	47.0
复方新诺明	1226	45.3	818	51.7	474	49.6	577	48.4
呋喃妥因	1230	2.0	456	1.3	38	2.6	577	0.2
米诺环素	1245	9.2	32	18.8				
替加环素	1229	0	819	0	80	1.3		

温州地区大肠埃希菌

抗生素名称	温州医科大学附属第一医院		温州医科大学附属第二医院		温州市人民医院		温州市中西医结合医院	
	菌株数(株)	%R	菌株数(株)	%R	菌株数(株)	%R	菌株数(株)	%R
ESBL	1807	50.9	1490	49.5	10	60.0	253	50.6
氨苄西林	1912	83.6	1490	83.7	1080	84.5	255	86.3
阿莫西林/克拉维酸	25	36.0	936	6.7	127	10.2	234	17.9
头孢哌酮/舒巴坦	1890	3.6	89	11.2	168	13.1	234	2.6
氨苄西林/舒巴坦	1895	54.7	554	41.2	598	50.8	255	63.5
哌拉西林/他唑巴坦	1918	2.2	1490	2.1	1080	4.6	255	2.0
头孢唑啉	1167	96.6	1481	55.5	1072	57.1	188	81.9
头孢呋辛	8	37.5	1481	52.6	702	53.7		
头孢他啶	1919	23.8	1489	50.7	1080	49.8	255	23.5
头孢曲松	1920	52.8	1490	50.7	1080	52.1	255	53.3
头孢噻肟			1481	50.6	700	53.7		
头孢吡肟	1919	20.2	1490	50.5	1080	44.9	255	15.3
头孢替坦	1896	2.4	8	0	378	4.0	255	2.4
头孢西丁	23	8.7	1479	7.8	699	8.4		
氨曲南	1893	34.4	1490	50.5	1079	50.9	255	32.2
厄他培南	1916	1.7			1058	1.6	249	0
亚胺培南	1920	1.2	1490	0.9	1079	2.1	255	1.6
美罗培南			1481	0.9	700	1.7	112	0
阿米卡星	1919	2.9	1490	2.9	945	5.1	255	3.1
庆大霉素	1910	41.5	1490	37.3	1080	41.5	255	38.8
妥布霉素	1896	15.6	1490	24.6	1079	27.9	255	15.7
环丙沙星	1909	56.8	1490	40.9	1079	50.6	255	54.9
左氧氟沙星	1902	54.5	1490	37.9	1080	46.8	255	52.2
复方新诺明	1918	49.4	1490	53.4	1080	40.6	255	51.4
呋喃妥因	1909	1.9	254	0.8	566	1.2	255	0.8
米诺环素							233	17.2
四环素			936	61.6	475	58.5		
替加环素			575	0				

续表

抗生素名称	苍南县人民医院		乐清市人民医院	
	菌株数（株）	%R	菌株数（株）	%R
ESBL	138	100.0	533	49.2
氨苄西林	376	79.8	534	80.3
头孢哌酮/舒巴坦			481	2.9
氨苄西林/舒巴坦	375	53.3	534	44.6
哌拉西林/他唑巴坦	407	1.5	533	0.8
头孢唑啉	309	54.0	443	60.7
头孢他啶	407	16.5	534	19.5
头孢曲松	375	42.1	534	49.3
头孢吡肟	407	13.3	534	15.2
头孢替坦	375	1.3	534	0.6
氨曲南	379	26.1	534	29.4
厄他培南	375	1.1	526	0
亚胺培南	407	0.2	533	0
美罗培南	28	3.6	483	0
阿米卡星	407	2.7	534	2.1
庆大霉素	407	38.1	534	36.3
妥布霉素	406	11.1	534	9.4
环丙沙星	407	36.9	534	49.8
左氧氟沙星	383	35.5	534	45.5
复方新诺明	399	46.1	534	44.6
呋喃妥因	241	1.7	534	1.1

舟山地区大肠埃希菌

抗生素名称	舟山医院	
	菌株数（株）	%R
ESBL		
氨苄西林	1326	79.4
阿莫西林/克拉维酸	1326	6.6
氨苄西林/舒巴坦	1326	21.0
哌拉西林/他唑巴坦	1301	4.6
头孢唑啉	720	87.2
头孢他啶	1325	16.5
头孢噻肟	1326	45.5
头孢吡肟	1325	36.9
氨曲南	1324	26.6
亚胺培南	1325	1.2
美罗培南	1326	1.2
阿米卡星	1326	1.5
庆大霉素	1325	34.9
环丙沙星	1324	48.6
左氧氟沙星	1319	46.6
复方新诺明	1325	54.6
氯霉素	1326	27.1
四环素	1326	62.4

（统计编辑：周宏伟）

2017 年浙江省各医院产 ESBL 大肠埃希菌(ESBL-*E.Coli*)分离率

医院	菌株数 （株）	ESBL-*E.Coli* （%）	医院	菌株数 （株）	ESBL-*E.Coli* （%）
苍南县人民医院	138	100.0	杭州市第一人民医院	1361	49.4
桐乡市第一人民医院	10	100.0	乐清市人民医院	533	49.2
武警浙江总队杭州医院	108	100.0	浙江大学医学院附属妇产科医院	153	49.0
慈溪市人民医院	246	69.1	衢州市柯城区人民医院	160	48.8
宁波市医疗中心李惠利医院	431	64.7	浙江省立同德医院	993	47.9
浙江省荣军医院	307	62.9	金华市中心医院	1162	46.6
温州市人民医院	10	60.0	宁波市妇女儿童医院	676	46.4
磐安县人民医院	118	59.3	浙江大学医学院附属第二医院	852	46.2
浙江省肿瘤医院	755	58.0	衢州市人民医院	1062	45.2
杭州市肿瘤医院	440	55.9	浦江县人民医院	256	44.9
宁波市北仑区人民医院	489	55.8	浙江省中医院	406	44.6
宁波市第二医院	763	55.7	浙江省台州医院	1240	44.4
浙江大学医学院附属第一医院	912	53.7	嘉兴市第一医院	1335	44.3
浙江医院	303	53.5	平湖市第一人民医院	267	44.2
绍兴市人民医院	1087	53.0	台州市立医院	824	44.2
海宁市人民医院	575	52.9	杭州市第二人民医院	197	43.1
宁波大学医学院附属医院	644	52.0	杭州市红十字会医院	1035	41.9
玉环县人民医院	547	51.9	绍兴第二医院	659	41.9
丽水市中心医院	790	51.8	义乌市中心医院	604	41.7
浙江省新华医院	432	51.6	杭州市儿童医院	142	41.5
浙江大学医学院附属儿童医院	1255	51.5	德清县人民医院	625	41.1
嘉兴市第二医院	1379	50.9	兰溪市人民医院	548	40.9
温州医科大学附属第一医院	1807	50.9	宁波市镇海区人民医院	498	40.4
诸暨市人民医院	941	50.7	嘉兴市中医院	210	40.0
温州市中西医结合医院	253	50.6	东阳市人民医院	1346	39.8
杭州市中医院	91	50.5	杭州市西溪医院	545	39.1

续表

医院	菌株数（株）	ESBL-*E.Coli*（%）	医院	菌株数（株）	ESBL-*E.Coli*（%）
嘉善县第一人民医院	503	50.1	缙云县人民医院	238	38.7
嵊州市人民医院	337	50.1	海盐县人民医院	797	38.6
杭州市第三人民医院	1257	50.0	嘉兴市妇幼保健院	697	37.6
丽水市第二人民医院	30	50.0	淳安县第一人民医院	336	37.5
绍兴市上虞人民医院	417	49.9	龙游县人民医院	231	35.9
浙江大学医学院附属邵逸夫医院	858	49.7	桐乡市第二人民医院	327	35.2
湖州市第一人民医院	428	49.5	绍兴市妇幼保健院	1412	26.8
温州医科大学附属第二医院	1490	49.5			

2017 年浙江省各医院耐亚胺培南大肠埃希菌（IR-*E.Coli*）分离率

医院	菌株数（株）	IR-*E.Coli*（%）	医院	菌株数（株）	IR-*E.Coli*（%）
杭州市中医院	915	9.4	东阳市人民医院	1346	1.2
浙江衢化医院	279	7.9	宁波大学医学院附属医院	648	1.2
平湖市第一人民医院	280	6.8	温州医科大学附属第一医院	1920	1.2
浙江省荣军医院	309	6.1	宁波市镇海区人民医院	501	1.2
温岭市第一人民医院	85	5.9	舟山医院	1325	1.2
江山市人民医院	331	5.1	德清县人民医院	625	1.1
金华市人民医院	635	5.0	浙江大学医学院附属第二医院	898	1.1
磐安县人民医院	120	5.0	诸暨市人民医院	960	1.1
浙江省中医院	403	5.0	衢州市人民医院	1064	1.0
浙江省新华医院	433	4.8	义乌市中心医院	609	1.0
浙江大学医学院附属第一医院	946	4.7	宁波市鄞州人民医院	1108	1.0
武警浙江总队杭州医院	521	4.4	玉环县人民医院	577	1.0
武义县第一人民医院	245	4.1	海宁市人民医院	575	0.9
宁波市医疗中心李惠利医院	446	3.6	杭州市第三人民医院	1260	0.9
浙江省人民医院	1186	3.3	嘉兴市第二医院	1383	0.9
杭州市第二人民医院	726	2.9	金华市中心医院	1165	0.9

续表

医院	菌株数（株）	IR-*E.Coli*（%）	医院	菌株数（株）	IR-*E.Coli*（%）
慈溪市人民医院	251	2.8	浙江省肿瘤医院	755	0.9
桐庐县第一人民医院	289	2.8	桐乡市第二人民医院	330	0.9
中国人民解放军第一一七医院	107	2.8	温州医科大学附属第二医院	1490	0.9
杭州市肿瘤医院	440	2.5	杭州市儿童医院	137	0.7
嘉兴市中医院	210	2.4	宁波市第二医院	832	0.7
嵊州市人民医院	337	2.4	浙江省台州医院	1237	0.7
衢州市柯城区人民医院	306	2.3	象山县第一人民医院	407	0.7
浙江省立同德医院	998	2.2	海盐县人民医院	800	0.6
淳安县第一人民医院	337	2.1	杭州市红十字会医院	1035	0.6
缙云县人民医院	237	2.1	浙江大学医学院附属儿童医院	1259	0.5
温州市人民医院	1079	2.1	杭州市西溪医院	552	0.5
嘉兴市第一医院	1356	2.0	宁波市北仑区人民医院	527	0.4
绍兴第二医院	659	2.0	桐乡市第一人民医院	364	0.3
丽水市中心医院	788	1.9	苍南县人民医院	407	0.2
兰溪市人民医院	553	1.8	嘉善县第一人民医院	504	0.2
余杭区第一人民医院	617	1.8	绍兴市妇幼保健院	1417	0.1
杭州市第一人民医院	1363	1.7	慈溪妇幼保健院	130	0
龙游县人民医院	231	1.7	嘉兴市妇幼保健院	698	0
宁波市第一医院	1129	1.7	景宁县人民医院	229	0
温州市中西医结合医院	255	1.6	乐清市人民医院	533	0
永康市第一人民医院	630	1.6	丽水市第二人民医院	52	0
浙江医院	309	1.6	宁波市妇女儿童医院	675	0
浙江大学医学院附属邵逸夫医院	860	1.5	浦江县人民医院	257	0
绍兴市人民医院	1107	1.5	绍兴市上虞人民医院	411	0
台州市立医院	821	1.5	浙江大学医学院附属妇产科医院	182	0
湖州市第一人民医院	428	1.4			

（统计编辑：吴盛海）

杭州地区肺炎克雷伯菌

抗生素名称	浙江大学医学院附属第一医院		浙江大学医学院附属第二医院		浙江大学医学院附属邵逸夫医院		浙江省人民医院	
	菌株数（株）	%R	菌株数（株）	%R	菌株数（株）	%R	菌株数（株）	%R
ESBL	745	17.6	1194	11.7	544	14.9		
阿米卡星	1075	32.6	1445	18.1	547	13.2	886	20.0
阿莫西林/克拉维酸	1023	48.0	1418	33.4			884	41.6
氨苄西林/舒巴坦	54	68.5	26	30.8	548	52.7		
氨曲南	1072	52.2	1445	35.2	546	42.9	886	44.4
多黏菌素 B	9	0						
厄他培南	934	36.8	1205	19.7	475	24	886	36.6
呋喃妥因	1071	54.5	1176	39.0	546	42.9	186	42.5
复方新诺明	1075	47.0	1442	29.3	545	44	886	36.9
环丙沙星	1072	50.5	1445	31.5	544	42.1	886	40.7
氯霉素			21	28.6				
美罗培南	529	43.5	1424	29.8	475	29.9	335	23.9
哌拉西林/他唑巴坦	1074	44.6	1445	29.9	547	33.5	886	33.4
庆大霉素	1070	40.4	1445	25.3	545	20.2	886	33.6
替加环素	946	1.0	1298	8.2	323	0		
头孢吡肟	1074	44.9	1444	28.2	548	36.1	886	33.9
头孢呋辛	136	68.4	22	36.4				
头孢哌酮/舒巴坦	455	47.7	1420	30.4	475	31.6		
头孢曲松	1074	55.5	1418	39.3	546	46.9	886	50.1
头孢噻肟			26	34.6				
头孢他啶	670	51.5	1295	31.9	547	40.2	878	44.3
头孢替坦	54	50.0			547	31.4		
头孢西丁	1022	48.6	1444	30.2			884	40.4
头孢唑啉	964	64.0	1444	39.9	547	49	886	53.5
妥布霉素	1072	37.1	1444	20.4	545	16.9	886	26.7
亚胺培南	1074	43.8	1438	30.3	547	32.4	886	35.2
左氧氟沙星	1074	47.1	1443	29.0	546	40.3	886	37.6

续表

抗生素名称	浙江医院		浙江省立同德医院		浙江省中医院		浙江省新华医院	
	菌株数（株）	%R	菌株数（株）	%R	菌株数（株）	%R	菌株数（株）	%R
ESBL	337	24.3	768	21.1	204	23.5	348	19.3
阿米卡星	366	4.1	770	25.5	205	6.8	348	14.7
阿莫西林/克拉维酸	363	16.0	770	35.8	205	29.8	348	28.2
氨苄西林/舒巴坦	3	100.0						
氨曲南	366	22.7	769	40.4	205	30.2	348	32.2
厄他培南	323	1.5	526	0	205	23.9	348	21.0
呋喃妥因	366	24.0	770	38.2	205	36.1	141	42.6
复方新诺明	366	17.2	770	28.2	205	30.2	348	32.2
环丙沙星	366	19.7	770	35.5	205	31.7	348	30.7
美罗培南							344	19.8
哌拉西林/他唑巴坦	366	12.6			205	24.4	348	22.1
庆大霉素	366	16.1	770	33.0	205	22.0	348	27.9
替加环素	323	0.3	640	0.2	202	3.5	248	13.3
头孢吡肟	366	16.7	770	34.3	205	19.0	348	23.6
头孢哌酮/舒巴坦					201	25.9	340	24.1
头孢曲松	366	29.0	770	51.2	205	39.0	348	38.2
头孢他啶					201	31.8	313	31.0
头孢西丁	363	18.5	770	35.3	205	30.2	348	27.6
头孢唑啉	154	73.4	627	65.9	204	40.7	348	42.8
妥布霉素	366	7.1	770	27.1	205	10.7	348	19.5
亚胺培南	366	11.7	770	29.5	204	23.5	348	19.0
左氧氟沙星	366	16.7	770	32.6	205	29.3	348	27.0

续表

抗生素名称	浙江省肿瘤医院		浙江大学医学院附属妇产科医院		浙江大学医学院附属儿童医院		武警浙江总队杭州医院	
	菌株数（株）	%R	菌株数（株）	%R	菌株数（株）	%R	菌株数（株）	%R
ESBL	691	14.2	35	51.4	504	50.4		
阿米卡星	692	1.4	43	2.3	507	1.6	736	39.4
阿莫西林/克拉维酸	563	5.3			507	20.5	735	58.0
氨苄西林/舒巴坦	130	18.5	43	51.2	387	51.7	736	69.3
氨曲南	690	9.7	43	39.5	507	39.1	736	65.2
多黏菌素 B							735	1.0
厄他培南	675	0.6	43	0	493	0.6		
呋喃妥因	46	10.9	43	11.6	157	24.2		
复方新诺明	690	15.2	43	97.7	507	32.0	736	48.6
环丙沙星	691	6.4	43	2.3	507	7.1	734	57.9
氯霉素							734	50.1
美罗培南					350	3.7	735	54.7
哌拉西林							623	70.9
哌拉西林/他唑巴坦	690	1.6	43	0	506	4.4	611	58.3
庆大霉素	692	10.0	43	39.5	507	14.8	736	52.0
四环素							735	46.5
替加环素	547	0.5			496	0.4	60	0
头孢吡肟	690	3.9	43	11.6	507	20.5	736	67.7
头孢哌酮/舒巴坦					403	8.4		
头孢曲松	691	16.1	43	46.5	507	49.9		
头孢噻肟							736	70.2
头孢他啶	129	7.8	43	23.3	387	43.7	735	61.4
头孢替坦	128	3.9	43	0				
头孢西丁	561	5.2			507	17.4		
头孢唑啉	117	99.1	38	68.4	490	58.4	628	83.4
妥布霉素	691	3.9	43	14.0	507	9.1		
亚胺培南	689	1.3	43	0	507	2.8	735	56.3
左氧氟沙星	691	5.2	43	2.3	507	4.7	622	53.5

续表

抗生素名称	杭州市第一人民医院		杭州市第二人民医院		杭州市第三人民医院		杭州市红十字会医院	
	菌株数（株）	%R	菌株数（株）	%R	菌株数（株）	%R	菌株数（株）	%R
ESBL	1159	18.5	126	19.0	727	15.8	565	19.6
阿米卡星	1161	17.6	467	24.4	727	4.5	565	11.5
阿莫西林/克拉维酸	1161	28.9			719	17.8	565	29.4
氨苄西林/舒巴坦			234	50.9	8	37.5		
氨曲南	1161	34.4	467	40.0	719	15.0	565	34.7
厄他培南	1143	23.4	185	14.6	714	6.2		
呋喃妥因	1160	37.4	465	34.6	719	26.0	565	36.1
复方新诺明	1161	33.5	466	39.5	727	14.3	565	37.2
环丙沙星	1161	33.8	467	39.0	727	12.8	565	33.6
美罗培南	1039	24.6						
哌拉西林/他唑巴坦	1161	25.0	234	33.3	727	8.5	563	21.1
庆大霉素	1161	27.6	466	36.5	727	10.9	565	23.5
替加环素	966	0.3	178	2.8	708	2.4	499	0
头孢吡肟	1161	27.3	467	32.8	719	9.3	565	24.4
头孢哌酮/舒巴坦	599	26.4	102	38.2	12	41.7		
头孢曲松	1161	40.3	467	43.9	718	20.8	565	39.6
头孢他啶	1068	35.3	467	36.6				
头孢替坦			466	25.8				
头孢西丁	1161	26.9			726	17.4	565	29.0
头孢唑啉	1140	42.7	438	51.6	726	28.7	252	95.2
妥布霉素	1161	21.3	467	29.6	721	6.0	565	15.8
亚胺培南	1150	23.5	466	30.3	730	7.7	565	20.4
左氧氟沙星	1161	29.3	467	34.9	719	10.4	565	30.4

续表

抗生素名称	杭州市中医院		杭州市西溪医院		杭州市肿瘤医院		杭州市儿童医院	
	菌株数（株）	%R	菌株数（株）	%R	菌株数（株）	%R	菌株数（株）	%R
ESBL	162	16.7	537	14.7	265	27.5	67	23.9
阿米卡星	816	15.6	537	0.4	265	8.7	67	0
阿莫西林/克拉维酸	782	32.5			265	25.7		
氨苄西林/舒巴坦	648	44.3	535	19.8			67	22.4
氨曲南	816	35.8	537	8.6	265	35.1	67	6.0
厄他培南	203	17.2	553	2.7	216	0		
呋喃妥因	203	22.2	537	7.6	133	38.3		
复方新诺明	816	23.3	537	14.3	265	37.7	67	17.9
环丙沙星	815	31.4	537	6.9	265	34.3	67	1.5
氯霉素	614	30.1						
美罗培南	613	27.2	16	62.5				
哌拉西林	614	49.2						
哌拉西林/他唑巴坦	816	30.1	537	0.7	265	17.7	67	0
庆大霉素	816	23.2	537	6.9	265	29.1	67	7.5
四环素	613	28.1						
替加环素	169	1.2			228	0		
头孢吡肟	816	35.0	537	3.7	265	17.7	67	0
头孢哌酮/舒巴坦	104	37.5	16	62.5				
头孢曲松	203	29.1	537	16.9	265	44.9	67	23.9
头孢噻肟	614	43.5						
头孢他啶	648	35.3	535	5.6			67	4.5
头孢替坦	34	14.7	535	3.0			67	0
头孢西丁	169	22.5			265	25.7		
头孢唑啉	812	43.7	537	33.1	265	48.3	49	36.7
妥布霉素	190	12.1	537	3.4	262	20.2	67	0
亚胺培南	815	26.1	553	2.5	265	17.4	65	0
左氧氟沙星	203	18.2	537	5.2	265	31.7	67	0

续表

抗生素名称	中国人民解放军第一一七医院		余杭区第一人民医院		淳安县第一人民医院		桐庐县第一人民医院	
	菌株数（株）	%R	菌株数（株）	%R	菌株数（株）	%R	菌株数（株）	%R
ESBL					552	13.4		
阿米卡星	82	35.4	439	0.9	556	4.9	300	27.0
阿莫西林/克拉维酸			440	9.8	552	22.1		
氨苄西林/舒巴坦	80	47.5	439	14.6			300	42.3
氨曲南			439	11.2	430	28.8		
多黏菌素 B			4	0				
厄他培南					552	18.5		
呋喃妥因	30	73.3			419	37.2	300	35.7
复方新诺明	82	51.2	440	14.5	556	25.9	300	37.7
环丙沙星	82	45.1	439	9.8	430	30.0	300	35.0
氯霉素	96	55.2	439	21.0				
美罗培南			440	5.2				
哌拉西林			440	16.4				
哌拉西林/他唑巴坦	81	39.5	439	4.8	556	18.7	300	30.3
庆大霉素	81	40.7	439	7.3	426	9.4	300	33.0
四环素	4	25.0						
替加环素	21	4.8			556	4.0		
替卡西林/克拉维酸	80	42.5						
头孢吡肟	82	40.2	440	10.0	556	22.3	300	32.0
头孢呋辛	80	50.0						
头孢哌酮/舒巴坦	93	47.3						
头孢曲松	80	47.5			552	30.6		
头孢噻肟			440	12.3				
头孢他啶	82	41.5	440	7.3			300	33.7
头孢替坦							300	28.3
头孢西丁	82	40.2			550	22.9		
头孢唑啉	81	0	394	20.3	426	35.9	130	96.9
妥布霉素					430	10.5	300	28.0
亚胺培南	83	37.3	440	4.8	556	18.2	300	30.3
左氧氟沙星	82	41.5	438	7.5	556	24.1	300	35.0

湖州地区肺炎克雷伯菌

抗生素名称	湖州市第一人民医院		德清县人民医院	
	菌株数（株）	%R	菌株数（株）	%R
ESBL	302	14.2	472	15.5
阿米卡星	303	5.3	472	8.9
阿莫西林/克拉维酸	13	61.5	472	19.7
氨苄西林/舒巴坦	290	26.9		
氨曲南	303	19.5	472	24.8
厄他培南	303	10.9	472	14.6
呋喃妥因	303	21.5	472	27.5
复方新诺明	303	21.5	472	28
环丙沙星	303	18.8	472	23.7
哌拉西林/他唑巴坦	303	10.2	472	15.5
庆大霉素	303	11.6	472	21.6
替加环素	14	21.4	472	7.6
头孢吡肟	303	13.9	472	15.3
头孢曲松	303	25.1	472	27.5
头孢噻肟	83	20.5		
头孢他啶	290	15.2		
头孢替坦	290	7.9		
头孢西丁	13	69.2	472	16.9
头孢唑啉	303	27.7	472	29.4
妥布霉素	302	8.9	472	13.3
亚胺培南	303	10.6	472	14.8
左氧氟沙星	303	15.2	472	21.4

嘉兴地区肺炎克雷伯菌

抗生素名称	嘉兴市第一人民医院		嘉兴市第二人民医院		嘉兴市妇幼保健院		嘉兴市中医院	
	菌株数（株）	%R	菌株数（株）	%R	菌株数（株）	%R	菌株数（株）	%R
ESBL	949	14.9	804	27.7	176	33.0	78	20.5
阿米卡星	966	5.0	809	5.3	177	0.6	79	2.5
阿莫西林/克拉维酸	965	9.8	703	15.2	177	3.4	79	6.3
氨苄西林/舒巴坦	335	20.3	803	27.0	177	22.6		
氨曲南	967	13.4	810	22.6	177	24.3	79	5.1
厄他培南	605	3.8	102	10.8			79	1.3
呋喃妥因	428	20.3	37	29.7			79	7.6
复方新诺明	964	19.0	802	24.8	177	27.1	79	17.7
环丙沙星	967	12.4	799	16.6	176	14.8	79	3.8
氯霉素	330	28.2	697	24.8	177	19.2		
美罗培南	961	7.0	717	9.1	177	0	80	1.3
哌拉西林	334	26.6	696	32.3	177	32.8		
哌拉西林/他唑巴坦	967	7.5	813	13.8	177	1.1	79	2.5
庆大霉素	967	12.1	812	13.5	177	14.7	79	6.3
四环素	331	23.9	697	30.3	177	32.2		
替加环素	610	4.9	71	4.2			79	1.3
头孢吡肟	968	10.8	812	22.9	177	28.2	79	2.5
头孢呋辛	947	26.2						
头孢哌酮/舒巴坦	960	0	726	16.8			80	3.8
头孢曲松	633	16.6	105	22.9			79	16.5
头孢噻肟	334	18.0	707	27.7	177	32.2		
头孢他啶	949	12.9	807	18.0	177	13.6	79	6.3
头孢替坦			99	8.1				
头孢西丁	633	10.3	5	60.0			79	3.8
头孢唑啉	813	24.1	810	30.0	60	98.3	79	17.7
妥布霉素	633	8.1	107	14.0			79	5.1
亚胺培南	966	6.8	814	10.2	177	0	79	1.3
左氧氟沙星	965	10.4	811	12.9	177	5.1	79	3.8

续表

抗生素名称	嘉善县第一人民医院		海盐县人民医院		浙江省荣军医院		海宁市人民医院	
	菌株数（株）	%R	菌株数（株）	%R	菌株数（株）	%R	菌株数（株）	%R
ESBL	267	16.9	381	16.8	224	29.0	589	16.8
阿米卡星	272	1.5	400	2.5	227	16.7	589	2.7
阿莫西林/克拉维酸	272	7.7	395	13.7	205	35.1	584	7.7
氨苄西林/舒巴坦					22	31.8	5	60.0
氨曲南	272	10.7	231	15.2	219	38.4	589	13.6
厄他培南	271	1.8	395	8.4	226	28.8	589	4.4
呋喃妥因	147	15.0	33	15.2	129	22.5	39	46.2
复方新诺明	272	20.6	400	18.3	227	21.1	589	14.4
环丙沙星	272	12.1	231	10.0	219	27.9	589	8.5
哌拉西林/他唑巴坦	271	2.2	400	7.8	227	26.0	589	4.9
庆大霉素	272	9.9	226	7.5	219	26.9	589	8.7
替加环素	265	3.4	399	4.5	186	1.1	584	4.6
替卡西林/克拉维酸			5	20.0				
头孢吡肟	272	5.1	400	10.8	226	23.0	589	8.3
头孢呋辛			169	25.4				
头孢哌酮/舒巴坦			174	10.9	8	25.0		
头孢曲松	272	18.0	395	21.8	227	44.5	589	16.6
头孢他啶			175	14.9	30	33.3		
头孢替坦					22	13.6		
头孢西丁	272	7.7	395	7.8	205	27.8	584	7.0
头孢唑啉	272	19.9	226	24.8	219	47.0	589	18.2
妥布霉素	272	3.7	231	2.6	219	23.3	589	4.6
亚胺培南	272	1.5	400	6.5	227	28.6	589	4.4
左氧氟沙星	272	8.5	400	7.5	227	25.1	589	6.3

抗生素名称	平湖市第一人民医院		桐乡市第二人民医院		桐乡市第一人民医院	
	菌株数（株）	%R	菌株数（株）	%R	菌株数（株）	%R
ESBL	219	15.5	203	13.3		
阿米卡星	235	4.3	223	9.9	366	10.9
阿莫西林/克拉维酸	234	13.7	226	17.3	127	25.2
氨苄西林/舒巴坦					240	31.7
氨曲南	235	18.3	226	14.2	367	24.8
厄他培南	235	11.5	226	11.1	365	17
呋喃妥因	46	26.1	203	23.6	365	15.9
复方新诺明	235	23.8	227	21.6	365	28.5
环丙沙星	235	19.1	227	17.2	367	20.4
哌拉西林/他唑巴坦	235	12.3	226	12.8	367	16.3
庆大霉素	235	14.9	226	16.4	367	18.8
替加环素	233	4.3	227	10.1	119	14.3
头孢吡肟	235	6.8	226	12.8	367	19.3
头孢哌酮/舒巴坦					342	21.3
头孢曲松	235	22.6	227	21.1	367	28.9
头孢他啶					364	23.4
头孢替坦					239	9.6
头孢西丁	234	10.3	226	16.4	127	23.6
头孢唑啉	235	23.8	225	23.1	367	30.8
妥布霉素	234	8.1	227	12.8	367	13.4
亚胺培南	235	11.1	225	11.1	368	16.3
左氧氟沙星	235	18.7	225	15.1	367	18.5

金华地区肺炎克雷伯菌

抗生素名称	金华市人民医院		金华市中心医院		东阳市人民医院		兰溪市人民医院	
	菌株数（株）	%R	菌株数（株）	%R	菌株数（株）	%R	菌株数（株）	%R
ESBL			1387	19.4	743	15.2	623	14.0
阿米卡星	563	5.2	1390	2.6	746	2.1	626	2.9
阿莫西林/克拉维酸	389	21.1	1125	14.5	119	19.3		
氨苄西林/舒巴坦	175	23.4	268	28.0	749	22.6	623	18.3
氨曲南	561	21.2	1390	18.6	743	10.6	626	9.9
多黏菌素 B			21	0			4	50.0
厄他培南	504	4.4	1280	0.4	726	0.1	606	2.0
呋喃妥因	563	33.0	212	14.2	746	19.8	606	9.4
复方新诺明	563	13.7	1389	19.2	747	17.5	627	14.8
环丙沙星	562	11.4	1390	10.3	746	8.2	626	8.6
美罗培南					720	1.1		
哌拉西林/他唑巴坦	561	11.4	1389	6.5	743	3.0	626	4.3
庆大霉素	563	8.7	1390	12.0	746	8.0	626	8.8
替加环素	384	1.0	1084	0.5				
头孢吡肟	563	11.7	1390	7.6	746	5.9	627	6.1
头孢哌酮/舒巴坦			1303	8.7	8	100.0	560	6.8
头孢曲松	563	24.3	1390	25.3	748	16.7	623	14.1
头孢他啶	174	12.6	268	14.9	748	6.3	626	8.3
头孢替坦	174	10.3	268	5.2	748	2.3	623	4.0
头孢西丁	389	23.4	1126	15.2				
头孢唑啉	563	30.6	430	93.5	659	21.2	623	18.3
妥布霉素	563	7.8	1388	5.5	749	3.6	623	5.5
亚胺培南	563	9.4	1389	6.3	746	4.4	626	3.7
左氧氟沙星	563	9.8	1390	8.5	744	5.6	626	7.2

续表

抗生素名称	磐安县人民医院		浦江县人民医院		武义县第一人民医院		永康市第一人民医院	
	菌株数（株）	%R	菌株数（株）	%R	菌株数（株）	%R	菌株数（株）	%R
ESBL	158	17.1	176	9.7				
阿米卡星	161	15.5	176	12.5	307	0.3	507	5.9
阿莫西林/克拉维酸							526	20.5
氨苄西林/舒巴坦	161	39.1	172	25.6	307	25.1	524	30.2
氨曲南	161	26.7	174	17.8	307	11.7	525	24.0
厄他培南	160	23.1	169	11.2	296	0		
呋喃妥因	161	31.1			307	12.4		
复方新诺明	161	32.3	176	100.0	307	18.2	521	21.3
环丙沙星	161	23.6	175	17.7	307	10.1	525	17.7
氯霉素							527	28.1
美罗培南							521	16.9
哌拉西林							521	33.0
哌拉西林/他唑巴坦	160	20.0	176	14.8	307	4.9	518	19.1
庆大霉素	161	23.6	174	18.4	307	10.7	522	15.5
四环素							522	28.2
替加环素					305	3.6		
头孢吡肟	161	20.5	176	14.2	307	5.5	523	25.6
头孢哌酮/舒巴坦			17	0	303	5.9	111	14.4
头孢曲松	161	32.9	172	20.9	307	17.9		
头孢噻肟							520	27.3
头孢他啶	161	20.5	176	15.3	307	8.1	522	21.5
头孢替坦	161	21.7	168	8.9	307	1.3		
头孢唑啉	126	47.6	109	28.4	307	20.2	520	31.7
妥布霉素	161	18.6	170	14.1	307	3.3		
亚胺培南	161	22.4	176	13.6	307	4.2	524	18.5
左氧氟沙星	161	22.4	57	47.4	307	8.5	525	15.4

续表

抗生素名称	义乌市中心医院	
	菌株数 （株）	%R
ESBL	579	22.1
阿米卡星	579	2.8
氨苄西林/舒巴坦	579	41.5
氨曲南	577	32.1
厄他培南	485	0
呋喃妥因	578	25.1
复方新诺明	578	31.0
环丙沙星	578	24.6
哌拉西林/他唑巴坦	579	15.2
庆大霉素	579	19.5
头孢吡肟	579	19.3
头孢曲松	579	37.0
头孢他啶	579	25.7
头孢替坦	578	10.7
头孢唑啉	578	43.1
妥布霉素	493	9.3
亚胺培南	579	13.6
左氧氟沙星	579	20.6

丽水地区肺炎克雷伯菌

抗生素名称	丽水市中心医院		丽水市第二人民医院		景宁县人民医院		缙云县人民医院	
	菌株数（株）	%R	菌株数（株）	%R	菌株数（株）	%R	菌株数（株）	%R
ESBL	501	22.0	16	37.5			92	25
阿米卡星	275	5.1	25	12.0	134	8.2	92	3.3
阿莫西林/克拉维酸							92	10.9
氨苄西林/舒巴坦	252	30.2			134	23.1		
氨曲南	501	22.4	25	32.0	134	4.5	91	18.7
多黏菌素 B	29	0						
厄他培南	253	7.1			134	0.7		
呋喃妥因	70	40.0	14	21.4	134	13.4	57	49.1
复方新诺明	501	26.9	26	53.8	134	27.6	92	39.1
环丙沙星	253	14.6			134	6.7	92	15.2
美罗培南	248	8.9	25	0			92	2.2
哌拉西林							92	32.6
哌拉西林/他唑巴坦	501	10.8	29	13.8	134	0.7	92	6.5
庆大霉素	501	15.0	22	31.8	134	17.2	92	10.9
替加环素	8	12.5						
替卡西林/克拉维酸							92	10.9
头孢吡肟	501	17.2	25	36.0	134	2.2	92	18.5
头孢呋辛	248	35.1	23	47.8			92	25
头孢哌酮/舒巴坦	248	12.9	25	0			92	6.5
头孢曲松	253	28.1			134	20.1		
头孢噻肟	248	32.7	25	48.0			92	23.9
头孢他啶	500	18.8	25	40.0	134	4.5	92	16.3
头孢替坦	252	6.7			134	0.7		
头孢西丁	249	16.5	33	30.3			92	5.4
头孢唑啉	253	30.0			134	21.6	90	24.4
妥布霉素	501	10.6	6	100.0	134	9.7	92	10.9
亚胺培南	501	8.0	25	0	134	0.7	92	3.3
左氧氟沙星	501	15.0	25	28.0	134	3.7		

宁波地区肺炎克雷伯菌

抗生素名称	宁波市第一医院		宁波市第二医院		宁波市医疗中心 李惠利医院		宁波大学医学院 附属医院	
	菌株数 (株)	%R	菌株数 (株)	%R	菌株数 (株)	%R	菌株数 (株)	%R
ESBL			529	39.7	374	24.1	391	20.2
阿米卡星			594	4.5	444	14.6	395	1.8
阿莫西林/克拉维酸	519	28.7					394	9.6
氨苄西林/舒巴坦					443	46.5		
氨曲南	520	33.5	593	27.7	444	35.6	395	18.2
多黏菌素 B								
厄他培南	503	16.9	589	10.9	388	12.9	173	3.5
呋喃妥因	492	36.6	578	36.2	401	33.4	393	23.9
复方新诺明	411	29.0	594	42.4	444	28.8	395	100.0
环丙沙星	501	29.3	594	30.1	444	32.4	395	12.2
美罗培南							351	3.7
哌拉西林/他唑巴坦	520	19.4	592	14.9	444	23.0	395	3.0
庆大霉素	520	27.5	594	25.8	444	30.6	395	12.4
替加环素	447	7.2	584	11.0	6	0	371	0
替卡西林/克拉维酸							28	17.9
头孢吡肟	520	23.8	592	21.3	444	30.2	393	9.9
头孢哌酮/舒巴坦	485	25.2	382	25.7	415	29.6	369	4.9
头孢曲松	520	39.8	594	44.1	443	41.1	395	24.3
头孢他啶	241	83.8			443	33.0	346	9.2
头孢替坦					443	21.9		
头孢西丁	520	24.4					395	9.6
头孢唑啉	520	41.9	544	52.4	208	91.8	114	86.8
妥布霉素	520	17.1	593	16.7	444	19.1	395	3.8
亚胺培南	520	18.3	586	8.9	444	22.7	395	3.8
左氧氟沙星	513	25.5	593	24.5	444	29.5	395	9.6

抗生素名称	宁波市妇女儿童医院		宁波市镇海区人民医院		宁波市北仑区人民医院		宁波市鄞州人民医院	
	菌株数（株）	%R	菌株数（株）	%R	菌株数（株）	%R	菌株数（株）	%R
ESBL	173	37.6	243	18.1	372	19.9		
阿米卡星	173	1.7	244	2.9	410	1.5	631	2.1
阿莫西林/克拉维酸					406	9.1		
氨苄西林/舒巴坦	173	37.6	244	24.2			629	21.5
氨曲南	173	23.7	244	15.2	408	14.5	630	11.6
厄他培南	171	2.9	243	1.6	404	0.7		
呋喃妥因	173	10.4	243	16.0	384	16.7	629	21.9
复方新诺明	173	33.5	244	20.5	411	17.3	631	20.0
环丙沙星	173	6.9	245	12.2	410	11.0	630	9.7
美罗培南			7	71.4	31	3.2	629	0.8
哌拉西林					26	46.2	628	18.5
哌拉西林/他唑巴坦	173	3.5	245	1.6	410	2.7	629	2.1
庆大霉素	173	12.7	244	13.5	410	9.5	629	9.9
四环素					27	37.0		
替加环素					355	0		
替卡西林/克拉维酸					26	11.5		
头孢吡肟	173	15.6	245	7.8	410	8.3	631	5.4
头孢呋辛					30	36.7	630	18.7
头孢曲松	173	39.9	244	20.1	408	19.9	630	16.8
头孢噻肟					28	28.6		
头孢他啶	173	19.7	244	11.9	30	23.3	631	9.2
头孢替坦	173	2.9	243	1.6			629	0.6
头孢西丁					410	9.3		
头孢唑啉	108	67.6	183	29.0	406	23.9	498	23.3
妥布霉素	173	5.8	243	5.8	410	4.6	630	4.3
亚胺培南	173	1.7	245	1.2	410	2.0	610	1.3
左氧氟沙星	173	4.6	245	10.2	411	9.5	630	7.1

续表

抗生素名称	慈溪市人民医院		象山县第一人民医院	
	菌株数（株）	%R	菌株数（株）	%R
ESBL	198	29.8		
阿米卡星	210	6.2	239	4.2
阿莫西林/克拉维酸	208	15.9	64	14.1
氨苄西林/舒巴坦			157	31.2
氨曲南	210	26.2	175	18.9
厄他培南	203	7.9	222	0.9
呋喃妥因	206	16.0	167	29.3
复方新诺明	209	28.2	225	24.9
环丙沙星	203	15.8	176	25.0
美罗培南			8	0
哌拉西林/他唑巴坦	204	9.8	239	7.5
庆大霉素	209	22.5	167	12.0
替加环素	205	2.4	65	0
头孢吡肟	206	18.4	239	12.1
头孢呋辛			64	25.0
头孢哌酮/舒巴坦			72	5.6
头孢曲松	211	38.4	231	22.9
头孢他啶			238	14.3
头孢替坦			167	6.6
头孢西丁	211	12.8	64	10.9
头孢唑啉	81	100.0	128	34.4
妥布霉素	209	13.4	175	8.6
亚胺培南	210	8.6	238	3.8
左氧氟沙星	206	14.1	239	19.2

衢州地区肺炎克雷伯菌

抗生素名称	衢州市人民医院		江山市人民医院		浙江衢化医院		龙游县人民医院		衢州市柯城区人民医院	
	菌株数（株）	%R	菌株数（株）	%R	菌株数（株）	%R	菌株数（株）	%R	菌株数（株）	%R
ESBL	750	29.6					185	14.1	119	21.8
阿米卡星	750	7.3	186	5.9	261	6.1	185	7.6	219	11.4
阿莫西林/克拉维酸	311	16.4	180	21.1	261	29.5				
氨苄西林/舒巴坦	439	28.9	179	43.6	261	49.4	185	28.6	219	34.2
氨曲南	750	27.9	184	32.1	261	44.8	185	18.9	34	17.6
多黏菌素 B			7	0	259	1.5			42	0
厄他培南	750	13.3					185	12.4	28	0
呋喃妥因	439	24.4					185	20.0	219	27.9
复方新诺明	750	28.3	185	37.8	261	31.4	185	23.2	219	26.9
环丙沙星	750	22.4	180	16.7	260	27.3	185	16.2	219	19.2
氯霉素	439	25.3	169	36.1	260	32.7			185	25.4
美罗培南	750	12.8	188	16.5	261	25.7			185	15.1
哌拉西林	750	42.8	178	54.5	261	61.3				
哌拉西林/他唑巴坦	750	14.4	185	19.5	261	31.0	185	10.3	219	16.0
庆大霉素	750	19.1	188	19.1	261	31.4	185	14.6	219	23.7
四环素	750	26.9	171	41.5						
替加环素	482	2.1								
替卡西林/克拉维酸	750	17.5							185	27.6
头孢吡肟	750	30.5	185	37.8	261	47.1	185	16.2	219	23.7
头孢呋辛	750	34.0							185	37.8
头孢哌酮/舒巴坦	118	76.3							185	16.8
头孢曲松	750	32.8	4	0			185	25.9	219	34.7
头孢噻肟	750	32.9	185	40.5	261	47.9				
头孢他啶	750	21.6	187	23.5	261	31.8	185	15.1	217	25.3
头孢替坦	439	11.4					185	10.3	34	11.8
头孢西丁	750	15.3	10	20.0					185	21.6
头孢唑啉	750	34.4	119	63.0	260	56.2	169	32.0	212	5.2
妥布霉素	750	12.8					185	10.3	34	14.7
亚胺培南	750	12.5	187	18.2	261	27.6	185	12.4	219	16.9
左氧氟沙星	750	17.3	186	9.7	259	20.5	185	13.5	219	16.0

绍兴地区肺炎克雷伯菌

抗生素名称	绍兴市人民医院		绍兴第二医院		绍兴市妇幼保健院		绍兴市上虞人民医院	
	菌株数（株）	%R	菌株数（株）	%R	菌株数（株）	%R	菌株数（株）	%R
ESBL	831	17.0	351	10.8	462	27.5	299	22.1
阿米卡星	891	3.5	353	4.0	466	0.2	299	14.4
阿莫西林/克拉维酸	891	14.0			462	5.2		
氨苄西林/舒巴坦			353	24.6				
氨曲南	891	17.8	353	15.3	462	21.0	299	31.1
多黏菌素 B								
厄他培南	890	8.2	350	8.9	460	1.1	284	13.4
呋喃妥因	891	26.4	351	19.7	462	10.4	299	30.1
复方新诺明	887	21.8	353	15.0	464	14.2	299	25.8
环丙沙星	891	15.7	353	13.3	466	15.7	299	29.4
氯霉素								
美罗培南			20	75.0				
哌拉西林								
哌拉西林/他唑巴坦	891	9.3	353	9.3	464	0.4	299	16.4
庆大霉素	891	13.9	353	13.9	466	6.4	299	24.4
四环素								
替加环素	891	8.0			449	0.4	287	3.1
头孢吡肟	891	10.3	353	10.2	466	12.4		
头孢哌酮/舒巴坦	625	12.3	16	93.8				
头孢曲松	891	23.1	351	19.9	463	28.5	299	37.5
头孢他啶			353	13.6				
头孢替坦			351	5.7				
头孢西丁	891	13.2			465	6.9	299	22.1
头孢唑啉	891	24.8	353	21.5	465	30.3	299	38.8
妥布霉素	891	7.7	351	5.4	461	1.1	299	20.4
亚胺培南	891	7.2	353	8.8	466	0.9	294	16.3
左氧氟沙星	891	12.7	352	10.5	463	13.8	299	27.1

续表

抗生素名称	嵊州市人民医院		诸暨市人民医院	
	菌株数（株）	%R	菌株数（株）	%R
ESBL	301	33.9	735	15.9
阿米卡星	301	19.9	739	9.3
阿莫西林/克拉维酸			737	15.6
氨苄西林/舒巴坦	301	47.8		
氨曲南	301	39.5	737	17.8
多黏菌素 B				
厄他培南	301	30.2	656	0
呋喃妥因	301	42.5	735	32.2
复方新诺明	6	66.7	736	100.0
环丙沙星	301	30.6	736	17.3
哌拉西林/他唑巴坦	301	29.6	739	11.4
庆大霉素	301	26.9	735	17.4
替加环素			667	4.3
头孢吡肟	301	29.2	737	12.6
头孢哌酮/舒巴坦			730	13.8
头孢曲松	301	43.2	740	25.8
头孢他啶	301	37.5		
头孢替坦	301	17.9		
头孢唑啉	301	46.2	228	95.2
妥布霉素	299	21.4	738	11.5
亚胺培南	301	29.9	735	10.6
左氧氟沙星	300	27.7	738	15.0

台州地区肺炎克雷伯菌

抗生素名称	浙江省台州医院		台州市立医院		温岭市第一人民医院		玉环县人民医院	
	菌株数（株）	％R	菌株数（株）	％R	菌株数（株）	％R	菌株数（株）	％R
ESBL	874	20.8	448	15.8			213	31.9
阿米卡星	874	3.0	448	3.3	119	14.3	289	20.1
阿莫西林/克拉维酸	863	12.7	430	19.1	30	40.0		
氨苄西林/舒巴坦	585	11.6			125	40.0	289	47.4
氨曲南	865	16.4	298	25.2	125	34.4	289	32.5
多黏菌素 B			17	0				
厄他培南	865	8.4	366	4.1	119	19.3	289	20.1
呋喃妥因	874	20.8	266	28.6	20	35.0	289	31.5
复方新诺明	883	23.0	416	23.1	542	28.4	289	30.8
环丙沙星	872	13.8	265	23.4	542	22.7	289	31.5
美罗培南	820	7.7	17	11.8	119	13.4		
哌拉西林/他唑巴坦	869	8.7	416	16.1	535	13.1	289	19.7
庆大霉素	872	12.5	248	12.1	125	22.4	289	27.3
替加环素	864	6.0	416	1.4	119	0.8		
头孢吡肟	866	10.0	447	17.9	542	24.9	289	26.0
头孢呋辛			150	24.7	119	38.7		
头孢哌酮/舒巴坦	588	6.1	389	18.0				
头孢曲松	873	21.5	431	29.9	542	40.8	289	44.6
头孢噻肟					119	40.3		
头孢他啶	856	11.9	183	14.2	125	28.0	289	27.7
头孢替坦							289	20.4
头孢西丁	868	11.5	416	18.5	149	24.8		
头孢唑啉	355	56.3	280	33.2	123	43.1	138	99.3
妥布霉素	868	7.4	298	9.1	542	15.3	289	21.8
亚胺培南	864	8.7	449	13.8	125	15.2	289	19.4
左氧氟沙星	866	10.7	449	17.4	125	16.8	289	27.3

温州地区肺炎克雷伯菌

抗生素名称	温州医科大学附属第一医院		温州医科大学附属第二医院		温州市人民医院		温州市中西医结合医院		苍南县人民医院	
	菌株数（株）	%R	菌株数（株）	%R	菌株数（株）	%R	菌株数（株）	%R	菌株数（株）	%R
ESBL	827	20.0	812	24.1			117	21.4	45	100.0
阿米卡星	977	9.4	238	2.9	425	2.8	161	17.4	351	2.3
阿莫西林/克拉维酸	9	33.3	475	14.9	31	22.6	159	49.7		
氨苄西林/舒巴坦	968	36.2	337	29.1	548	27.2	161	62.7	330	19.1
氨曲南	968	25.3	812	31.5	641	22.5	161	50.9	332	13.3
多黏菌素 B										
厄他培南	972	14.2	5	40.0	625	0.6	92	0	330	6.1
呋喃妥因	969	36.0	56	48.2	497	16.7	161	50.9	63	15.9
复方新诺明	976	23.6	812	28.2	641	20.0	161	39.1	348	14.9
环丙沙星	970	23.7	812	17.9	641	14.8	161	50.3	350	8.9
美罗培南	9	22.2	807	7.6	144	2.1	68	44.1	20	5.0
哌拉西林			475	61.7	92	45.7				
哌拉西林/他唑巴坦	976	15.4	812	9.7	641	4.5	161	44.1	351	2.6
庆大霉素	969	19.8	812	15.9	642	12.8	161	24.2	351	9.1
四环素			475	34.3	94	35.1				
替加环素			451	1.1						
替卡西林/克拉维酸			475	17.3	93	11.8				
头孢吡肟	977	20.4	812	32.1	642	19.8	161	48.4	349	4.0
头孢呋辛	7	57.1	807	35.6	143	41.3				
头孢哌酮/舒巴坦	972	17.4	230	19.1	88	6.8	159	45.9		
头孢曲松	976	30.9	812	32.8	642	23.8	161	57.8	330	17.9
头孢噻肟			807	32.6	143	39.9				
头孢他啶	977	22.1	812	32.4	642	23.8	161	47.2	350	7.7
头孢替坦	967	13.4	5	40.0	499	2.6	161	41.6	330	4.5
头孢西丁	11	45.5	806	15.0	142	9.9	4	75.0		
头孢唑啉	333	99.1	807	36.7	636	33.6	96	100.0	239	31.0
妥布霉素	969	12.7	812	9.9	642	9.5	161	18.6	351	3.7
亚胺培南	976	14.4	812	8.0	642	2.5	161	41.6	351	2.3
左氧氟沙星	976	20.8	812	14.5	642	11.8	161	49.7	332	8.4

舟山地区肺炎克雷伯菌

抗生素名称	舟山医院	
	菌株数（株）	%R
ESBL		
阿米卡星	505	7.9
阿莫西林/克拉维酸	503	19.6
氨苄西林/舒巴坦	503	32.8
氨曲南	503	24.3
多黏菌素 B	7	0
复方新诺明	504	25.2
环丙沙星	504	22.4
氯霉素	502	29.5
美罗培南	505	10.7
哌拉西林	504	36.9
哌拉西林/他唑巴坦	491	15.5
庆大霉素	504	18.1
四环素	504	29.8
头孢吡肟	504	27.2
头孢噻肟	505	31.9
头孢他啶	504	22.2
头孢唑啉	206	83.0
亚胺培南	505	11.3
左氧氟沙星	501	21.0

（统计编辑：孙　龙）

2017 年浙江省各医院产 ESBL 肺炎克雷伯菌(ESBL-*K.pneumoniae*)分离率

医院	菌株数 (株)	ESBL- *K.pneumoniae* (%)	医院	菌株数 (株)	ESBL- *K.pneumoniae* (%)
苍南县人民医院	45	100.0	杭州市红十字会医院	565	19.6
武警浙江总队杭州医院	63	100.0	金华市中心医院	1387	19.4
浙江大学医学院 附属妇产科医院	35	51.4	浙江省新华医院	348	19.3
浙江大学医学院 附属儿童医院	504	50.4	杭州市第二人民医院	126	19.0
宁波市第二医院	529	39.7	杭州市第一人民医院	1159	18.5
宁波市妇女儿童医院	173	37.6	宁波市镇海区人民医院	243	18.1
丽水市第二人民医院	16	37.5	乐清市人民医院	261	17.6
嵊州市人民医院	301	33.9	浙江大学医学院 附属第一医院	745	17.6
嘉兴市妇幼保健院	176	33.0	磐安县人民医院	158	17.1
玉环县人民医院	213	31.9	绍兴市人民医院	831	17.0
慈溪市人民医院	198	29.8	嘉善县第一人民医院	267	16.9
衢州市人民医院	750	29.6	海宁市人民医院	589	16.8
浙江省荣军医院	224	29.0	海盐县人民医院	381	16.8
嘉兴市第二医院	804	27.7	杭州市中医院	162	16.7
杭州市肿瘤医院	265	27.5	诸暨市人民医院	735	15.9
绍兴市妇幼保健院	462	27.5	杭州市第三人民医院	727	15.8
缙云县人民医院	92	25.0	台州市立医院	448	15.8
浙江医院	337	24.3	德清县人民医院	472	15.5
宁波市医疗中心 李惠利医院	374	24.1	平湖市第一人民医院	219	15.5
温州医科大学 附属第二医院	812	24.1	东阳市人民医院	743	15.2
杭州市儿童医院	67	23.9	嘉兴市第一医院	949	14.9
浙江省中医院	204	23.5	浙江大学医学院 附属邵逸夫医院	544	14.9
绍兴市上虞 人民医院	299	22.1	杭州市西溪医院	537	14.7
义乌市中心医院	579	22.1	湖州市第一人民医院	302	14.2
丽水市中心医院	501	22.0	浙江省肿瘤医院	691	14.2
衢州市柯城区 人民医院	119	21.8	龙游县人民医院	185	14.1

续表

医院	菌株数（株）	ESBL-K.pneumoniae（%）	医院	菌株数（株）	ESBL-K.pneumoniae（%）
温州市中西医结合医院	117	21.4	兰溪市人民医院	623	14.0
浙江省立同德医院	768	21.1	淳安县第一人民医院	552	13.4
浙江省台州医院	874	20.8	桐乡市第二人民医院	203	13.3
嘉兴市中医院	78	20.5	浙江大学医学院附属第二医院	1194	11.7
宁波大学医学院附属医院	391	20.2	绍兴第二医院	351	10.8
温州医科大学附属第一医院	827	20.0	浦江县人民医院	176	9.7
宁波市北仑区人民医院	372	19.9			

2017 年浙江省各医院耐亚胺培南肺炎克雷伯菌（IR-K.pneumoniae）分离率

医院	菌株数（株）	ESBL-K.pneumoniae（%）	医院	菌株数（株）	ESBL-K.pneumoniae（%）
武警浙江总队杭州医院	735	56.3	湖州市第一人民医院	303	10.6
浙江大学医学院附属第一医院	1074	43.8	诸暨市人民医院	735	10.6
温州市中西医结合医院	161	41.6	嘉兴市第二医院	812	10.1
中国人民解放军第一一七医院	83	37.3	金华市人民医院	563	9.4
浙江省人民医院	886	35.2	宁波市第二医院	586	8.9
浙江大学医学院附属邵逸夫医院	547	32.4	绍兴第二医院	353	8.8
杭州市第二人民医院	466	30.3	浙江省台州医院	864	8.7
桐庐县第一人民医院	300	30.3	慈溪市人民医院	210	8.6
浙江大学医学院附属第二医院	1438	30.3	丽水市中心医院	501	8.0
嵊州市人民医院	301	29.9	温州医科大学附属第二医院	812	8.0
浙江省立同德医院	770	29.5	杭州市第三人民医院	727	7.6
浙江省荣军医院	227	28.6	绍兴市人民医院	891	7.2
浙江衢化医院	261	27.6	嘉兴市第一医院	966	6.8
杭州市中医院	815	26.1	海盐县人民医院	400	6.5
杭州市第一人民医院	1150	23.5	金华市中心医院	1389	6.3

续表

医院	菌株数（株）	ESBL-*K. pneumoniae*（%）	医院	菌株数（株）	ESBL-*K. pneumoniae*（%）
浙江省中医院	204	23.5	慈溪妇幼保健院	16	6.2
宁波市医疗中心李惠利医院	444	22.7	余杭区第一人民医院	440	4.8
磐安县人民医院	161	22.4	东阳市人民医院	746	4.4
杭州市红十字会医院	565	20.4	海宁市人民医院	589	4.4
玉环县人民医院	289	19.4	武义县第一人民医院	307	4.2
浙江省新华医院	348	19.0	宁波大学医学院附属医院	395	3.8
永康市第一人民医院	524	18.5	象山县第一人民医院	238	3.8
宁波市第一医院	520	18.3	兰溪市人民医院	626	3.7
淳安县第一人民医院	556	18.2	缙云县人民医院	92	3.3
江山市人民医院	187	18.2	浙江大学医学院附属儿童医院	507	2.8
乐清市人民医院	261	17.6	温州市人民医院	642	2.5
杭州市肿瘤医院	265	17.4	杭州市西溪医院	553	2.5
衢州市柯城区人民医院	219	16.9	苍南县人民医院	351	2.3
绍兴市上虞人民医院	294	16.3	宁波市北仑区人民医院	410	2.0
桐乡市第一人民医院	367	16.1	宁波市妇女儿童医院	173	1.7
温岭市第一人民医院	125	15.2	嘉善县第一人民医院	272	1.5
德清县人民医院	472	14.8	嘉兴市中医院	79	1.3
温州医科大学附属第一医院	976	14.4	浙江省肿瘤医院	689	1.3
台州市立医院	449	13.8	宁波市鄞州人民医院	610	1.3
浦江县人民医院	176	13.6	宁波市镇海区人民医院	245	1.2
义乌市中心医院	579	13.6	绍兴市妇幼保健院	466	0.9
衢州市人民医院	750	12.5	景宁县人民医院	134	0.7
龙游县人民医院	185	12.4	杭州市儿童医院	65	0
浙江医院	366	11.7	嘉兴市妇幼保健院	177	0
舟山医院	505	11.3	丽水市第二人民医院	25	0
平湖市第一人民医院	235	11.1	浙江大学医学院附属妇产科医院	43	0
桐乡市第二人民医院	225	11.1			

（统计编辑：吴盛海）

杭州地区铜绿假单胞菌

抗生素名称	杭州市红十字会医院		杭州市西溪医院		中国人民解放军第一一七医院		杭州市中医院	
	菌株数（株）	%R	菌株数（株）	%R	菌株数（株）	%R	菌株数（株）	%R
阿米卡星	476	2.9	143	0.7	131	1.5	703	4.3
氨曲南	469	22.4	6	66.7	129	56.6	254	57.1
多黏菌素 B					129	1.6	173	0
环丙沙星	474	17.3	144	21.5	129	38.8	705	30.4
美罗培南			44	40.9			255	45.9
哌拉西林			25	0	129	55	253	43.1
哌拉西林/他唑巴坦	467	12.2	143	2.1	130	53.1		
庆大霉素	475	5.7	144	2.1	130	3.1	705	7.1
替卡西林/克拉维酸					129	57.4		
头孢吡肟	480	12.7			130	52.3	705	35.2
头孢哌酮/舒巴坦			41	7.3	135	51.9	82	36.6
头孢他啶			144	4.2			640	31.6
妥布霉素	477	5	119	1.7	131	3.8	405	5.2
亚胺培南	481	21.2	682	38.4	130	69.2	705	47.4
左氧氟沙星	478	14	519	21.8	131	40.5	450	24.2

抗生素名称	杭州市肿瘤医院		武警浙江总队杭州医院		浙江中医药大学附属第一医院		浙江中医药大学附属第二医院	
	菌株数（株）	%R	菌株数（株）	%R	菌株数（株）	%R	菌株数（株）	%R
阿米卡星	201	1.5	851	3.4	266	7.5	297	3.7
氨曲南	185	35.1	852	51.8	258	33.7	296	29.1
多黏菌素 B			852	0			25	0
环丙沙星	201	14.4	851	31.4	265	16.6	274	11.7
美罗培南			851	47.6			299	24.7
哌拉西林			748	37				
哌拉西林/他唑巴坦	199	13.1			262	15.6	26	23.1
庆大霉素	201	3.5	851	16.5	263	13.3	297	6.4
替卡西林/克拉维酸							13	69.2
头孢吡肟	201	13.9	852	38.5	265	20	299	20.1
头孢哌酮/舒巴坦					257	20.6	299	20.1
头孢他啶			852	36.6	255	18.4	285	22.8
妥布霉素	201	0.5			266	11.7	296	4.7
亚胺培南	201	30.8	852	53.9	266	37.6	300	24.7
左氧氟沙星	201	13.9	746	31.4	265	16.2	300	11.3

续表

抗生素名称	浙江医院		桐庐县第一人民医院		余杭区第一人民医院		浙江大学医学院附属第二医院	
	菌株数（株）	%R	菌株数（株）	%R	菌株数（株）	%R	菌株数（株）	%R
阿米卡星	273	2.9	176	22.7	137	7.3	895	4.4
氨曲南	267	30.3			133	30.1	56	10.7
多黏菌素B					128	0		
环丙沙星	275	17.5	176	32.4	137	17.5	893	19
美罗培南					136	17.6	855	27.7
哌拉西林					134	19.4	55	12.7
哌拉西林/他唑巴坦	272	17.3	174	31.6	136	16.9	892	17.5
庆大霉素	275	5.1	174	25.3			888	7.3
替卡西林/克拉维酸					4	0		
头孢吡肟	275	18.5	177	38.4	136	18.4	895	19.8
头孢哌酮/舒巴坦							871	21.2
头孢他啶	7	14.3	175	39.4	137	15.3	814	18.1
妥布霉素	274	2.6			4	0	896	6.4
亚胺培南	276	30.1	177	41.8	137	21.2	855	34.7
左氧氟沙星	275	13.5	177	29.4	132	17.4	894	16.4

抗生素名称	浙江大学医学院附属第一医院		浙江大学医学院附属妇产科医院		浙江大学医学院附属邵逸夫医院		浙江省立同德医院	
	菌株数（株）	%R	菌株数（株）	%R	菌株数（株）	%R	菌株数（株）	%R
阿米卡星	636	3.5	6	0	522	2.9	851	3.4
氨曲南	500	25.8			507	40.2	852	51.8
多黏菌素B	3	0					852	0
环丙沙星	634	15.8	6	0	520	31.9	851	31.4
美罗培南	337	27.9			464	38.4	851	47.6
哌拉西林	43	11.6			417	33.1		
哌拉西林/他唑巴坦	635	15.7	6	0	517	30.6	748	37
庆大霉素	638	5.5	6	0			851	16.5
替卡西林/克拉维酸								
头孢吡肟	642	15.6			523	30.4	852	38.5
头孢哌酮/舒巴坦	300	15.3			463	32		
头孢他啶	408	18.4	6	0	519	33.9	852	36.6
妥布霉素	604	5.6	6	0	522	4.2		
亚胺培南	645	35.7	6	0			852	53.9
左氧氟沙星	643	12.3			6	0	746	31.4

续表

抗生素名称	浙江省人民医院		浙江省肿瘤医院	
	菌株数（株）	%R	菌株数（株）	%R
阿米卡星	618	9.1	354	0.6
氨曲南	3	0	3	0
多粘菌素 B				
环丙沙星	615	30.4	355	3.4
美罗培南	231	41.6	19	15.8
哌拉西林				
哌拉西林/他唑巴坦	610	27.7	355	1.4
庆大霉素	615	10.2		
替卡西林/克拉维酸				
头孢吡肟	616	30.8	353	3.7
头孢哌酮/舒巴坦			16	0
头孢他啶	611	33.7	79	1.3
妥布霉素	616	10.2	357	1.1
亚胺培南	621	45.9	347	0.9
左氧氟沙星	621	24.3	357	2.2

湖州地区铜绿假单胞菌

抗生素名称	德清县人民医院		湖州市第一人民医院	
	菌株数（株）	%R	菌株数（株）	%R
阿米卡星	219	3.2	178	4.5
氨曲南			172	28.5
多黏菌素 B				
环丙沙星	220	21.8	179	18.4
美罗培南			3	100.0
哌拉西林				
哌拉西林/他唑巴坦	217	18	173	17.9
庆大霉素	220	6.4	178	3.9
替卡西林/克拉维酸				
头孢吡肟	221	20.8	179	20.7
头孢哌酮/舒巴坦				
头孢他啶			176	21.6
妥布霉素	221	5.4	179	1.7
亚胺培南	223	24.7	179	26.3
左氧氟沙星	223	15.2	178	14.6

嘉兴地区铜绿假单胞菌

抗生素名称	海盐县人民医院		海宁市人民医院		嘉善县第一人民医院		嘉兴市妇幼保健院	
	菌株数（株）	%R	菌株数（株）	%R	菌株数（株）	%R	菌株数（株）	%R
阿米卡星	201	4	373	3.8	145	0.7		
氨曲南	196	13.3	372	22	90	8.9	56	3.6
多黏菌素 B	18	0	13	0			57	0
环丙沙星	173	6.4	373	15.5	129	7	57	1.8
美罗培南	110	2.7			18	5.6	57	1.8
哌拉西林							57	1.8
哌拉西林/他唑巴坦	189	6.3	373	13.7	127	5.5	57	1.8
庆大霉素	110	5.5	373	6.2	131	1.5	57	1.8
替卡西林/克拉维酸	87	19.5						
头孢吡肟	200	5.5					57	3.5
头孢哌酮/舒巴坦	90	7.8	53	5.7	8	0		
头孢他啶	189	11.6	361	22.4			57	1.8
妥布霉素	197	1	322	2.8	131	0.8		
亚胺培南	201	8.5	374	21.1	145	5.5	57	1.8
左氧氟沙星	201	9	373	16.1	144	11.8	57	0

抗生素名称	嘉兴市第二医院		嘉兴市第一医院		嘉兴市中医院		平湖市第一人民医院	
	菌株数（株）	%R	菌株数（株）	%R	菌株数（株）	%R	菌株数（株）	%R
阿米卡星	494	2.4	468	2.6	41	2.4	184	21.2
氨曲南	471	15.1	456	15.6	42	23.8	4	0
多黏菌素 B	441	0	131	0			4	0
环丙沙星	471	10	465	14.4	41	12.2	184	31
美罗培南	475	11.8	469	10.9	42	14.3	18	11.1
哌拉西林	446	11.9					19	0
哌拉西林/他唑巴坦	496	8.5	459	5.9	41	4.9	183	9.8
庆大霉素			469	7.2	41	4.9	184	27.7
替卡西林/克拉维酸							19	5.3
头孢吡肟	469	13	471	7			184	9.8
头孢哌酮/舒巴坦	454	10.6	474	0.2	42	7.1		
头孢他啶	497	13.1	465	5.6	42	21.4	162	13.6
妥布霉素	21	0	338	3.6	41	2.4	184	26.6
亚胺培南	480	18.1	473	13.3	41	14.6	184	29.9
左氧氟沙星	494	13.8	471	13.4	41	7.3	169	26.6

续表

抗生素名称	桐乡市第二人民医院		浙江省荣军医院		桐乡市第一人民医院	
	菌株数（株）	%R	菌株数（株）	%R	菌株数（株）	%R
阿米卡星	89	3.4	287	13.2	199	0.5
氨曲南					201	35.3
多黏菌素 B			7	0		
环丙沙星	88	11.4	288	27.8	193	27.5
美罗培南			9	11.1	5	20
哌拉西林						
哌拉西林/他唑巴坦	87	14.9	284	18.3	194	27.3
庆大霉素	88	2.3	278	14.7	198	2
替卡西林/克拉维酸						
头孢吡肟	89	18	288	18.8		
头孢哌酮/舒巴坦			8	37.5	189	28
头孢他啶			228	20.2	197	28.9
妥布霉素	89	0	287	15	197	2
亚胺培南	86	23.3	285	32.6	202	30.7
左氧氟沙星	89	5.6	287	27.2	203	24.1

金华地区铜绿假单胞菌

抗生素名称	东阳市人民医院		金华市人民医院		金华市中心医院		兰溪市人民医院	
	菌株数（株）	%R	菌株数（株）	%R	菌株数（株）	%R	菌株数（株）	%R
阿米卡星	327	2.1	218	5	575	1.6	277	1.4
氨曲南			3	0	96	10.4	85	10.6
多黏菌素 B								
环丙沙星	325	5.5	219	17.8	575	12.9	276	9.4
美罗培南	290	0.3			105	12.4	42	35.7
哌拉西林					100	5	82	9.8
哌拉西林/他唑巴坦	314	4.8	214	15.9				
庆大霉素	326	2.8	218	10.6	577	6.2	275	1.8
替卡西林/克拉维酸								
头孢吡肟	332	6			577	10.9	278	7.9
头孢哌酮/舒巴坦					539	10	250	8.8
头孢他啶	328	7.6	185	16.2	548	15.3	277	13.7
妥布霉素			220	7.3	575	3.8	277	1.4
亚胺培南	334	12.3	220	23.6	584	21.7	278	9.7
左氧氟沙星	331	3.9	220	15.9	583	11.8	278	7.9

抗生素名称	磐安县人民医院		浦江县人民医院		武义县人第一民医院		永康市第一人民医院	
	菌株数（株）	%R	菌株数（株）	%R	菌株数（株）	%R	菌株数（株）	%R
阿米卡星	70	5.7	82	3.7	89	3.4	222	1.4
氨曲南							213	33.8
多黏菌素 B								
环丙沙星	70	18.6	82	14.6	90	12.2	219	15.1
美罗培南			5	100.0			222	17.1
哌拉西林	70	21.4	4	0			223	20.6
哌拉西林/他唑巴坦			75	14.7	88	10.2		
庆大霉素	70	10	78	2.6	89	6.7	222	7.2
替卡西林/克拉维酸								
头孢吡肟	70	24.3	80	16.2	90	11.1	226	19.9
头孢哌酮/舒巴坦			9	0	89	12.4	47	14.9
头孢他啶	70	25.7					226	20.8
妥布霉素	70	10	79	2.5	90	5.6		
亚胺培南	70	18.6	81	22.2	90	23.3	225	21.3
左氧氟沙星	70	12.9	69	13	90	12.2	226	17.3

丽水地区铜绿假单胞菌

抗生素名称	景宁县人民医院		缙云县人民医院		丽水市人民医院		丽水市中心医院	
	菌株数（株）	%R	菌株数（株）	%R	菌株数（株）	%R	菌株数（株）	%R
阿米卡星	73	4.1	76	0	38	0	271	1.5
氨曲南			76	11.8	38	23.7	271	19.6
多黏菌素 B					38	0	271	0
环丙沙星	73	6.8	76	10.5	38	7.9	271	11.1
美罗培南			76	5.3	38	36.8	271	13.3
哌拉西林			76	14.5	38	15.8	270	8.9
哌拉西林/他唑巴坦	73	2.7	76	7.9	43	25.6	271	5.9
庆大霉素	74	6.8	76	0				
替卡西林/克拉维酸					38	52.6	271	32.8
头孢吡肟	73	2.7	76	2.6	38	7.9	271	5.2
头孢哌酮/舒巴坦			76	7.9			271	7.7
头孢他啶	73	5.5	75	14.7	38	15.8		
妥布霉素	73	4.1	76	1.3	38	5.3	271	3
亚胺培南	73	5.5			38	31.6	271	16.6
左氧氟沙星	73	4.1	75	17.3	38	13.2	271	14

宁波地区铜绿假单胞菌

抗生素名称	慈溪市人民医院		象山县第一人民医院		宁波大学医学院附属医院		宁波市北仑区人民医院	
	菌株数（株）	%R	菌株数（株）	%R	菌株数（株）	%R	菌株数（株）	%R
阿米卡星	175	2.9	115	3.5	205	2	118	2.5
氨曲南					3	0	5	40
多黏菌素 B								
环丙沙星	174	19.5	104	23.1	207	15	119	17.6
美罗培南			32	21.9	185	16.2	3	33.3
哌拉西林							3	66.7
哌拉西林/他唑巴坦	180	11.7	94	6.4	205	13.7	113	13.3
庆大霉素	174	8.6	71	12.7	206	2.9	114	3.5
替卡西林/克拉维酸							3	33.3
头孢吡肟	182	6	112	12.5	207	13	120	17.5
头孢哌酮/舒巴坦			40	25	202	10.4		
头孢他啶			112	21.4			3	33.3
妥布霉素	178	5.6	107	3.7	205	2	120	4.2
亚胺培南	177	20.3	113	19.5	208	17.8	120	15.8
左氧氟沙星	179	13.4	114	27.2	208	13.9	121	11.6

抗生素名称	宁波市第二医院		宁波市第一医院		宁波市妇女儿童医院		宁波市医疗中心李惠利医院	
	菌株数（株）	%R	菌株数（株）	%R	菌株数（株）	%R	菌株数（株）	%R
阿米卡星	706	3.3			73	0	316	11.1
氨曲南	148	19.6	344	29.4				
多黏菌素 B								
环丙沙星	703	20.3	401	20	73	0	316	33.2
美罗培南	5	0					3	33.3
哌拉西林							3	33.3
哌拉西林/他唑巴坦	694	10.7	390	11.5	73	0	307	28
庆大霉素	706	5.1			73	0	312	25.6
替卡西林/克拉维酸								
头孢吡肟	711	9	399	13.3	73	1.4	313	21.1
头孢哌酮/舒巴坦	456	15.1	374	26.2			297	23.9
头孢他啶	12	16.7	211	74.9	73	0	315	29.2
妥布霉素	708	4.8	394	7.1	73	0	313	23
亚胺培南	701	27.1	408	30.9	73	1.4	315	39.7
左氧氟沙星	709	16.4	402	13.9	73	0	316	28.5

续表

抗生素名称	宁波市鄞州人民医院		宁波市镇海区人民医院	
	菌株数（株）	%R	菌株数（株）	%R
阿米卡星	267	1.5	198	3
氨曲南			39	7.7
多粘菌素 B				
环丙沙星	267	12.7	191	23.6
美罗培南	266	17.7	20	30
哌拉西林	214	10.7	3	0
哌拉西林/他唑巴坦	257	8.6	191	20.4
庆大霉素	215	1.9	165	6.7
替卡西林/克拉维酸				
头孢吡肟	267	5.6		
头孢哌酮/舒巴坦	52	28.8	37	0
头孢他啶	267	12.4	199	27.6
妥布霉素	267	1.9	167	6
亚胺培南	265	23	196	37.8
左氧氟沙星	266	12	203	24.1

衢州地区铜绿假单胞菌

抗生素名称	江山市人民医院		龙游县人民医院		浙江衢化医院		衢州市人民医院		衢州市柯城区人民医院	
	菌株数（株）	%R	菌株数（株）	%R	菌株数（株）	%R	菌株数（株）	%R	菌株数（株）	%R
阿米卡星	205	6.3	192	3.6	178	11.8	560	0.4	166	6
氨曲南	210	38.1			178	58.4	560	19.5	141	23.4
多黏菌素 B	188	0			178	0			142	5.6
环丙沙星	204	22.5	193	22.3	177	44.1	560	20.7	166	17.5
美罗培南	210	21.4			178	31.5	560	21.2	142	20.4
哌拉西林	211	28.9			177	49.7	560	17.3	142	20.4
哌拉西林/他唑巴坦			190	9.5	178	37.6				
庆大霉素	211	15.2	191	8.9	178	35.4	560	3	166	9.6
替卡西林/克拉维酸							560	22.7	142	21.8
头孢吡肟	210	23.8	192	13.5			560	13.4	166	15.7
头孢哌酮/舒巴坦							556	14.9	142	17.6
头孢他啶	210	18.1	192	14.1	178	42.1	560	15	164	17.1
妥布霉素			193	9.3			560	1.1	166	7.8
亚胺培南	212	23.6	193	28.5	178	36	560	24.5	166	26.5
左氧氟沙星	213	31	193	18.1	176	42	560	20.9	166	13.9

绍兴地区铜绿假单胞菌

抗生素名称	绍兴市上虞人民医院		绍兴第二医院		绍兴市妇幼保健院		绍兴市人民医院	
	菌株数（株）	%R	菌株数（株）	%R	菌株数（株）	%R	菌株数（株）	%R
阿米卡星	231	5.2	263	2.3	46	0	561	2.3
氨曲南	111	40.5	261	14.2			559	36
多黏菌素 B	8	0						
环丙沙星	231	22.9	264	11.7	46	0	561	19.1
美罗培南	8	0	26	19.2				
哌拉西林	12	0						
哌拉西林/他唑巴坦	226	19.5	264	4.9	46	0	556	10.3
庆大霉素	227	7.5	264	2.3	46	2.2	561	3.9
替卡西林/克拉维酸								
头孢吡肟			264	6.4	46	0	561	12.8
头孢哌酮/舒巴坦			17	23.5			397	22.2
头孢他啶	11	0	264	10.2				
妥布霉素	231	7.4			45	2.2		
亚胺培南	213	26.3	264	22.7	46	2.2	561	33.5
左氧氟沙星	223	18.4	264	10.2	45	0	561	17.3

抗生素名称	嵊州市人民医院		诸暨市人民医院	
	菌株数（株）	%R	菌株数（株）	%R
阿米卡星	187	2.1	538	5.8
氨曲南	190	25.3	59	13.6
多黏菌素 B				
环丙沙星	192	6.2	536	13.1
美罗培南	3	0	52	5.8
哌拉西林			52	15.4
哌拉西林/他唑巴坦			532	3
庆大霉素	191	2.6	537	8.4
替卡西林/克拉维酸				
头孢吡肟	190	12.1	537	7.1
头孢哌酮/舒巴坦			527	8.3
头孢他啶	191	18.3	52	13.5
妥布霉素	188	2.1	506	6.1
亚胺培南	191	17.3	538	13.8
左氧氟沙星	193	5.7	536	12.5

台州地区铜绿假单胞菌

抗生素名称	温岭市第一人民医院		台州市立医院		玉环县人民医院		浙江省台州医院	
	菌株数（株）	%R	菌株数（株）	%R	菌株数（株）	%R	菌株数（株）	%R
阿米卡星	54	16.7	263	2.3	223	19.7	400	1
氨曲南	60	26.7	3	33.3	219	17.4	257	17.9
多黏菌素 B			128	2.3				
环丙沙星	292	20.2	255	9	223	31.8	399	7
美罗培南	54	35.2	129	14			367	12.8
哌拉西林								
哌拉西林/他唑巴坦	282	12.4	258	10.9	221	6.3	394	9.1
庆大霉素					224	27.2		
替卡西林/克拉维酸			126	19.8				
头孢吡肟	294	14.6	263	9.5	225	10.2	373	8.8
头孢哌酮/舒巴坦			259	11.6			256	4.7
头孢他啶	60	25	136	6.6	224	11.6	378	7.4
妥布霉素	293	11.3	258	5	225	25.3	370	3.8
亚胺培南	60	33.3	265	22.6	225	34.2	362	21.3
左氧氟沙星	60	28.3	263	7.2	225	30.2	396	7.1

温州地区铜绿假单胞菌

抗生素名称	乐清市人民医院		温州市中西医结合医院		温州医科大学附属第二医院		温州医科大学附属第一医院		苍南县人民医院	
	菌株数（株）	%R	菌株数（株）	%R	菌株数（株）	%R	菌株数（株）	%R	菌株数（株）	%R
阿米卡星	170	5.3	248	2.4	449	1.6	615	2.6	121	5.8
氨曲南			228	0	443	12.6	447	21.5	16	31.2
多黏菌素 B										
环丙沙星	170	15.3	249	15.3	449	10.5	614	12.9	121	18.2
美罗培南	152	20.4	33	0	445	9.4	171	10.5		
哌拉西林					226	7.1	160	14.4		
哌拉西林/他唑巴坦	167	3.6	246	9.8	449	3.3	613	7.7	120	5.8
庆大霉素	144	9			449	5.1	613	5.4	120	10
替卡西林/克拉维酸			3	33.3	228	13.2				
头孢吡肟			248	9.7	449	4	615	10.1	120	7.5
头孢哌酮/舒巴坦	153	10.5	248	18.1	430	2.1	612	8		
头孢他啶	169	8.3	248	17.3	449	6	615	10.4	118	5.9
妥布霉素	145	11	249	3.2	449	3.3			121	8.3
亚胺培南	170	26.5	249	50.2	449	14	615	23.4	116	8.6
左氧氟沙星	170	13.5	249	16.5	449	10.5	459	11.5	106	7.5

舟山地区铜绿假单胞菌

抗生素名称	舟山医院	
	菌株数（株）	%R
阿米卡星	477	6.3
氨曲南	472	27.8
多黏菌素 B	459	0
环丙沙星	475	26.5
美罗培南	475	20.2
哌拉西林	474	20.5
哌拉西林/他唑巴坦	421	16.6
庆大霉素	477	13.4
替卡西林/克拉维酸		
头孢吡肟	476	20.2
头孢哌酮/舒巴坦		
头孢他啶	476	18.9
妥布霉素		
亚胺培南	477	33.1
左氧氟沙星	475	30.1

（统计编辑：钱　香）

2017 年浙江省各医院耐亚胺培南铜绿假单胞菌(IR-*P.aeruginosa*)分离率

医院	菌株数（株）	IR-*P.aeruginosa* %	医院	菌株数（株）	IR-*P.aeruginosa* %
中国人民解放军第一一七医院	130	69.2	金华市人民医院	220	23.6
武警浙江总队杭州医院	852	53.9	温州医科大学附属第一医院	615	23.4
温州市中西医结合医院	249	50.2	桐乡市第二人民医院	86	23.3
杭州市中医院	705	47.4	武义县第一人民医院	90	23.3
浙江省人民医院	621	45.9	宁波市鄞州人民医院	265	23.0
杭州市第二人民医院	243	44.9	绍兴第二医院	264	22.7
温州市人民医院	517	43.1	台州市立医院	265	22.6
义乌市中心医院	384	41.9	浦江县人民医院	81	22.2
桐庐县第一人民医院	177	41.8	金华市中心医院	584	21.7
浙江大学医学院附属邵逸夫医院	523	41.5	浙江省台州医院	362	21.3
宁波市医疗中心李惠利医院	315	39.7	永康市第一人民医院	225	21.3
宁波市镇海区人民医院	196	37.8	杭州市红十字会医院	481	21.2
浙江省中医院	266	37.6	余杭区第一人民医院	137	21.2
浙江衢化医院	178	36.0	海宁市人民医院	374	21.1
浙江大学医学院附属第一医院	645	35.7	慈溪市人民医院	177	20.3
浙江大学医学院附属第二医院	855	34.7	杭州市第三人民医院	448	20.1
玉环县人民医院	225	34.2	象山县第一人民医院	113	19.5
绍兴市人民医院	561	33.5	磐安县人民医院	70	18.6
温岭市第一人民医院	60	33.3	嘉兴市第二医院	480	18.1
舟山医院	477	33.1	宁波大学医学院附属医院	208	17.8
浙江省荣军医院	285	32.6	嵊州市人民医院	191	17.3

续表

医院	菌株数（株）	IR-P.aeruginosa %	医院	菌株数（株）	IR-P.aeruginosa %
浙江省立同德医院	426	32.6	丽水市中心医院	271	16.6
淳安县第一人民医院	602	31.9	宁波市北仑区人民医院	120	15.8
丽水市第二人民医院	38	31.6	嘉兴市中医院	41	14.6
宁波市第一医院	408	30.9	温州医科大学附属第二医院	449	14.0
杭州市肿瘤医院	201	30.8	诸暨市人民医院	538	13.8
桐乡市第一人民医院	202	30.7	嘉兴市第一医院	473	13.3
浙江医院	276	30.1	东阳市人民医院	334	12.3
平湖市第一人民医院	184	29.9	兰溪市人民医院	278	9.7
龙游县人民医院	193	28.5	苍南县人民医院	116	8.6
杭州市西溪医院	159	28.3	海盐县人民医院	201	8.5
宁波市第二医院	701	27.1	缙云县人民医院	76	7.9
衢州市柯城区人民医院	166	26.5	浙江大学医学院附属儿童医院	240	7.9
乐清市人民医院	170	26.5	嘉善县第一人民医院	145	5.5
湖州市第一人民医院	179	26.3	景宁县人民医院	73	5.5
绍兴市上虞人民医院	213	26.3	绍兴市妇幼保健院	46	2.2
德清县人民医院	223	24.7	嘉兴市妇幼保健院	57	1.8
浙江省新华医院	300	24.7	宁波市妇女儿童医院	73	1.4
杭州市第一人民医院	650	24.6	浙江省肿瘤医院	347	0.9
衢州市人民医院	560	24.5	杭州市儿童医院	12	0
江山市人民医院	212	23.6	浙江大学医学院附属妇产科医院	6	0

（统计编辑：吴盛海）

杭州地区鲍曼不动杆菌

抗生素名称	杭州市红十字会医院		杭州市西溪医院		中国人民解放军第一一七医院		杭州市中医院	
	菌株数（株）	%R	菌株数（株）	%R	菌株数（株）	%R	菌株数（株）	%R
阿米卡星	261	8.8			60	63.3	405	33.1
复方新诺明	261	27.2	197	18.8	60	55	510	40.2
环丙沙星	261	39.1	197	21.8	60	68.3	511	47.6
米诺环素					60	1.7		
哌拉西林/他唑巴坦	261	29.5	197	15.7	76	75	472	46.2
庆大霉素	261	19.9	197	2.5	60	70	511	43.2
四环素					7	28.6	403	42.9
替加环素	261	1.9	8	0	18	0	100	12
替卡西林/克拉维酸					60	75		
头孢吡肟	261	33.3	197	17.8	60	55	511	46.8
头孢哌酮/舒巴坦			24	75	77	31.2	74	27
头孢曲松	261	32.2	196	16.8	60	73.3	109	64.2
头孢他啶			189	12.7	60	68.3	412	41
妥布霉素	261	18	196	1.5			103	57.3
亚胺培南	261	32.2	220	25.5	73	71.2	511	44.2
左氧氟沙星	261	24.9	197	6.1	60	55	109	58.7
多黏菌素 B					60	8.3	275	0
美罗培南			24	100.0			403	39
哌拉西林							403	41.4

续表

抗生素名称	杭州市肿瘤医院		武警浙江总队杭州医院		浙江中医药大学附属第二医院		浙江中医药大学附属第一医院	
	菌株数（株）	%R	菌株数（株）	%R	菌株数（株）	%R	菌株数（株）	%R
阿米卡星	65	0	416	61.1	61	6.6	129	24
复方新诺明	68	7.4	406	72.7	146	24	129	56.6
环丙沙星	68	14.7	417	87.3	147	27.9	129	64.3
米诺环素								
哌拉西林/他唑巴坦	68	4.4	349	88.5	60	35	45	77.8
庆大霉素	68	10.3	416	84.9	147	23.1	129	58.1
四环素			416	78.6				
替加环素	68	2.9			147	1.4	127	1.6
替卡西林/克拉维酸								
头孢吡肟	68	11.8	417	88.5	147	29.3	129	65.9
头孢哌酮/舒巴坦					143	17.5	125	49.6
头孢曲松	68	14.7			147	29.3	129	65.9
头孢他啶			417	86.6	128	31.2	125	64
妥布霉素	68	1.5			147	18.4	129	51.9
亚胺培南	68	10.3	417	87.3	147	29.9	129	64.3
左氧氟沙星	68	13.2	350	85.1	147	23.8	129	36.4
多黏菌素 B			416	0				
美罗培南			417	87.3	146	31.5		
哌拉西林			350	88.6				

抗生素名称	浙江医院		桐庐县人民医院		余杭区第一人民医院		浙江大学医学院附属第二医院	
	菌株数（株）	%R	菌株数（株）	%R	菌株数（株）	%R	菌株数（株）	%R
阿米卡星	144	20.8			95	41.1	17	35.3
复方新诺明	160	20	130	24.6	94	29.8	1148	58.8
环丙沙星	160	41.9	130	27.7	95	50.5	1150	71.3
米诺环素							14	7.1
哌拉西林/他唑巴坦	8	62.5	130	21.5	95	51.6	483	76.2
庆大霉素	160	31.2	131	25.2	95	56.8	1147	56
四环素							14	64.3
替加环素	158	1.9					1138	3
替卡西林/克拉维酸								
头孢吡肟	160	40	130	29.2	95	51.6	1150	70.3
头孢哌酮/舒巴坦							1141	21.7
头孢曲松	160	40					1148	70.5
头孢他啶			130	27.7	95	51.6	1053	69.5
妥布霉素	160	29.4	130	22.3			1150	46.6
亚胺培南	160	37.5	130	27.7	95	55.8	1149	69.9
左氧氟沙星	160	24.4	130	25.4	95	50.5	1150	46.9
多黏菌素 B					95	1.1		
美罗培南					95	53.7	1140	70.2
哌拉西林					94	53.2	14	50

续表

抗生素名称	浙江大学医学院附属第一医院		浙江大学医学院附属妇产科医院		浙江大学医学院附属邵逸夫医院		浙江省立同德医院	
	菌株数（株）	%R	菌株数（株）	%R	菌株数（株）	%R	菌株数（株）	%R
阿米卡星	269	25.7	8	0	470	22.8	337	8.3
复方新诺明	629	49.8	8	100	475	54.5	337	31.2
环丙沙星	628	75.3	8	0	478	79.3	337	42.4
米诺环素					309	23.6		
哌拉西林/他唑巴坦	7	57.1			478	75.5		
庆大霉素	627	58.1	8	0	477	46.8	337	28.8
四环素								
替加环素	606	5.8			269	0.4	337	0.9
替卡西林/克拉维酸								
头孢吡肟	629	74.4	7	0	479	79.7	337	43.3
头孢哌酮/舒巴坦	286	60.8			414	50.5		
头孢曲松	627	74	8	0	479	79.3	337	44.8
头孢他啶	421	72.4	8	0	479	78.7		
妥布霉素	627	55.2	7	0	478	45.2	337	26.4
亚胺培南	629	75.4	8	0	480	77.9	337	44.2
左氧氟沙星	630	47.9	8	0	478	51	337	22.3
多黏菌素 B								
美罗培南	317	77			415	75.9		
哌拉西林					308	81.5		

续表

抗生素名称	浙江省人民医院		浙江省肿瘤医院	
	菌株数（株）	%R	菌株数（株）	%R
阿米卡星			8	0
复方新诺明	634	36.8	15	13.3
环丙沙星	635	68.2	15	6.7
米诺环素	219	25.6		
哌拉西林/他唑巴坦	634	65.3	15	6.7
庆大霉素	635	59.7	15	6.7
四环素				
替加环素	635	6.9	10	0
替卡西林/克拉维酸				
头孢吡肟	635	68.3	15	13.3
头孢哌酮/舒巴坦			2	0
头孢曲松	635	68.7	15	13.3
头孢他啶	626	68.7		
妥布霉素	635	55.1	15	6.7
亚胺培南	635	69	15	13.3
左氧氟沙星	634	38.8	15	0
多黏菌素 B				
美罗培南	223	65.5		
哌拉西林				

湖州地区鲍曼不动杆菌

抗生素名称	德清县人民医院		湖州市第一人民医院	
	菌株数（株）	%R	菌株数（株）	%R
阿米卡星			110	8.2
复方新诺明	190	12.6	110	14.5
环丙沙星	190	25.3	110	31.8
米诺环素				
哌拉西林/他唑巴坦	190	21.6	27	37
庆大霉素	190	20	110	27.3
四环素				
替加环素	190	3.7	5	0
替卡西林/克拉维酸				
头孢吡肟	190	27.4	110	31.8
头孢哌酮/舒巴坦				
头孢曲松	190	27.4	110	34.5
头孢他啶			105	28.6
妥布霉素	190	17.4	110	24.5
亚胺培南	190	25.8	110	32.7
左氧氟沙星	190	14.7	110	22.7
多黏菌素 B				
美罗培南				
哌拉西林				

嘉兴地区鲍曼不动杆菌

抗生素名称	海盐县人民医院		海宁市人民医院		嘉善县第一人民医院		嘉兴市妇幼保健院	
	菌株数（株）	%R	菌株数（株）	%R	菌株数（株）	%R	菌株数（株）	%R
阿米卡星	155	21.3	319	1.6	143	24.5	66	0
复方新诺明	157	45.2	319	6.6	152	36.8	66	3
环丙沙星	128	64.8	319	16.9	152	41.4	66	0
米诺环素	40	5			71	22.5		
哌拉西林/他唑巴坦	117	56.4	68	39.7	140	40.7	66	13.6
庆大霉素	88	59.1	319	6	152	35.5	65	0
四环素							66	10.6
替加环素	118	2.5	302	0.3	150	0.7		
替卡西林/克拉维酸	40	47.5						
头孢吡肟	157	54.8	319	16.6	33	60.6	66	3
头孢哌酮/舒巴坦	69	33.3			72	41.7		
头孢曲松	117	60.7	319	17.6	152	41.4		
头孢他啶	109	55	17	23.5			66	4.5
妥布霉素	128	43.8	319	5.3	153	35.9	66	0
亚胺培南	157	56.1	319	17.6	152	37.5		
左氧氟沙星	157	31.8	319	7.2	152	40.1	65	0
多黏菌素 B	11	0					66	0
美罗培南	40	47.5			23	39.1	64	0
哌拉西林							66	9.1

续表

抗生素名称	嘉兴市第二医院		嘉兴市第一医院		嘉兴市中医院		平湖市第一人民医院	
	菌株数（株）	%R	菌株数（株）	%R	菌株数（株）	%R	菌株数（株）	%R
阿米卡星	413	35.8	478	15.3	46	21.7		
复方新诺明	425	48	482	34.4	46	34.8	149	53
环丙沙星	427	53.4	481	38.9	46	37	149	58.4
米诺环素								
哌拉西林/他唑巴坦	415	52.8	253	37.9	3	33.3	149	55.7
庆大霉素	428	52.8	482	35.1	46	37	149	51
四环素	412	52.9	210	33.3				
替加环素			274	3.6	46	6.5	149	1.3
替卡西林/克拉维酸								
头孢吡肟	425	53.6	483	37.9	46	39.1	149	59.7
头孢哌酮/舒巴坦	392	46.7	481	0	46	8.7		
头孢曲松	15	46.7	274	43.4	46	37	149	59.1
头孢他啶	427	51.5	464	26.1	46	41.3		
妥布霉素	15	26.7	274	33.2	46	37	149	47
亚胺培南	428	52.6	484	37.4	46	39.1	149	57.7
左氧氟沙星	426	52.8	480	34.2	46	23.9	149	45.6
多黏菌素 B	408	0	208	1				
美罗培南	413	52.5	482	42.3	46	39.1		
哌拉西林	412	54.1	209	34.4				

抗生素名称	桐乡市第二人民医院		浙江省荣军医院		桐乡市第一人民医院	
	菌株数（株）	%R	菌株数（株）	%R	菌株数（株）	%R
阿米卡星					237	44.3
复方新诺明	57	7	149	30.2	238	68.1
环丙沙星	57	8.8	147	53.7	238	69.7
米诺环素						
哌拉西林/他唑巴坦	57	7	24	66.7	235	68.5
庆大霉素	57	5.3	148	45.9	238	54.2
四环素						
替加环素	57	3.5	124	10.5	44	11.4
替卡西林/克拉维酸						
头孢吡肟	57	14	149	51	238	68.9
头孢哌酮/舒巴坦					221	37.6
头孢曲松	57	15.8	148	52.7	238	68.9
头孢他啶			26	42.3	238	68.1
妥布霉素	57	7	147	36.7	238	52.9
亚胺培南	57	12.3	149	51.7	238	68.5
左氧氟沙星	57	7	149	43	238	55
多黏菌素 B						
美罗培南						
哌拉西林						

金华地区鲍曼不动杆菌

抗生素名称	东阳市人民医院		金华市人民医院		金华中心医院		兰溪市人民医院	
	菌株数（株）	%R	菌株数（株）	%R	菌株数（株）	%R	菌株数（株）	%R
阿米卡星	168	1.8	335	5.7				
复方新诺明	193	14.5	335	17.3	741	20.9	141	36.2
环丙沙星	194	12.4	335	17	738	26	277	26.4
米诺环素					31	35.5	161	3.1
哌拉西林/他唑巴坦	34	23.5	65	21.5	203	33.5	142	38.7
庆大霉素	194	8.8	335	13.4	736	18.9	277	24.5
四环素								
替加环素			287	2.4	266	3		
替卡西林/克拉维酸								
头孢吡肟	193	11.9	335	17	737	28.8	277	25.6
头孢哌酮/舒巴坦					692	16.5	244	29.1
头孢曲松	193	13.5	335	19.1	735	29	276	25.4
头孢他啶	193	12.4	47	12.8	519	22.4	277	25.3
妥布霉素	192	6.8	335	10.7	737	18.2	277	23.8
亚胺培南	193	11.9	335	15.8	740	29.1	277	25.3
左氧氟沙星	190	8.4	334	13.5	742	20.6	277	19.9
多黏菌素 B					34	0		
美罗培南	192	12			6	16.7		
哌拉西林								

续表

抗生素名称	磐安县人民医院		浦江县人民医院		武义县第一人民医院		永康市第一人民医院		义乌市中心医院	
	菌株数（株）	%R	菌株数（株）	%R	菌株数（株）	%R	菌株数（株）	%R	菌株数（株）	%R
阿米卡星	3	33.3					236	22	3	0
复方新诺明	46	26.1	98	100	193	38.9	229	66.4	344	46.2
环丙沙星	46	34.8	97	56.7	193	38.9	236	66.1	344	55.2
米诺环素										
哌拉西林/他唑巴坦	23	60.9	29	82.8	45	80	231	66.7	138	71
庆大霉素	46	26.1	98	50	193	36.3	235	60.9	344	41.9
四环素							230	60.4		
替加环素					192	2.1				
替卡西林/克拉维酸										
头孢吡肟	46	37	98	57.1	193	39.4	232	66.4	344	54.9
头孢哌酮/舒巴坦			41	2.4	192	11.5	60	31.7		
头孢曲松	45	46.7	94	57.4	193	38.3			344	55.8
头孢他啶	46	41.3	98	56.1	193	37.8	234	65.4	344	54.1
妥布霉素	46	30.4	97	47.4	193	33.7			344	40.4
亚胺培南	46	37	98	55.1	193	39.9	236	66.1	344	52.9
左氧氟沙星	46	8.7	62	83.9	193	36.3	235	66.4	344	26.5
多黏菌素 B										
美罗培南							232	65.9		
哌拉西林							236	66.1		

丽水地区鲍曼不动杆菌

抗生素名称	景宁县人民医院		丽水市第二人民医院		丽水市人民医院	
	菌株数（株）	%R	菌株数（株）	%R	菌株数（株）	%R
阿米卡星	20	0	16	81.2	395	52.2
头孢他啶	49	6.1	16	93.8	401	59.1
环丙沙星	49	24.5	16	87.5	401	67.1
头孢曲松			15	60	395	7.6
头孢哌酮/舒巴坦	19	31.6	16	87.5	401	65.8
头孢吡肟	49	6.1			6	50
庆大霉素			14	85.7		
亚胺培南						
左氧氟沙星			15	93.3	395	65.3
美罗培南	49	22.4	17	82.4	396	66.2
米诺环素			16	62.5	395	55.7
哌拉西林	49	22.4			6	50
复方新诺明	49	22.4	16	87.5	400	65.5
替卡西林/克拉维酸	49	6.1	16	81.2	401	53.4
四环素	49	22.4	16	81.2	401	66.1
替加环素	49	20.4	16	87.5	401	65.8
妥布霉素			14	0	395	0
哌拉西林/他唑巴坦			16	81.2	395	65.8
多黏菌素 B			15	93.3	395	68.1

抗生素名称	慈溪市人民医院		象山县人民医院		宁波大学医学院附属医院		宁波市北仑区人民医院	
	菌株数（株）	%R	菌株数（株）	%R	菌株数（株）	%R	菌株数（株）	%R
阿米卡星					264	9.8	14	28.6
复方新诺明	216	11.1	104	35.6	264	100.0	146	6.8
环丙沙星	213	42.3	90	52.2	264	34.5	146	7.5
米诺环素								
哌拉西林/他唑巴坦			24	33.3	264	31.4	37	45.9
庆大霉素	217	38.7	82	22	264	31.4	146	5.5
四环素							5	0
替加环素	221	0.5	24	8.3	264	12.9	134	0
替卡西林/克拉维酸							5	20
头孢吡肟	215	42.8	106	40.6	264	36.4	146	33.6
头孢哌酮/舒巴坦			24	8.3	256	11.7		
头孢曲松	216	42.6	98	41.8	264	36	145	9.7
头孢他啶			106	38.7	231	35.5	12	25
妥布霉素	218	36.7	90	17.8	264	27.7	146	4.1
亚胺培南	216	41.2	106	40.6	264	34.8	133	35.3
左氧氟沙星	218	17.4	106	40.6	264	31.8	146	5.5
多黏菌素 B								
美罗培南			8	50	235	37.4	12	50
哌拉西林							5	20

续表

抗生素名称	宁波市第二医院		宁波市第一医院		宁波市妇女儿童医院		宁波市医疗中心李惠利医院	
	菌株数（株）	%R	菌株数（株）	%R	菌株数（株）	%R	菌株数（株）	%R
阿米卡星								
复方新诺明	351	44.4	258	40.3	73	4.1	294	26.5
环丙沙星	351	47.9	310	67.1	73	1.4	294	65
米诺环素								
哌拉西林/他唑巴坦	68	48.5	47	78.7	10	0		
庆大霉素	351	39.9	311	31.8	73	2.7	294	55.8
四环素								
替加环素	351	1.1	310	10.3			3	0
替卡西林/克拉维酸								
头孢吡肟	351	45.6	311	67.5	73	4.1	294	68.7
头孢哌酮/舒巴坦	255	26.7	296	61.5			284	46.5
头孢曲松	351	45.6	311	68.8	73	2.7	294	62.6
头孢他啶			158	35.4	73	2.7	293	60.4
妥布霉素	351	22.8	311	29.3	73	1.4	294	53.7
亚胺培南	351	45.3	311	67.8	73	4.1	294	66.7
左氧氟沙星	351	43.6	309	60.2	73	0	294	55.4
多黏菌素 B								
美罗培南								
哌拉西林								

抗生素名称	宁波市鄞州人民医院		宁波市镇海区人民医院	
	菌株数（株）	%R	菌株数（株）	%R
阿米卡星				
复方新诺明	290	9	62	3.2
环丙沙星	301	30.2	62	6.5
米诺环素	30	10		
哌拉西林/他唑巴坦	206	36.4	6	0
庆大霉素	270	26.3	62	4.8
四环素				
替加环素	32	3.1		
替卡西林/克拉维酸				
头孢吡肟	302	29.8	62	11.3
头孢哌酮/舒巴坦	32	34.4		
头孢曲松	270	28.9	62	3.2
头孢他啶	301	31.2	62	3.2
妥布霉素	301	26.6	62	3.2
亚胺培南	302	31.8	62	3.2
左氧氟沙星	291	18.2	62	6.5
多黏菌素 B				
美罗培南	30	56.7		
哌拉西林	125	49.6		

衢州地区鲍曼不动杆菌

抗生素名称	江山市人民医院		龙游县人民医院		浙江衢化医院		衢州市人民医院		衢州市柯城区人民医院	
	菌株数(株)	%R	菌株数(株)	%R	菌株数(株)	%R	菌株数(株)	%R	菌株数(株)	%R
阿米卡星	92	14.1			205	32.7	641	15.8	79	21.5
复方新诺明	87	69	172	23.3	201	60.2	641	37.9	104	43.3
环丙沙星	88	75	172	60.5	205	57.6	641	31.7	104	44.2
米诺环素	21	0					219	23.3	79	1.3
哌拉西林/他唑巴坦	88	75	57	73.7	205	60			82	46.3
庆大霉素	91	67	172	19.2	206	58.3	641	24.5	104	42.3
四环素	79	68.4					641	24.6		
替加环素							477	1.3		
替卡西林/克拉维酸							641	30.7	79	59.5
头孢吡肟	91	73.6	172	57	206	60.7	641	32.4	104	48.1
头孢哌酮/舒巴坦							235	41.3	79	15.2
头孢曲松	6	66.7	172	57			641	36.2	65	47.7
头孢他啶	91	45.1	172	56.4	206	56.8	641	31.2	104	51.9
妥布霉素			172	17.4			641	21.5	64	29.7
亚胺培南	91	68.1	172	58.7	206	56.3	639	29.3	104	53.8
左氧氟沙星	91	73.6	172	54.7	206	55.3	641	28.9	104	40.4
多黏菌素 B	78	2.6			206	1			79	15.2
美罗培南	91	68.1			206	55.3	641	29.6	79	51.9
哌拉西林	91	78			205	65.4	641	34.9	39	59

绍兴地区鲍曼不动杆菌

抗生素名称	绍兴市上虞人民医院		绍兴第二医院		绍兴市妇幼保健院		绍兴市人民医院	
	菌株数（株）	%R	菌株数（株）	%R	菌株数（株）	%R	菌株数（株）	%R
阿米卡星	48	60.4	161	36.6			422	5.9
复方新诺明	154	43.5	160	20.6	88	2.3	420	20.5
环丙沙星	154	44.2	176	39.8	88	3.4	422	44.3
米诺环素			161	1.2				
哌拉西林/他唑巴坦	53	75.5	38	63.2	7	0	421	36.8
庆大霉素	151	38.4	176	32.4	88	1.1	422	28
四环素								
替加环素	154	0.6			88	0	422	3.8
替卡西林/克拉维酸								
头孢吡肟			176	41.5	88	1.1	422	44.8
头孢哌酮/舒巴坦			107	51.4			293	30.7
头孢曲松	154	44.8	176	40.9	88	1.1	422	36.5
头孢他啶			176	39.8				
妥布霉素	151	37.7	176	31.8	88	0	422	18
亚胺培南	153	45.1	176	40.9	88	0	421	43.5
左氧氟沙星	154	16.2	176	18.8	88	1.1	422	23.9
多黏菌素 B								
美罗培南			76	93.4				
哌拉西林								

抗生素名称	嵊州市人民医院		诸暨市人民医院	
	菌株数（株）	%R	菌株数（株）	%R
阿米卡星			233	17.2
复方新诺明	4	100.0	457	100.0
环丙沙星	201	59.2	459	13.9
米诺环素			242	14
哌拉西林/他唑巴坦	46	71.7	3	0
庆大霉素	201	59.7	458	11.8
四环素				
替加环素			457	0.9
替卡西林/克拉维酸				
头孢吡肟	201	60.7	459	13.7
头孢哌酮/舒巴坦			456	7.7
头孢曲松	201	62.7	457	14.2
头孢他啶	201	60.7		
妥布霉素	201	52.2	459	8.7
亚胺培南	201	62.2	458	12.7
左氧氟沙星	201	19.4	458	10.3
多黏菌素 B				
美罗培南				
哌拉西林				

台州地区鲍曼不动杆菌

抗生素名称	温岭市第一人民医院		台州市立医院		玉环县人民医院		浙江省台州医院	
	菌株数（株）	%R	菌株数（株）	%R	菌株数（株）	%R	菌株数（株）	%R
阿米卡星	58	48.3	117	39.3	17	58.8	243	7
复方新诺明	349	44.1	247	24.3	288	66.3	437	33.6
环丙沙星	349	57	186	54.3	288	67.4	436	48.6
米诺环素			55	21.8			434	6.7
哌拉西林/他唑巴坦	11	72.7	230	48.3	71	81.7	113	54
庆大霉素	63	50.8	128	52.3	288	38.5	441	36.7
四环素								
替加环素			246	2			432	3
替卡西林/克拉维酸								
头孢吡肟	349	59	241	47.3	288	67.4	438	47.5
头孢哌酮/舒巴坦			235	41.3			307	10.7
头孢曲松	349	59	187	47.6	288	68.4	438	49.3
头孢他啶	63	55.6	113	30.1	288	67.4	431	45.9
妥布霉素	349	49	187	42.8	288	44.4	442	30.1
亚胺培南	6	66.7	245	46.9	288	66.3	438	46.8
左氧氟沙星	63	44.4	247	28.3	288	33.3	439	27.8
多黏菌素 B			56	1.8				
美罗培南	58	55.2	56	35.7			417	48.2
哌拉西林								

温州地区鲍曼不动杆菌

抗生素名称	乐清市人民医院		温州市中西医结合医院		温州医科大学附属第二医院		温州医科大学附属第一医院		苍南县人民医院	
	菌株数（株）	%R	菌株数（株）	%R	菌株数（株）	%R	菌株数（株）	%R	菌株数（株）	%R
阿米卡星			80	17.5	397	28.5	6	33.3	8	62.5
复方新诺明	139	41	282	11	397	14.1	590	57.5	88	15.9
环丙沙星	139	53.2	304	32.9	397	30.5	590	73.4	89	50.6
米诺环素							16	18.8		
哌拉西林/他唑巴坦	56	67.9	11	27.3	10	20	164	80.5	27	48.1
庆大霉素	139	38.8	304	22.7	397	30.7	580	49.7	89	41.6
四环素			56	32.1	249	43				
替加环素	34	17.6			199	1.5				
替卡西林/克拉维酸			56	23.2	249	40.2				
头孢吡肟	139	58.3	303	30.4	397	31	585	73.2	89	50.6
头孢哌酮/舒巴坦	124	55.6	53	43.4	291	2.4	583	61.6		
头孢曲松	139	55.4	303	32.3	397	32.2	575	71.1	81	49.4
头孢他啶	139	56.8	303	30	397	32.2	591	70.2	89	49.4
妥布霉素	139	38.1	303	20.5	397	29.7	584	47.6	87	41.4
亚胺培南	139	58.3	245	31.8	9	22.2	591	72.3	89	52.8
左氧氟沙星	139	22.3	304	26.3	397	28.7	591	40.9	83	44.6
多黏菌素 B										
美罗培南	125	56	80	26.2	388	32.2	17	76.5		
哌拉西林			55	25.5	249	45.8	6	66.7		

舟山地区鲍曼不动杆菌

抗生素名称	舟山医院	
	菌株数（株）	%R
阿米卡星	238	60.1
复方新诺明	240	66.2
环丙沙星	240	69.6
米诺环素		
哌拉西林/他唑巴坦	236	67.4
庆大霉素	240	68.8
四环素	240	72.1
替加环素		
替卡西林/克拉维酸		
头孢吡肟	240	67.9
头孢哌酮/舒巴坦		
头孢曲松		
头孢他啶	240	66.7
妥布霉素		
亚胺培南	240	68.3
左氧氟沙星	239	66.9
多黏菌素 B	239	1.3
美罗培南	240	67.1
哌拉西林	240	69.2

（统计编辑：钱　香）

2017 年浙江省各医院耐亚胺培南鲍曼不动杆菌（IR-*A. bauman*）分离率

医院	菌株数 （株）	IR- *A.bauman* （%）	医院	菌株数 （株）	IR- *A.bauman* （%）
武警浙江总队杭州医院	417	87.3	浙江省立同德医院	337	44.2
丽水市第二人民医院	16	81.2	绍兴市人民医院	421	43.5
浙江大学医学院附属邵逸夫医院	480	77.9	慈溪市人民医院	216	41.2
浙江大学医学院附属第一医院	629	75.4	绍兴第二医院	176	40.9
温州医科大学附属第一医院	591	72.3	象山县第一人民医院	106	40.6
中国人民解放军第一一七医院	73	71.2	武义县第一人民医院	193	39.9
浙江大学医学院附属第二医院	1149	69.9	嘉兴市中医院	46	39.1
浙江省人民医院	635	69.0	嘉善县第一人民医院	152	37.5
桐乡市第一人民医院	238	68.5	浙江医院	160	37.5
舟山医院	240	68.3	嘉兴市第一医院	484	37.4
杭州市第二人民医院	277	68.2	磐安县人民医院	46	37.0
江山市人民医院	91	68.1	宁波市北仑区人民医院	133	35.3
宁波市第一医院	311	67.8	宁波大学医学院附属医院	264	34.8
温州市中西医结合医院	140	67.1	湖州市第一人民医院	110	32.7
宁波市医疗中心李惠利医院	294	66.7	杭州市红十字会医院	261	32.2
温岭市第一人民医院	6	66.7	温州市人民医院	245	31.8
玉环县人民医院	288	66.3	宁波市鄞州人民医院	302	31.8
丽水市中心医院	401	66.1	浙江大学医学院附属儿童医院	180	30.0
永康市第一人民医院	236	66.1	浙江省新华医院	147	29.9
浙江省中医院	129	64.3	衢州市人民医院	639	29.3
嵊州市人民医院	201	62.2	金华市中心医院	740	29.1

续表

医院	菌株数（株）	IR-A.bauman（%）	医院	菌株数（株）	IR-A.bauman（%）
淳安县第一人民医院	567	59.4	桐庐县第一人民医院	130	27.7
龙游县人民医院	172	58.7	德清县人民医院	190	25.8
乐清市人民医院	139	58.3	杭州市西溪医院	220	25.5
平湖市第一人民医院	149	57.7	兰溪市人民医院	277	25.3
浙江衢化医院	206	56.3	景宁县人民医院	49	22.4
海盐县人民医院	157	56.1	温州医科大学附属第二医院	9	22.2
余杭区第一人民医院	95	55.8	海宁市人民医院	319	17.6
浦江县人民医院	98	55.1	金华市人民医院	335	15.8
衢州市柯城区人民医院	104	53.8	杭州市第三人民医院	252	14.7
义乌市中心医院	344	52.9	浙江省肿瘤医院	15	13.3
苍南县人民医院	89	52.8	诸暨市人民医院	458	12.7
嘉兴市第二医院	428	52.6	桐乡市第二人民医院	57	12.3
浙江省荣军医院	149	51.7	东阳市人民医院	193	11.9
台州市立医院	245	46.9	杭州市肿瘤医院	68	10.3
浙江省台州医院	438	46.8	宁波市妇女儿童医院	73	4.1
杭州市第一人民医院	416	45.9	宁波市镇海区人民医院	62	3.2
宁波市第二医院	351	45.3	嘉兴市妇幼保健院	66	0
绍兴市上虞人民医院	153	45.1	绍兴市妇幼保健院	88	0
杭州市中医院	511	44.2	浙江大学医学院附属妇产科医院	8	0

（统计编辑：吴盛海）

图书在版编目（CIP）数据

2017 浙江省医院细菌耐药检测年鉴 / 谢鑫友，俞云松，张嵘主编.—杭州：浙江大学出版社，2019.1
ISBN 978-7-308-18835-7

Ⅰ.①2… Ⅱ.①谢… ②俞… ③张… Ⅲ.①细菌—抗药性—监测—浙江—2017—年鉴 Ⅳ.①Q939.1-54

中国版本图书馆 CIP 数据核字（2018）第 292273 号

浙江省医院细菌耐药检测年鉴（2017）

谢鑫友　俞云松　张　嵘　主编

责任编辑	徐素君
责任校对	冯其华
封面设计	刘依群
出版发行	浙江大学出版社
	（杭州市天目山路 148 号　邮政编码 310007）
	（网址：http：//www.zjupress.com）
排　　版	杭州林智广告有限公司
印　　刷	嘉兴华源印刷厂公司
开　　本	787mm×1092mm　1/16
印　　张	16.75
字　　数	418 千
版 印 次	2019 年 1 月第 1 版　2019 年 1 月第 1 次印刷
书　　号	ISBN 978-7-308-18835-7
定　　价	70.00 元
